Theorien des Wissensmanagements

Klaus Götz
Michael Schmid

Theorien des Wissensmanagements

PETER LANG
Frankfurt am Main · Berlin · Bern · Bruxelles · New York · Oxford · Wien

Bibliografische Information Der Deutschen Bibliothek
Die Deutsche Bibliothek verzeichnet diese Publikation in der
Deutschen Nationalbibliografie; detaillierte bibliografische
Daten sind im Internet über <http://dnb.ddb.de> abrufbar.

ISBN 3-631-51999-0
© Peter Lang GmbH
Europäischer Verlag der Wissenschaften
Frankfurt am Main 2004
Alle Rechte vorbehalten.

Das Werk einschließlich aller seiner Teile ist urheberrechtlich
geschützt. Jede Verwertung außerhalb der engen Grenzen des
Urheberrechtsgesetzes ist ohne Zustimmung des Verlages
unzulässig und strafbar. Das gilt insbesondere für
Vervielfältigungen, Übersetzungen, Mikroverfilmungen und die
Einspeicherung und Verarbeitung in elektronischen Systemen.

www.peterlang.de

Vorwort

Die Auseinandersetzung mit Wissensmanagement hat in den letzten Jahren eine Vielfalt von Publikationen, Kongressen und Aufsätzen unterschiedlichster Couleur zur Folge gehabt.

In diesem Band steht eine Annäherung an die Thematik aus verschiedenen Blickrichtungen im Vordergrund, um so dem ganzheitlichen Anspruch von Wissensmanagement besser gerecht zu werden. Alle ausgewählten Perspektiven haben längst ihre Etablierung sowohl auf betrieblicher als auch auf wissenschaftlicher Ebene absolviert, wurden aber bislang selten nachhaltig auf ihre Relevanz für Wissensmanagement untersucht.

Vor diesem Hintergrund war uns ein Blick über den Tellerrand wichtig, um einerseits ein differenziertes Verständnis zum Erfolgsfaktor Wissensmanagement zu entwickeln und andererseits den Blick fürs Ganze nicht zu verlieren. Systemische Betrachtungsweisen sind hier bedeutsam, um wichtige Interdependenzen und Konsequenzen für das erfolgreiche Management von Wissen im Innovationsprozess ans Tageslicht zu bringen.

Unser Werk steht in engem Zusammenhang mit unserem ebenfalls in diesem Jahr erschienenen Band „Praxis des Wissensmanagements". Dort gingen wir u. a. in empirischen Untersuchungen der Frage nach, wie Wissenspathologien im Innovationsprozess von DaimlerChrysler entstehen und welche Vorgehensweise andere Unternehmen bei der Umsetzung von Wissensmanagement wählen. Die Zusammenhänge zwischen beiden Bänden sind durch Querverweise in den einzelnen Kapiteln dargestellt.

Unser Dank gebührt Herrn Michael Rücker vom Peter Lang Verlag und Frau Gabriele Deumer, Abteilung Fachinformation der DaimlerChrysler AG für die stets gute Beratung sowie den Mitarbeitern des Zentrums für Human Resource Management der Universität Koblenz-Landau für die Durchsicht des Werkes.

Landau und Nagold, im Frühjahr 2004

Klaus Götz
Michael Schmid

Inhalt

Vorwort 5
Einführung 9

1 Erster Zugang: Soziologie 21

1.1 Begriff und Bedeutung soziologischer Theorien 21
1.2 Aufgaben der Gesellschaft 25
1.3 Dynamik, Komplexität und funktionale Differenzierung 26
1.4 Wegbereiter der Wissensgesellschaft 31

2 Zweiter Zugang: Wettbewerb 63

2.1 Begriff und Bedeutung der Wettbewerbstheorie 65
2.2 Genese zum Hyperwettbewerb 68
2.3 Charakterisierung des Hypercompetition 74
2.4 Die intellektuelle Wertschöpfungskette 78

3 Dritter Zugang: Marketing 83

3.1 Begriff und Bedeutung der Marketingtheorie 84
3.2 Marketing-Neupositionierung im Wissenszeitalter 87
3.3 Erweiterung des Produktverständnisses 92
3.4 Das neue Markenverständnis im Wissenszeitalter 96

4 Vierter Zugang: Human Resource 115

4.1 Begriff und Bedeutung der Human-Resource-Theorie 116
4.2 Das klassische Personalwesen im Wandel 119
4.3 Corporate Universities im Wissenszeitalter 121
4.4 Der Wissensarbeiter im Wissenszeitalter 128

5	**Fünfter Zugang: Kreativität**	135
	5.1 Begriff und Bedeutung der Kreativitätstheorie	136
	5.2 Die Wissensrelevanz im Kreativitätsprozess	143
6	**Sechster Zugang: Innovation**	153
	6.1 Begriff und Bedeutung der Innovationstheorie	154
	6.2 Der Innovationsprozess aus der Wissensperspektive	161
	6.3 Ausgewählte Ergebnisse aus der Innovationsforschung	167
	6.4 Exkurs: Anwendung von Wissensmanagement bei Patenten	171
7	**Siebter Zugang: System**	183
	7.1 Begriff und Bedeutung der Systemtheorie	184
	7.2 Begriff und Bedeutung der neueren Systemtheorie	195
	7.3 Auswirkungen der Befunde auf das Management	201
8	**Interdependenzen zwischen den theoretischen Zugängen**	211
	8.1 Soziologie und Wettbewerb	212
	8.2 Wettbewerb und Marketing	217
	8.3 Marketing und Human Resource	221
	8.4 Human Resource und Kreativität	226
	8.5 Kreativität und Innovation	229
	8.6 Innovation und System	232
	8.7 Gesamtsicht	236

Rückblick und Ausblick	239
Literatur	241

Betrachte einmal die Dinge von einer anderen Seite,
als Du sie bisher sahst;
denn das heißt,
ein neues Leben beginnen.

MARC AUREL

Einführung

Wissensmanagement wird von Wissenschaft und Praxis gleichermaßen als Erfolgsfaktor für den Auf- und Ausbau von Wettbewerbsvorteilen in den Unternehmen angesehen. Inzwischen diffundiert das erfolgreiche Wissensmanagement als große Herausforderung in funktionale Bereiche wie Human Resources, Vertrieb und Produktion.[1] Es lassen sich für Wissensmanagement keine spezifischen Branchen, Hierarchie- und Größengrenzen ausmachen: Führungskräfte und Mitarbeiter im Industrie- wie Dienstleistungssektor sind von der Bedeutung genauso tangiert wie multinationale und mittelständische Unternehmen.

Auf der anderen Seite wurde in den letzten Jahren aber auch erkannt, dass der erfolgreiche Umgang mit Wissen als Wettbewerbsfaktor keineswegs durch noch so großzügige Investitionen im Bereich der Informationstechnologie garantiert werden kann – vielmehr besitzen neben diesen „harten" Faktoren vor allem die viel schwieriger zu beeinflussenden „weichen" Faktoren wie Unternehmenskultur, Teamgeist u. ä. eine ganz besondere Relevanz.

Peter Drucker führt dazu aus:

> Wissensarbeiter sind Leute mit einem hohen Grad an Bildung und Ausbildung, in Amerika machen sie bereits ein Drittel aller Arbeitskräfte aus. Das Problem ist, dass wir nicht wissen, wie wir mit Wissensarbeitern umgehen sollen. Meistens werden sie behandelt wie ungebildete Fabrik- oder Büroarbeiter, die wir vor 100 Jahren hatten. Diese Fehleinschätzung hat zur Folge, dass selbst die besten Leute nicht produktiv arbeiten.[2]

Neben dieser einzelwirtschaftlichen Betrachtungsweise spielt ganz offensichtlich auch eine branchenübergreifende, ja sogar gesamt- bzw. volkswirtschaftliche Sicht der Dinge dabei eine besondere Rolle. Gerade dieser Fokus durchzieht im Gegensatz zur Vielzahl bereits erschienener Publikationen konsequent den

---

1 Frei 2002 bzw. im Internet: www.vdi.de/kfit, Tagung für Ingenieure. Ein anderes Beispiel sind Banken, vgl. hierzu Kopp 2001, S. 71-88
2 Drucker 2002, S. 114

Ablauf der Untersuchung. Das Phänomen Business Migration[3] ist längst zur Realität geworden, auch wenn bis heute immer noch viel zu sehr an längst tradierten Brancheneinteilungen festgehalten wird. Auch hierzu trifft Management-Guru Drucker den Nagel auf den Kopf: Trotz Computer und Internet verfügen die Manager

... über ungeheuer viele unternehmensinterne Daten. Aber sie wissen fast nichts über das, was draußen geschieht ... Viele Manager sind betriebsblind ... Sie verbringen unendlich viel Zeit damit, ihr Produkt oder ihre Dienstleistung zu verfeinern ... Aber wer sich zu sehr nach innen orientiert, der übersieht eine der wichtigsten Änderungen unserer Zeit, nämlich, dass Technik nicht mehr industrieverbunden ist. Innovationen, die eine Branche revolutionieren, basieren immer häufiger auf Erfindungen, die aus einem anderen Industriezweig stammen."[4]

Die mm-Agenda[5] im Manager-Magazin berichtet dazu:

Aktuelle Strukturkrise in Deutschland

Beispiel	Problem	Lösungsansatz	Vorbild
Arbeitsmarkt	Unsinnige Regulierungen blockieren den Arbeitsmarkt: Hier Arbeitslose – dort offene Stellen.	Steuern, Abgaben, und Sozialleistungen senken, Billig-Jobs fördern.	Niederlande
Bildung	Deutsche Arbeitnehmer lassen sich nicht genug ausbilden.	Höher Qualifizierte sollen mehr verdienen. Bildungsträgheit „bestrafen".	USA, Schweiz, Schweden, Dänemark
Technologie-Transfer	Staatlich geförderte Technologietransferstellen kümmern sich zu wenig um die Unternehmen.	Netzwerke und Beratung für die Vermarktung neuer Technologien.	Schweden, USA
Haushaltsdefizit	Zu wenig Effizienz im Staatsapparat.	Weniger Subventionen, mehr Effektivität, mehr staatliche Investitionen statt Konsum.	USA

---

3 Es beschreibt die Tatsache, dass traditionelle Branchengrenzen immer weniger sinnvoll und auch immer seltener aufrechterhalten werden können. Eine ausführliche Behandlung erfolgt bereits in Kapitel 2.3

4 Drucker 2002, S. 113f. Neu ist weniger das Phänomen per se, sondern viel mehr der Intensitätsgrad des Wissensaustausches zwischen ganzen Industrien (siehe auch Kapitel 2.3)

5 Kröher et al. 2002, S. 192-207

Gesundheit/ Krankenkassen	Die Krankenkassen können das System nicht selbst reformieren.	Wettbewerb und Transparenz, Eingrenzung des „Vollkasko-Gesundheitsschutzes"	in Teilen: Schweiz, USA, Großbritannien
Verfassung	Zu große Umverteilung von Geldern zwischen Bund und Ländern. Teilweise unklare Eigenverantwortung für die Länder.	Weniger Umverteilung, mehr Eigenverantwortung für die Länder.	USA, Kanada, Schweiz

In drei der sechs genannten Herausforderungen für Deutschland spielt der Faktor Wissen eine herausragende Bedeutung – und ist damit Gegenstand der nachfolgenden Untersuchungsbereiche: Arbeitsmarkt (Kapitel 1), Technologie-Transfer (Kapitel 2 und 3 bzw. 5 und 6)[6] und Weiterbildung (Kapitel 4).

Problemstellung und Zielsetzung

Untersuchungsgegenstand dieses Bandes ist in erster Linie die Bedeutungsrelevanz von Wissen im Innovationsprozess. Hierzu wird ein theoretisch-empirisch fundierter Bezugsrahmen entwickelt, um einerseits theoretische Erkenntnisse und andererseits empirische Befunde gegenüberzustellen. Die Problemstellung steht damit im Lichte des Wandels von den arbeitsintensiven zu den wissensintensiven Geschäftsfeldern, wobei der Untersuchungsfokus auf die besonderen Auswirkungen hinsichtlich des Management von Wissen im Innovationsprozess gerichtet ist. Die Beobachtung von Nonaka „In an organization where the only certainty is uncertainty, the one source of lasting competitive advantage is knowledge"[7] erfährt in unseren beiden Bänden zum Wissensmanagement nicht nur seine Bestätigung, sondern auch seine Berücksichtigung in Form der Entwicklung von Instrumenten zum Management von Wissen in interdisziplinären Innovationsprozessen, in dem es um ausgewählte Best-Practice-Beispiele aus den Unternehmen geht.[8]

---

6 Neben dem eigentlichen Innovationsmanagement wird dort auch in einem Exkurs auf das in Patenten oft brachliegende Wissen eingegangen. Lösungsansätze zur Vermeidung dieses Missstandes werden vorgestellt.
7 Nonaka 1991, S. 96
8 Götz/Schmid 2004

Vor diesem Hintergrund sind die klassischen Rationalisierungs- und Differenzierungspotenziale zunehmend ausgereizt[9] - hingegen birgt der Produktionsfaktor „Wissen" ungeahnte Effizienzsteigerungspotenziale auf der einen Seite (beispielsweise durch Transfer wissensbasierter Best-Practices und eine optimierte Identifikation vorhandenen Wissens[10]) und Differenzierungsvorteile auf der anderen Seite (beispielsweise durch Wissensneukombination[11]). Die so geschaffenen Möglichkeiten zur Generierung völlig neuer Geschäftsmöglichkeiten manifestieren sich im Zeitalter des Hypercompetition und des Individual Marketing in zunehmend wissensbasierten Wettbewerbsvorteilen.[12] Im Zuge von Business Migration sind diese Wettbewerbsvorteile meist nur noch temporärer Natur, d. h. es muss kontinuierlich eine neue Wissensbasis generiert werden.

Nach Ansicht von Kelly ist das Phänomen, dass Wissen zum wichtigsten Rohstoff wird, zwar hinreichend bekannt, jedoch sehe keiner die Auswirkungen dieser Tatsache. Diese lauten nach Kelly:[13] Weitere Zunahme der Innovationsgeschwindigkeit und Preisverfall.[14] Er exemplifiziert dies an der Automobilbranche:

> Bis vor wenigen Jahren war es üblich, dass ein neues Auto teurer war als sein Vorgängermodell. Heute bekommen Sie mehr Leistung für weniger Geld. Warum? Weil der Anteil immaterieller Entwicklungsleistungen - mit anderen Worten: Wissen und Intelligenz - im Auto zugenommen hat. Das ist ein Trend, der sich industrieübergreifend fortsetzen wird: Wissen ersetzt Materie. Also werden auch klassische Branchen zunehmend die Preismodelle und Innovationszyklen der Softwareindustrie übernehmen.[15]

Postman stellt hierzu Folgendes fest:

> Bis in die erste Hälfte dieses Jahrhunderts hinein haben wir uns fortwährend um die Behebung des Informationsmangels bemüht, indem wir wichtige Erfindungen

---

9 Verbreitete Konzepte und in Einzelfällen sicherlich sinnvolle Ansätze wie *Business Re-Engineering*, *Downsizing* und sogar Dezentralisierung haben aus heutiger Sicht zwar nicht immer zwangsläufig, aber doch häufig zu einem unbeabsichtigten und unübersehbaren Wissensverlust in den Unternehmen geführt.

10 Beispielsweise bestätigen eine Vielzahl empirischer Untersuchungen unisono keinen Mangel an Kreativität und Ideenreichtum, sondern vielmehr ein großes Defizit an Umsetzungswissen und -kompetenz in den großen Konzernen.

11 Der via organisationalen Lernens geförderte abteilungsübergreifende Wissensaustausch (beispielsweise im Zuge der Etablierung eines unternehmensinternen Wissensmarktes) zielt darauf ab, neues Wissen durch Kombination ursprünglich nicht zusammengehörender Wissenselemente zu schaffen.

12 Quinn et al. 1996, S. 95

13 Kevin Kelly ist ein vielbeachteter US-Futurologe, Technologieexperte und Wissenschaftsautor. Sein vielbeachtetes Buch heißt *„Das Ende der Kontrolle"*. Außerdem ist er Mitbegründer der US-Zeitschrift *„Wired"*.

14 Kelly 1997

15 Kelly 1997, S. 243

machten, so dass wir von der Last des Informationsmangels ein für allemal befreit wurden ... leider haben wir überhaupt nicht erkannt, dass wir uns bei der Lösung des geschilderten Problems wiederum eine bisher nie da gewesene Schwierigkeit selbst geschaffen haben: ein Überangebot an Informationen sowie die Zusammenhangs- und Bedeutungslosigkeit derselben.[16]

Damit dürfte künftig der Shareholder Value mehr und mehr durch den Human Capital Value ersetzt werden, weil erster von letzterem abhängig ist und nicht umgekehrt.[17] Dies führt zur Überführung des Wissens als Kapital bzw. Aktivposten in der Bilanz eines Unternehmens, weil die Preisbildung von Wissen im Unternehmen zunehmend in den Vordergrund rückt.[18] Die dadurch ausgelöste stärkere Fokussierung auf Wissensprozesse erfordert nicht nur eine völlig neue Art der so schwer operationalisier- und gestaltbaren Unternehmenskultur, sondern auch eine Abkehr tradierter Managementinstrumente.

Zielsetzung ist es, ein Verständnis über den keineswegs neuen, aber in seiner Bedeutung in jüngster Zeit immer wichtiger werdenden Produktionsfaktor Wissen und dessen effizienten und effektiven Managementmöglichkeiten aufzubauen. Dabei sind alle Befunde, die in diesem Band vorgestellt werden, im Lichte des State-of-the-Art zum Management von Wissen im Innovationsprozess zu sehen.

Vorgehensweise

Die in diesem Band vorgestellten und ausgewählten theoretischen Zugänge zur wissenschaftlich-empirischen Erschließung von Wissen im Innovationsprozess orientieren sich an den Besonderheiten des hier im Vordergrund stehenden Forschungsthemas. Es handelt sich dabei um sozialwissenschaftliche Überlegungen, die zunächst von einer volkswirtschaftlichen Sicht ausgehen (Soziologie-Zugang) und am Ende der Analyse im Lichte der Systemtheorie, insbesondere der neueren Systemtheorie (System-Zugang) integriert und hinsichtlich ihrer Interdependenzen untersucht werden (vgl. Abbildung 1).

---

16 Postman 1996, S. 29
17 Schmid 2004, Kuhnle/Schmid 2004
18 Stewart 1994, S. 28-33. Dieser Wandel in der Betrachtung hat bereits mit den in Patenten und Lizenzen gebundenen Wissenspotenzialen begonnen.

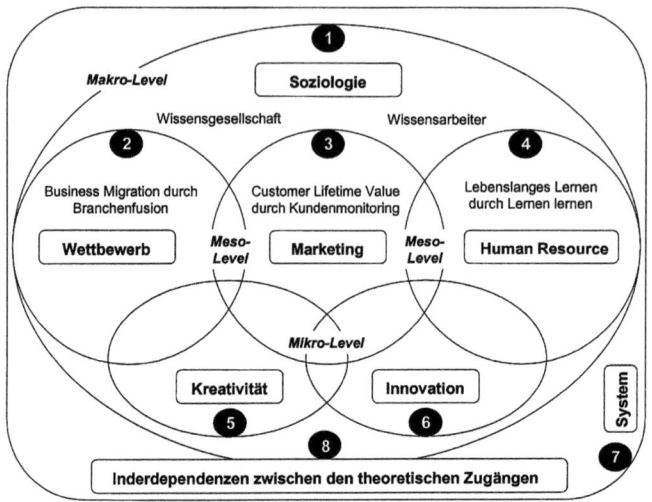

Abbildung 1: Der Gesamtzusammenhang unseres Ansatzes (Kapitel 1 bis 8)

Nach dieser Analyse der soziologischen Makro-Ebene werden anschließend zwei einzelwirtschaftliche Ansätze (Meso-Ebene), nämlich die Wettbewerbs- und Marketingtheorie, zur Erschließung der Relevanz von Wissen im Innovationsprozess ins Feld geführt. Die innerhalb des Human Resource-Zugangs ausgewählten kreativitäts- und innovationstheoretischen Überlegungen stehen im betriebswirtschaftlichen und psychologisch-pädagogischen Lichte der Einzelunternehmung (Mikro-Ebene). Alle sieben ausgewählten theoretischen Zugänge unterliegen einer spezifischen Darstellungslogik: Zunächst werden zentrale Charakteristika vorgestellt, um anschließend die Konsequenzen und den Bedeutungsgehalt für den Wissensmanagement-Ansatz zu exemplifizieren und anhand empirischer Studien bzw. Befunde zu belegen.

Abbildung 2 zeigt einen Teilausschnitt aus dem gesamten Systembezug. Hochqualifizierte Wissensarbeiter sollen sowohl die Fähigkeit als auch die Bereitschaft besitzen, in intelligenten Organisationen Wissen zu identifizieren, zu erwerben, zu entwickeln, zu verteilen, zu nutzen und zu bewahren bzw. auch zu revidieren. Darüber hinaus müssen Wissensziele formuliert werden und Wissenscontrolling via Soll-Ist-Vergleiche durchgeführt werden, um so der Wissensgesellschaft intelligente Produkte und Dienstleistungen zu offerieren.

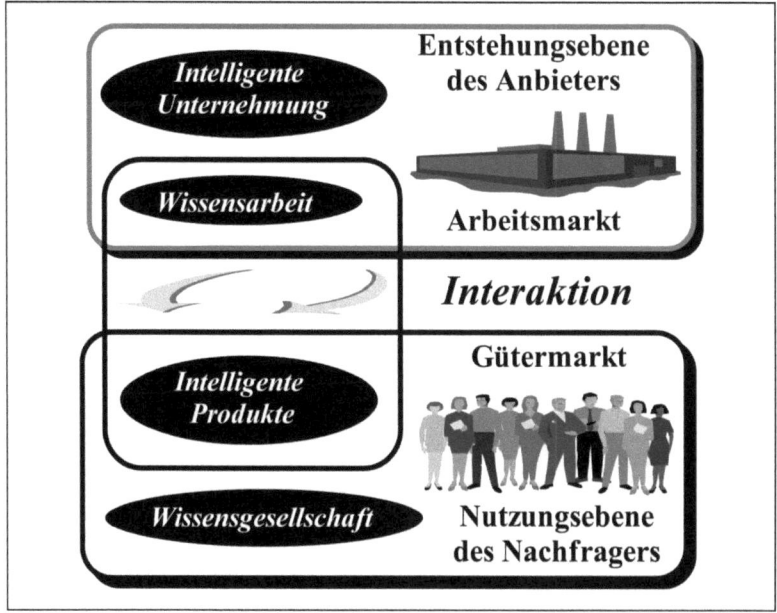

Abbildung 2: Makrosystem-Bezug zur Kontextuierung von Wissensmanagement[19]

Der Makrosystem-Bezug (Systembezug) veranschaulicht nicht nur die ausgewählten Ansätze, sondern auch deren Stellung in der Argumentationskette zur Erschließung der Relevanz von Wissen im Innovationsprozess. Der innere logische Zusammenhang wird in den nächsten Kapiteln ausführlich herausgearbeitet.

Einordnung der Thematik

Während in diesem Band "**Theorien des Wissensmanagements**" ausgewählte theoretische Zugänge zum Wissensmanagement (**Analyse**) untersucht werden, stehen in einem weiteren Band ausgehend von präsentierten Unternehmensbeispielen als Anwendungsfall von Wissensmanagement (**Diagnose**) konkrete Gestaltungsempfehlungen zur erfolgreichen Einführung und Umsetzung von Wissensmanagement im Vordergrund (**Synthese**).

---

19 In Erweiterung an Willke 1998.

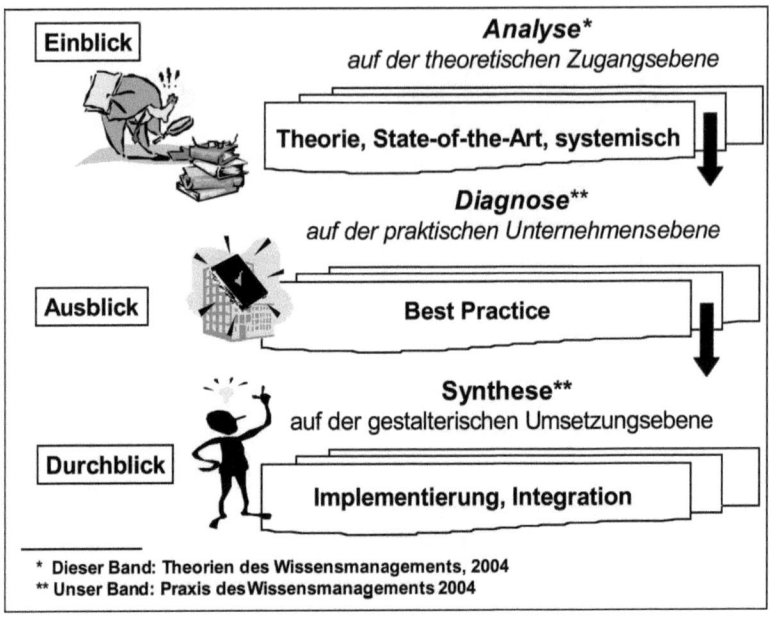

Abbildung 3: Unsere beiden Bände zum Wissensmanagement

Ausgehend von den gesellschaftlichen Umwälzungen, die zunehmend dynamischer und komplexer Natur sind, geht es hier zunächst um die Entstehung und Charakterisierung der Wissensgesellschaft, wobei neben der allzu häufig postulierten Globalisierung eine ebenso wichtige Berücksichtigung einer differenzierten Marktbearbeitung für den Global Player wichtig ist (Kapitel 1: Soziologie-Zugang).[20]

Als Konsequenz ergibt sich hieraus eine immer wichtiger werdende Wettbewerbsorientierung, weil man einsehen muss, dass immer besser informierte Kunden immer häufiger bereit sind, ihre Markenloyalität zu reduzieren, wenn ihnen ein besseres Angebot offeriert wird. Die neuen Spielregeln des Wettbewerbs bedeuten für den Hersteller, mehr denn je, noch viel stärker als bisher Wettbewerbsprodukte in die eigenen Überlegungen einzubeziehen (Kapitel 2: Wettbewerbs-Zugang).

---

20 Globalisierung nur über Standardisierung im Angebot ist nicht immer und überall der richtige Weg. Dieser Aspekt wird insbesondere im Marketing-Zugang (Kap. 3) und der dort dargestellten Notwendigkeit zum *Individual Marketing* näher erläutert.

Die Wissensgesellschaft ist einerseits als Kunde Wertempfänger und andererseits als Mitarbeiter Werterzeuger. Letzteres hat unmittelbar Auswirkungen auf die Organisation von Arbeit, insbesondere hochqualifizierter Wissensarbeit. Der Kunde tritt dabei immer mehr als gut informierter Konsument selbstbewusst auf dem Markt auf.[21] Dabei spielt neben der daraus resultierenden abnehmenden Markenloyalität eine immer wichtiger werdende Einbeziehung potenzieller Kunden eine Rolle (Kapitel 3: Marketing-Zugang).

Um nun diese Positionierung gegenüber dem Kunden einerseits und die Differenzierung gegenüber dem Wettbewerb andererseits zu erreichen, müssen Wettbewerbsvorteile aufgebaut werden - diese sind immer öfter wissensbasiert und damit menschzentriert. Das macht eine völlig neue Einbeziehung des Humankapitals in den Wertschöpfungsprozess erforderlich, bei dem künftig auch das Personalwesen beispielsweise in Form von Corporate Universities immer stärker in den Mittelpunkt rückt (Kapitel 4: Human Resource-Zugang).

Kreativitäts- und innovationstheoretische Überlegungen schließen die Zugänge auf betrieblicher Ebene ab (Kapitel 5 und 6). Anschließend wird mit Rückgriff auf systemtheoretische Überlegungen (Kapitel 7) der Beziehungszusammenhang zwischen den einzelnen Ansätzen und auch die Bedeutung vernetzten Denkens hergestellt.

Der hier dargestellte Systembezug fokussiert insbesondere vier Dimensionen: Erstens dienen die ausgewählten theoretischen Zugänge einer kombinierten, theoretisch-empirischen Fundierung der Bedeutung des Managements von Wissen. Theoretisch in dem Sinne, dass traditionell-eigenständige Ansätze ausgewählt wurden, um die Bedeutung von Wissensmanagement zu unterstreichen. Empirisch insofern, als dass eine Vielzahl der dargestellten Ansätze mit entsprechenden Forschungsergebnissen belegt werden.

Zweitens stellen diese Ansätze einen ganzheitlichen Bezug zwischen den theoretischen Ansätzen her, d. h. es handelt sich hier nicht um eine bloße Enumeration, sondern um eine ganz bewusst herbeigeführte Vernetzung von Zugängen und damit um eine explizite Bejahung von Interdependenzen. Dies geschieht zum einen durch eine Fortführung jedes einzelnen Theoriezugangs durch den nächsten, d. h. die Erkenntnisse eines Theoriezugangs finden ihre Fortsetzung im Nachfolgenden.[22] Zum Anderen wird aber auch die von Willke etablierte Kontextuierung des Themas „Wissensmanagement" mit den vier Elementen Wis-

---

21 Zum Phänomen der Konsumentensouveränität siehe Kapitel 3.4
22 Eine Trennung der einzelnen Zugänge liegt lediglich formal in der Zuordnung auf einzelne Kapitel begründet und dient hier nur der besseren Überschaubarkeit.

sensgesellschaft, Wissensarbeit, intelligente Organisation und intelligente Güter weiterentwickelt.[23]

Dies geschieht zunächst durch eine Zuordnung der vier Begriffe auf zwei Gruppen: Die erste Gruppe, Wissensgesellschaft und Wissensarbeit, befindet sich auf dem oberen Zwischenplateau von Makro- und Meso-Ebene. Hierbei geht es um die Wissensbasierung von Gesellschaft und Arbeit. Die zweite Gruppe, intelligente Organisation und intelligente Güter liegt auf dem unteren Zwischenplateau von Meso- und Mikro-Ebene. Hier liegt der Fokus auf Lernbasierung von Organisationen[24] und Produkten. Auf diese Weise rückt zum einen die erforderliche Brücke zwischen Lern- und Wissensorientierung in den Mittelpunkt. Zum anderen werden die beiden Zwischenplateaus durch die ausgewählten theoretischen Zugänge miteinander verbunden, indem systemtheoretisch nachgewiesen wird, dass die Wissensgesellschaft zunehmend nach intelligenten Produkten fragt (Makro-Ebene), und dies erfordert verstärkt Wissensarbeit in intelligenten Organisationen (Mikro-Ebene).

Drittens strebt der Systembezug einen kombiniert analysierend-synthetisierenden Bezug an. Dies geschieht dadurch, dass zunächst von einer „Vogelperspektive" (Makro-Ebene) ausgegangen wird. Angedeutet durch die vertikale Richtung gehen die nachfolgenden Ansätze sukzessiv-analysierend über die Meso-Ebene bis hinab zur Mikro-Ebene in die Tiefe, ohne aber ihre Vernetztheit mit den vorangegangenen Ansätzen aufzugeben. Der vertikal dargestellte Systemzugang als siebter und letzter Wissensmanagement-Zugang hat die Aufgabe einer abschließenden Synthese der aufgezeigten Ansätze, wobei zunächst - wie bei den anderen sechs Zugängen - in theoretisch fundierter Weise Grundlagen gelegt werden. Mit dieser systemtheoretischen Durchleuchtung der Materie wird der State-of-the-Art-Charakter hinsichtlich des Ansatzes, aber auch in Bezug auf das Thema der Untersuchung einmal mehr ins Feld geführt.

Viertens manifestiert sich in dem Systembezug eine Potenzialorientierung.[25] Auf beiden Zwischenplateaus geht es um die Favorisierung einer potenzialorientierten Grundhaltung, weil diese zum einen gegenüber der weit verbreiteten Defizitorientierung fundamentale Vorteile bietet und zum anderen genau dem hier verfolgten intelligenten Umgang mit Lernen und Wissen entspricht, insbesondere vor dem Hintergrund eines erfolgreichen Managements von Innovationen. Während bei der defizitorientierten Grundhaltung Probleme Auslöser für reaktive

---

23 Willke 1998, S. 6 und insbesondere die einzelnen Abschnitte zum Kapitel 2
24 Willke 1998
25 Vgl. die beiden Verbindungsplateaus zwischen Makro-Meso-Ebene (Markt und potenzieller Markt) einerseits und zwischen Meso-Mikro-Ebene (Mitarbeiter/Partner und potenzielle Mitarbeiter/Partner) andererseits (Hyperwettbewerb, Marketing, Human Resource, Kreativität und Innovation).

Handlungen sind und die defizitorientierte Grundhaltung damit eher einer introvertierten Problemlösungsfähigkeit entspricht, reicht die potenzialorientierte Grundhaltung wesentlich weiter: Nicht Probleme, sondern Chancen sind Auslöser für pro-aktive Handlungen. Dies kommt einer extrovertierten Chancenumsetzungsfähigkeit gleich, denn der Wettbewerb der Zukunft ist eher ein Wettbewerb um Chancenanteile als um Marktanteile. In diesem Wettbewerb kommt es darauf an, einen möglichst großen Anteil an jenen zukünftigen Chancen zu realisieren, zu denen ein Unternehmen in einer allgemeinen Chancen-Arena potenziell Zugang hat.[26] Dies impliziert natürlich einen Wissensstand über Chancen, über Möglichkeiten, diese Chancen auszuschöpfen und über die dazu erforderlichen Rahmenbedingungen.[27]

---

26 Hamel/Prahalad 1995
27 Halek 1998, S. 80f.

*Selbsterkenntnis
ist unser Maß für unser Weltverständnis*

EMIL GÖTT

1 Erster Zugang: Soziologie

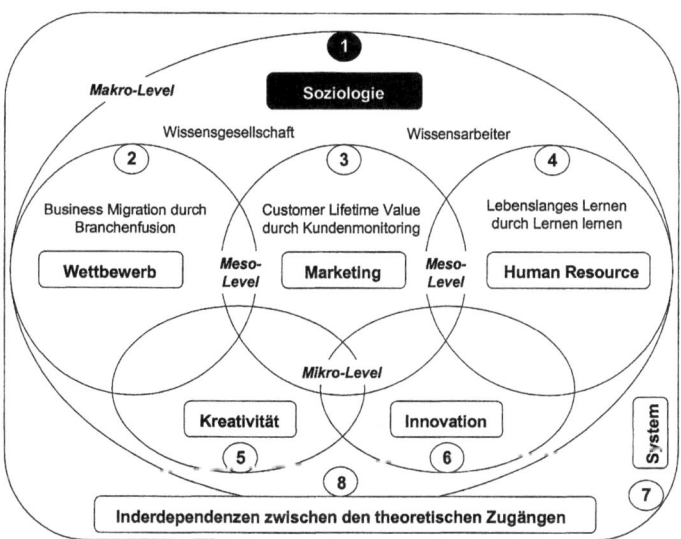

Abbildung 4: Der soziologische Zugang

1.1 Begriff und Bedeutung soziologischer Theorien

Nachfolgende Ausführungen orientieren sich wie die anderen sieben theoretischen Zugänge am zugrundegelegten Makro-Systembezug.[28] Der theoretische Zugang über die Soziologie wird im Mittelpunkt dieses Abschnitts stehen. Ausgehend vom Gegenstandsbereich der Soziologie wird zunächst auf die Dynamik und Komplexität der Gesellschaft eingegangen, anschließend werden aktuelle gesellschaftsrelevante Probleme am Beispiel der funktionalen Differenzierung

---

28 Abbildung 3

und der Exterritorialisierung analysiert. Über die Kondratieff-Zyklen wird die Genese zur Wissensgesellschaft und deren Besonderheiten innerhalb der Informationsgesellschaft zum einen und deren Unterschiede zur Industriegesellschaft auf der anderen Seite erläutert. Im Anschluss soll auf dieser fundierten theoretischen Grundlage ein Bezug zum Management in der Wissensgesellschaft entwickelt werden. Auf dieser Basis ist es dann ein kleiner Schritt, die volkswirtschaftliche Makroperspektive der Soziologie zu verlassen und den gleitenden Übergang zur wirtschaftlichen Meso-Ebene herzustellen. Letztere geht von einer Potenzialmarktbetrachtung aus und wird im Wege von hyperwettbewerbs- und marketingtheoretischen Überlegungen näher erläutert.[29]

Bereits Weber[30] und Durkheim[31] als Klassiker der Soziologie richteten ihr Augenmerk auf die Verflechtungen von Wirtschaft und Gesellschaft. In der jüngeren Vergangenheit lässt sich schon seit einigen Jahren eine zunehmende fachliche Öffnung der Wirtschaftswissenschaften in Richtung Soziologie und Sozialforschung konstatieren.[32] Eine Reihe von Autoren sprechen von einer institutionalisierten Koordination von Soziologie, Volkswirtschaftslehre und Betriebswirtschaftslehre.[33] Nach Neuloh „gelangt der Mensch als wirtschaftender Entschei-

---

29 Abschnitt 2.2 und 2.3 (Hyperwettbewerb) und 3 (Marketing).
30 Wiswede 1998, S. 39f. Max Weber (1864-1920) begreift Gesellschaft von den Individuen her und favorisiert daher den sog. methodologischen Individualismus, wonach Gesellschaft von Handelnden her gesehen werden muss. Da Handelnde nach einem subjektiven Sinn agieren, ist die Soziologie eine „verstehende Wissenschaft". Vgl. außerdem die Ausführungen über Weber weiter unten.
31 Wiswede 1998, S. 39f. Emile Durkheim (1858-1917) plädiert für den sog. methodologischen Kollektivismus, nach dem Soziales nur durch Soziales (und nicht etwa durch „Natur" oder „Psyche") zu erklären ist. Damit führen soziale Tatsachen ein Eigenleben und sind deshalb eine Wirklichkeit eigener Art, da sie die Fähigkeit haben, einen äußeren Zwang auf den Menschen auszuüben. Nach Durkheim unterliegen Individuen der kollektiven Kontrolle: in der mechanischen Solidarität durch direkten Zwang und in der organischen Solidarität (insbesondere aufgrund der Arbeitsteilung) durch die Interdependenz der Teile. Störungen des Kollektivbewusstseins beschwören die Gefahr der Anomie, sind aber normal für jede Gesellschaft. Nach Weber ist das Verbrechen die Bedingung für die Aufrechterhaltung des moralischen Bewusstseins.
32 Neuloh 1980, S. 15. Im Gegenstand zum Idealbild in den Wirtschaftswissenschaften, dem homo oeconomicus und in der Wissenschaft der Soziologie, dem homo sociologicus, handelt es sich durch die Annäherung beider Wissenschaften nicht um ein geschlossenes, sondern um ein offenes Idealbild, dem sog. homo sociooeconomicus: Dieses ist kein rational unabhängiges Individuum, sondern ein sozial bedingtes, d. h. es steht unter dem Einfluss sozialer Kontrollen formaler und informaler Art und wird mit geschriebenen und ungeschriebenen Verhaltensnormen im primären (beispielsweise Familie), im sekundären (beispielsweise Gemeinde, Betrieb) und tertiären Lebensbereich (beispielsweise Gesellschaft) konfrontiert.
33 Neuloh 1980, S. 7

der mit seinen sozialen Beziehungen und Bindungen im System von Wirtschaft und Gesellschaft immer mehr in den Mittelpunkt von Lehre und Forschung."[34] Neben der oben genannten fachlichen Öffnung zwischen den Disziplinen ist aber auch eine zunehmend internationale Öffnung festzustellen. Die Universität Bielefeld lobte in diesem Zusammenhang 1998 den „Bielefelder Preis für Internationalisierung der Soziologie"[35] in Zusammenarbeit mit der Zeitschrift für Soziologie aus.[36] Dabei ging es u. a. um die Auswirkungen der ökonomischen Globalisierung und der damit verbundenen zunehmenden Simultanität weltweiter Ereignisse bezüglich Finanzmärkte, Diffusion von Innovationen, öffentliche Meinung und Lebensstile.[37]

Wiswede definiert Soziologie als „Lehre von der Gesellschaft [...]. Der Gesellschaftsbegriff der Soziologen [...] gilt als generelle Bezeichnung für die Form des Zusammenlebens von Menschen und kennzeichnet die besondere Art dieser Verbundenheit."[38] Die angesprochene Verbundenheit und der Begriff der Gesellschaft fungieren hier als ausgezeichnete Eigenschaften zur Charakterisierung soziologischer Phänomene. Zunächst aber zum Aspekt der Verbundenheit: Im Unterschied zur eindimensionalen Wissenschaft der Medizin (Fokus auf Körper)[39] und zur zweidimensionalen Wissenschaft der Psychologie (Fokus auf Körper und Seele)[40] handelt es sich bei der Wissenschaft der Soziologie sogar um eine dreidimensionale Betrachtungsweise (Fokus auf Körper, Psyche, Umwelt). Dreidimensional im doppelten Sinne, denn einerseits ist die Einbeziehung der Umwelt

---

34 Neuloh 1980, S. 6f.

35 Der mit 2500 € dotierte Wettbewerb zielte zum einen auf wissenschaftliche Konzeptualisierungen und Analysen über soziale Bedingungen und Prozesse im Kontext weltweiter Interdependenzen und hatte zum anderen die Erforschung des Einflusses weltweiter ökonomischer Prozesse auf nationale oder lokale Bedingungen, auf die Art des sozialen Wandels und die politischen Herausforderungen zum Gegenstand.

36 Weingart 1998, S. 67

37 Ein Stück weit neue länderübergreifende Erkenntnisse berücksichtigt auch diese Arbeit (vgl. Kapitel 2).

38 Wiswede 1980, S. 21

39 Neuloh 1980, S. 8. Relativierend kommt hinzu, dass beispielsweise die psychosomatische Medizin anmahnt, dass der Kranke ein Lebewesen mit Leib *und* Seele ist. Die moderne Medizin warnt allerdings auch vor dieser dann zweidimensionalen Betrachtung, indem sie auf die Bedeutung der Soziobiologie für Diagnose- und Therapie-Erfolg hinweist.

40 Neuloh 1980, S. 8f. Auch hier ist eine Relativierung in Richtung soziologischer Befunde erforderlich: Der hier favorisierte Behaviorismus bedeutet, dass zunächst das Verhalten von Individuen beobachtet wird (äußere Wahrnehmung) und danach die Motive des Verhaltens analysiert werden (innere Wahrnehmung). Auch hier darf aber nicht übersehen werden, dass durch die Entstehung der sozialpsychologischen Disziplin der Blick auf den Menschen zusätzlich in seiner Umwelt von Bedeutung ist.

ihr ureigener Forschungsgegenstand und andererseits betrachtet die Soziologie den Menschen schon immer als Ganzheit aus Körper, Geist und Sozialsphäre. Generell kann man Gesellschaft als geschlossenes, soziales System mit einheitlicher Wertordnung (beispielsweise eine bestimmte Stadt) interpretieren, was allerdings eher unrealistisch erscheint. Die zweite Auffassung geht vom offenen sozialen System aus, also von vielseitigen Wertvorstellungen (beispielsweise Wissensgesellschaft). Neuloh spricht hier auch von der pluralistischen und Willke von der polyzentrischen Gesellschaft[41]. Letztere wird im Zusammenhang mit der Exterritorialisierung der Gesellschaft durch Globalisierung, Digitalisierung und Vernetzung an späterer Stelle näher ausgeführt.

Wissensmanagement kann als eine Aufgabe verstanden werden, „die aus den hohen und komplexen Anforderungen unserer Wissensgesellschaft erwächst und damit über eine einzelne Domäne hinausgeht."[42] Insofern wirkt die oben formulierte Feststellung zur Interdisziplinarität von Soziologie[43] beruhigend, denn „im Gegensatz zu Bezeichnungen wie beispielsweise Wissenspsychologie oder Wissenssoziologie stellt Wissensmanagement bewusst keine wissenschaftliche Disziplin in den Vordergrund.

Der Begriff „Wissensmanagement" hat den Vorteil, dass er nicht auf eine bestimmte Domäne zielt sondern seinen anwendungsorientierten und multidisziplinären Charakter signalisiert. In einer Welt wachsender Probleme (die zudem vor nationalen Grenzen keinen Halt mehr machen), die sich nicht mehr allein disziplinär definieren, brauchen wir Wissenschaftler, die die Grenzen von Fächern und Disziplinen überschreiten.

Reinmann-Rothmeier und Mandl räumen dabei unausrottbare Ängste vor einer Verschmelzung wissenschaftlicher Disziplinen, wie sie von Kritikern einer interdisziplinären Zusammenarbeit angeführt werden, aus dem Weg und verweisen dabei exemplarisch auf die Berliner Altersstudie,[44] „in der sich zahlreiche Wissenschaftler aus den verschiedensten Disziplinen zunächst über bestimmte theoretische Orientierungen verständigt und dann ihren spezifischen Beitrag zum Verständnis des komplexen Phänomens „Altern" geleistet haben."[45]

Eine so verstandene Annäherung an den hier anvisierten Forschungsgegenstand bezeichnen Gibson et al. als Modus 2 der wissenschaftlichen Wissensproduktion. Bei Modus 2 steht nicht das akademische Interesse einer Gemeinschaft

---

41 Neuloh 1980, S. 235 und Willke 1997, S. 7
42 Reinmann-Rothmeier et al. 1997, S. 21
43 Die moderne Soziologie erscheint daher prädestiniert für eine fundierte Untersuchung zum Wissensmanagement.
44 Mayer/Baltes 1996
45 Reinmann-Rothmeier et al. 1997, S. 21

spezialisierter Wissenschaftler im Vordergrund (dies entspräche dem klassischen Ansatz im Sinne von Modus 1), sondern Fragen und Bedürfnisse aus verschiedenen Anwendungskontexten. Die Autoren betonen, dass Modus 1 keineswegs durch Modus 2 substituiert wird, vielmehr stelle er eine gesellschaftlich wertvolle Ergänzung dar.[46] Diese Sichtweise wird ausgehend von den ausgewählten theoretischen Zugängen in diesem Band favorisiert.

1.2 Aufgaben der Gesellschaft

„Gesellschaft" kann als umfassender „Zusammenhang des aufeinander bezogenen und füreinander relevanten sozialen Handelns ..."[47] verstanden werden. Geiger betont den Raumfokus und definiert, mit historischem Bezug[48] auf die Frühzeit, die Gesellschaft als „Inbegriff räumlich vereint lebender oder vorübergehend auf einem Raum vereinter Personen."[49] Geiger stimmt insofern mit Willke überein, dass aus der Vielfalt des Gesellschaftsbegriffes heraus „im allerweitesten Sinne ... [Gesellschaft] als „Zusammenleben von Menschen" Gegenstand sehr verschiedener Wissenschaften mit ganz verschiedenen Erkenntnisabsichten geworden ist ... Es ist klar, dass verschiedene Erkenntnisabsichten auch verschiedene Begriffsbildungen bedingen."[50]
Auf eine tiefergehende Analyse[51] des Gesellschaftsverständnisses soll hier verzichtet werden. Eine hier nur sehr verkürzt wiedergegebene Zusammenfassung von Aufgaben einer Gesellschaftstheorie nach Willke soll hier genügen:[52] Die erste Aufgabe, Erzeugung von Orientierungswissen und Beschreibungsmodellen, soll es ermöglichen, Vielfalt und Vielschichtigkeit gesellschaftlicher Entwicklungen leichter zu verstehen und einzuschätzen. Dabei wird unterstellt, dass „Gesellschaft" nicht per se existiert, sondern immer aus Umwälzungen der Ordnung

---

46 Gibson/Limoges/Nowotny/Schwartzman/Scott/Trow 1994

47 Willke 1989, S. 23

48 Nach Geiger löste man sich im Spätmittelalter bereits von der strengen Raumvorstellung früherer Zeiten im Sinne von „eine Gesellschaft geben" bzw. „jemandem Gesellschaft leisten" (also den Raum mit ihm teilen). Der Gedanke äußerer, situationsbedingter Verbundenheit im Sinne von „Reisegesellschaft", „eine frohe Gesellschaft" bleibt jedoch erhalten. In der Neuzeit steht dann der Begriff der gesitteten Gesellschaft im Sinne von "in guter Gesellschaft" bzw. als Übersetzungsäquivalent des französischen „société" (= die bürgerliche Gesellschaft) im Vordergrund.

49 Geiger 1959, S. 202

50 Geiger 1959, S. 203

51 Luhmann 1990, S. 339f. und 616ff.

52 Willke, 1989, S. 11 und 16-20

menschlichen Zusammenlebens hervorgegangen ist; ein wichtiger Ansatzpunkt zum Verständnis der aktuellen Entwicklungen.[53]

Die zweite Aufgabe umfasst die Reflexion von Alltagstheorien, wobei unter Alltagstheorien in diesem Kontext Annahmen über die Funktionsweise von Gesellschaft subsumiert werden. Beobachtungsgegenstand ist die Operationsweise sozialer Systeme, wobei die darin agierenden Menschen als psychische Systeme angesehen werden. Bei der dritten Aufgabe, der Bereitstellung eines Rahmens bzw. Kontextes, handelt es sich um ein methodisch konstruiertes Sprachspiel, das als Medium der Verständigung zwischen Wissenschaftlern und deren Fragestellungen fungiert.

Diese Verständigung strebt im Sinne des wissenschaftlichen Erkenntnisfortschrittes in der Regel ein auf Dissens basierendes Vorverständnis an, das seinerseits zu neuen Überlegungen führt und damit neues Wissen erzeugt. Dies impliziert, dass es niemals eine endgültige, wahre Theorie geben wird, denn „jede seriöse Theorie ist ein Kind ihrer Zeit, wird alt, und wird schließlich von einer neuen Generation von Theorien abgelöst."[54]

Eine Gesellschaftstheorie kann keine endgültige Version gesellschaftlicher Wahrheit liefern, denn „in der Praxis reicht er [der Beitrag der Gesellschaftstheorie zur Gesamtunternehmung], von bloßer Fassade bis zu dem, was er bestenfalls leisten könnte: eine Problemperspektive plausibel zu machen, um dadurch interdisziplinäre und innerdisziplinäre Vergleichbarkeiten herzustellen, Orientierungen anzubieten, Dissens herauszufordern und damit insgesamt das endlose Geschäft von Wissenschaft produktiv und überraschend zu gestalten."[55]

Wie ausgeprägt die Dynamik in Bezug auf den hier betrachteten Untersuchungsbereich der entstehenden Wissensgesellschaft ist, zeigen die beiden nachfolgenden Abschnitte zur Dynamik, Komplexität und funktionalen Differenzierung der Gesellschaft (Kapitel 1.3) sowie zur Exterritorialisierung der Gesellschaft (Kapitel 1.4).

1.3 Dynamik, Komplexität und funktionale Differenzierung

Die Dynamik der Umweltentwicklungen, also die Stärke, Häufigkeit und Unregelmäßigkeit von Veränderungen im Zeitablauf, spielt in der Gesellschaftstheorie eine große Rolle. Willke versteht darunter den „Grad der Vielschichtigkeit, Vernetzung und Folgelastigkeit eines Ereignisfeldes."[56] Der Aspekt der Dynamik

---

53 Ausführungen im nächsten Kapitel
54 Willke 1989, S. 19
55 Willke 1989, S. 20
56 Willke 1987, S. 16

wird bereits in diesem Kapitel offensichtlich, wenn es um die Positionierung der Wissensgesellschaft durch deren Genese, Abgrenzung und Charakterisierung geht.

Ganz im Sinne des systemtheoretischen Denkens handelt es sich bei dem hier zugrundegelegten Verständnis von Gesellschaft nicht um eine bloße Aggregation von Menschen, denn es ist nicht möglich, „Gesellschaft aus den Handlungen ihrer Mitglieder zu erklären."[57] Daraus resultiert, dass neben Dynamik auch Komplexität, also die Anzahl und Verschiedenartigkeit relevanter Merkmale, ein weiterer wichtiger Aspekt ist. Nach Luhmann erweist sich Komplexität sinnhafter Möglichkeiten des Erlebens und Handelns gleichermaßen als Voraussetzung wie als Folge des Handelns in der Bildung von Handlungssystemen.

Damit ist Komplexität selbst ein paradoxer Sachverhalt, der aber aufzuklären ist: Neben den beiden Möglichkeiten der „Entparadoxierung" durch Temporalisierung in zeitlicher Hinsicht zum Einen und Selektion bestimmter Ereignisse in sachlicher Hinsicht zum Anderen, wird in diesem Rahmen, in dem es primär um die Gesellschaft geht, die dritte Möglichkeit der Entparadoxierung in sozialer Hinsicht durch funktionale Differenzierung näher erläutert.[58]

So gesehen bedingen Komplexität und Dynamik, dass ein soziales System[59] wie die Gesellschaft oder auch Unternehmen von den Handlungen seiner Individuen unabhängig ist und eigenen Gesetzmäßigkeiten folgt.[60] Dieses Handeln definiert Willke als „konkretisierende Zuschreibung bestimmter Kommunikation zu einem bestimmten (psychischen oder sozialen) System.[61] Unter Kommunikation versteht Luhmann in diesem Zusammenhang die „Transferenz" verstehbarer Informationen, wobei hierfür lediglich das Verstehen und die Annahme ausreicht, d. h. keineswegs Konsens bzw. Zustimmung bedingt. Folglich bestehen soziale Systeme nicht aus einer Agglomeration von Menschen, sondern aus dem Prozessieren von Kommunikationen.[62]

Ein ausgewähltes zentrales Merkmal moderner Gesellschaften ist der Primat der funktionalen Differenzierung, d. h. die Gesellschaft ist „nicht mehr vorrangig

---

57 Willke 1989, S. 21

58 Luhmann 1984a, S. 113ff. und ders. 1991, S. 35ff.

59 Komplexität und Dynamik sozialer Systeme spielen freilich auch im siebten theoretischen Zugang (Systemtheorie) eine besondere Rolle.

60 Willke 1989, S. 22. Als Beispiel wird hier die moderne Kernfamilie genannt, in der u. a. eine Trennung von Haushalt und Betrieb, Mobilisierung der Familie und Emanzipation der Frau heute nicht mehr ungewöhnlich sind.

61 Willke 1989, S. 25

62 Luhmann 1984, Kapitel 4 und Willke 1989, S. 44

durch segmentäre[63] oder schichtungsmäßige,[64] sondern primär durch ‚gesellschaftliche Arbeitsteilung' ... gekennzeichnet".[65] Dies bedeutet, dass die Rationalität eines Systems wie der Gesellschaft (Systemrationalität) keineswegs durch das rationale Entscheidungsverhalten aller Individuen bzw. Teilsysteme[66] (Zweckrationalität) gewährleistet ist. Daraus resultiert eine Gesellschaft, die zwar leistungsfähiger, dynamischer und reicher an Optionen wird, auf der anderen Seite aber auch komplexer, unübersichtlicher und damit auch anfälliger bzw. viel stärker selbstgefährdet.[67] Weber[68] spricht hier von der „Paradoxie der Rationalisierung". Im Übergang zur Neuzeit kommt es im Zuge der funktionalen Differenzierung zu einer stärkeren Betonung professioneller Rollen sowie spezialisierter Organisationen und damit zu stärkerer Aufgabenabgrenzung.[69] Nachfolgende Tabelle 1 verdeutlicht dies an drei ausgewählten Lebensbereichen beispielhaft.

---

63 Willke 1989a. Unter segmentärer Differenzierung subsumiert man archaische Gesellschaften als in gleiche Teile (beispielsweise Großfamilien) unterteilte Gesamtheiten. Ihr evolutionärer Vorteil ist die hohe Resistenz gegenüber natürlichen und sozialen Risiken. Der Verlust eines einzelnen oder gar mehrerer Segmente zerstört nicht das Ganze.

64 Willke 1989a: Unter schichtungsmäßiger Differenzierung versteht man Feudal- oder Kastengesellschaften. Dort haben die verschiedenen Stände unterschiedliche Aufgaben und damit andere Rechte und Pflichten. Sie ist zwar die leistungsfähigere, aber auch „empfindlichere" Gesellschaftsform. Trotzdem sind hierarchisch differenzierte Ebenen aufeinander angewiesen und ihre Abhängigkeit ist besonders ausgeprägt.

65 Willke 1989, S. 33

66 Willke 1989a: Teilsysteme sind beispielsweise Ökonomie, Technologie, Politik, Gesundheitssystem, Kultur, Kunst.

67 Willke 1989, S. 37f.: In diesem Zusammenhang beachtenswert ist einerseits die Harmonie zu den Aussagen über Komplexität und Dynamik und andererseits die Disharmonie zum Postulat von Adam Smith in Kapitel 2 (Wettbewerbstheoretische Befunde).

68 Jordan/Lenz 1995, S. 174 und 196f.: Max Weber (1864-1920) befasste sich als deutscher Sozial- und Wirtschaftswissenschaftler mit der Entstehung des Kapitalismus. Sein bekannter Sammelband „Die protestantische Ethik und der Geist des Kapitalismus" untermauerte seine berühmt gewordene und nach ihm benannte These, dass der Protestantismus wesentlich die Entstehung des Kapitalismus begünstigt habe. Entgegen der klassischen Theorie glaubte er nicht, dass die Verfolgung persönlicher Interessen gleichzeitig dem allgemeinen Wohl diene (sog. Paradoxie der Rationalisierung). Er warnte daher vor Kartell- und Monopolbildung.

69 vgl. die späteren Ausführungen zur Arbeitsteilung im Taylorismus.

Ausgewählter Bereich	Rolle	Organisation
Politik	Wähler/Gewählter	Partei
Wirtschaft	Produzenten/Konsumenten	Unternehmen
Erziehung	Schüler/Lehrer	Schule

Tabelle 1: Funktionale Differenzierung - dargestellt an drei Beispielen[70]

Aus den vorangegangenen Überlegungen folgt einerseits eine vorrangige Orientierung der oben genannten Teilbereiche auf sich selbst (sog. selbstreferentielle Operationsweise), auf der anderen Seite kommt es zu einer vernachlässigten Einbeziehung der Umwelt (sog. operative Geschlossenheit). Die aus der Radikalität der funktionalen Differenzierung resultierende Verselbstständigung bzw. Teilrationalität („Scheuklappendenken") verursacht zunächst Probleme auf gesellschaftlicher Ebene, die sich dann auf einzelwirtschaftlicher Ebene der Unternehmen und der vielen anderen oben genannten Teilsysteme fortsetzt. Tabelle 2 veranschaulicht die Folgen dieser ganz „normalen" Engstirnigkeit der Teilsysteme an ausgewählten Problembereichen:

Ausgewählter Bereich	Ein Problem von vielen...
Wissenschaft	Darf alles erforscht werden, was möglich ist?
Erziehung	Verlagerung der Erziehung in die Schule?
Wirtschaft	Alle wollen wachsen und was wird aus der Umwelt?
Gesundheit	Krankheiten durch Medizin (Iatrogenität)?
Sport	Weiter, höher, schneller mit allen Mitteln?

Tabelle 2: Funktionale Differenzierung - dargestellt an fünf Beispielen (Problembereiche)[71]

---

70 In Anlehnung an Willke 1989a, S. 12
71 In Erweiterung an Willke 1989a, S. 14

Die Undurchsichtigkeit der Teilbereiche verhindert, dass weder Politik und Wissenschaft noch ein anderes Teilsystem in der Lage ist, Lösungsansätze für gesellschaftliche Probleme zu liefern. Die funktional differenzierte Gesellschaft heutiger Prägung ist ein sog. „nicht triviales System", das sich nicht mehr in ein Input-Output-Raster pressen lässt, sondern auf Interventionen stets konterintuitiv reagiert und sich nicht hierarchisch steuern lässt.[72] Willke schlägt zur Lösung dieser Problematik das System der Kontextsteuerung vor. Darunter versteht er nicht den steuernden Eingriff von außen, sondern eine Veränderung der Rahmenbedingungen und damit eine Initialzündung zur Selbststeuerung. Auch hierfür werden in Tabelle 3 Beispiele aus diversen Teilbereichen genannt.

Ausgewählter Bereich	Ein Lösungsansatz von vielen...
Politik	Arbeit schaffen statt Nicht-Arbeit bezahlen.
Erziehung	Statt Drill → lernstimulierende Bedingungen.
Wirtschaft	Boni für Zielerfüllung statt für Überstunden.
Gesundheit	Kassenzahlung für Alternativmedizin.
Recht	Statt materieller Rationalität → prozedurale Rationalität.

Tabelle 3: Funktionale Differenzierung - dargestellt an fünf Beispielen (Lösungsansätze)[73]

Für die Zukunft folgt daraus, dass einerseits aus der Atomisierung in Teilsysteme mit Pseudo-Rationalitäten[74] im Einzelfall die Antwort gesucht werden muss, welche Art von Teilrationalität sich durchsetzen wird und welche überhaupt realisierbar ist (Symptom-Ansatz) bzw. wie man die Zersplitterung bereits im Keim mildern oder beseitigen kann (Ursache-Ansatz). Andererseits muss in der Realität von einer Nullhypothese ausgegangen werden, da die Unwahrscheinlichkeit gelingender Kommunikation zwischen divergenten Teilbereichen oft sehr hoch ist (auf Unternehmensebene beispielsweise in Forschung & Entwicklung beim Management interdisziplinärer Teams), d. h. es ist besser, Minimalbedingungen wechselseitiger

---

72 Willke 1989a, S. 12-14
73 In Erweiterung an Willke 1989a, S. 16f.
74 vgl. Willke 1989, S. 88: Beispielsweise gibt es im Bereich des Wissenschaftssystems mit seinen Teil- und Unterdisziplinen mehrere Tausend verschiedene Studienrichtungen, d. h. die Spezialisierung ist so massiv, dass kein einzelner Mensch ein Gebiet wie Medizin, Physik oder Soziologie noch überblicken kann.

Kompatibilität im Sinne gegenseitiger Nichtgefährdung zu definieren. Ein positives Omen ist aus der zwischenzeitlichen Annäherung im Bereich der Sozial- und Managementwissenschaften auszumachen.[75]

Im folgenden Abschnitt werden die Gedanken zum Primat der funktionalen Differenzierung und der damit korrespondierenden Probleme am Beispiel der sich formierenden Wissensgesellschaft fortgesetzt. Zuvor wird auf die damit im Zusammenhang stehende Exterritorialisierung der Gesellschaft durch Globalisierung, Digitalisierung und Vernetzung eingegangen, um so den Boden für eine ausführlichere Analyse der Wissensgesellschaft vorzubereiten.

1.4 Wegbereiter der Wissensgesellschaft

Exterritorialisierung der Gesellschaft

Das Gemeinwohl der Gesellschaft kann nicht mehr, so die bisherigen Analysen, in der alleinigen Definitionsmacht der Politik liegen. Das bereits angesprochene Konzept der Kontextsteuerung ist kein einfaches, aber notwendiges und erfolgversprechendes Verfahren der Abstimmung heterarchisch gekoppelter Funktionssysteme der Gesellschaft. Bei einer solch vernetzten Koordination handelt es sich um einen Abstimmungsmodus zwischen operativ autonomen, selbststeuernden Einheiten im Kontext einer Interdependenz zwischen ihnen.[76] Was Willke in seinem Werk „Ironie des Staates"[77] noch als Ausblick einer künftigen Rolle des Staates als Supervisor beschrieb, bestätigt sich angesichts der aktuellen Probleme[78] und Entwicklungen in einer zunehmend polyzentrischen Gesellschaft[79] und der unübersehbaren Tatsache, dass der Staat als Steuerungsinstanz von der Gesellschaft überfordert wird und sich stets aufs Neue selbst über-

---

75 Willke 1989a, S. 17f.

76 Willke 1997, S. 119

77 Willke 1996, S. 335

78 Ein Teil der hier angesprochenen Probleme wird weiter unten am Beispiel des entropischen Sektors dargestellt.

79 Willke 1997, S. 224: Willke subsumiert darunter Gesellschaften ohne eine strukturell vorgegebene hierarchische Spitze oder um es mit den Worten von MacCulloch auszudrücken, handelt es sich dabei um heterarchische Gesellschaften in der Organisationsform von Netzwerken, die für eine bestimmte Funktionsweise auf ein kompliziertes Zusammenspiel ihrer zugleich interdependenten und partiell autonomen Teile angewiesen sind. Diese Sicht greift auf die Idee der Polyzentrizität von Polanyi (1951, S. 170ff.) zurück. Danach scheidet immer dann eine autoritative Lösung durch einen 'corporate body' aus, wenn ein polyzentrisches Problem vorliegt oder eine polyzentrische Ordnung erforderlich ist bzw. aufgebaut werden muss.

schätzt; eine Feststellung, die Willke bereits Anfang der 80er Jahre in seiner „Entzauberung des Staates"[80] machte.

Schulze[81] kommt zum selben Ergebnis:

> Von der Notwendigkeit weit ausgereifter Wirtschaftsräume über Fragen der Verteidigung und Verbrechensbekämpfung, der Organisation der Verkehrs- und Kommunikationsnetze bis zu den Umweltproblemen haben staatliche Institutionen sich mittlerweile als zu begrenzt erwiesen. Der Nationalstaat, der im vergangenen Jahrhundert als Gehäuse der entstehenden Industriegesellschaft und als Regelmechanismus für deren Konflikt unvermeidlich war [...], kann heute die Bedürfnisse der Menschen nicht mehr befriedigen.

Wenn hier Relikte aus der Industriegesellschaft identifiziert werden, wird klar, wie sehr sich die Gesellschaft allein schon entlang der oben beschriebenen Dimensionen Komplexität und Dynamik geändert hat. Auch Assmann[82] bestätigt diesen Befund, wenn er Folgendes feststellt:

> Die Grundzüge unserer Verwaltungsorganisation wurzeln im 19. Jahrhundert. Leitbild ist die hierarchisch strukturierte Hoheitsverwaltung. [...] Betrachtet man die Kommunalverwaltung heute, stellt man fest, dass der Anteil an hoheitlichen Tätigkeiten geringer geworden, und Anteil sowie Umfang der freiwilligen Dienstleistungen der Kommunalverwaltung spektakulär gewachsen sind. Gleichzeitig ist das Selbstbewusstsein der Menschen gegenüber der Verwaltung gewachsen. Aus „Untertanen" sind Kunden geworden.

Assmann plädiert daher für eine komplette Modernisierung auf der Grundlage eines neuen Leitbildes, das er „Dienstleistungsunternehmen Kommunalverwaltung" bezeichnet. Damit verharrt er nicht auf der suggestiven Ebene, sondern entwickelt konstruktiv-operative Vorschläge zur Modernisierung des öffentlichen Dienstes, um so die vorprogrammierten notorischen Friktionen zwischen Politik und Verwaltung durch neue Spielregeln im Interesse des Gemeinwohls zu beseitigen. Auch wenn die bis hier ermittelten Befunde den Anschein haben, weit entfernt von Global Players auf Unternehmensebene zu sein, so können in den nachfolgenden beiden Abschnitten nicht zu unterschätzende Parallelen ausgemacht werden, beispielsweise wenn interdisziplinäre Arbeitsgruppen den Innovationsprozess durch Kommunikationsdefizite lähmen (Götz/Schmid 2004) oder tatsächlich Kunden noch als Untertanen behandelt werden, indem weder Klarheit über das Konstrukt „Kundennutzen und Markenwert" noch über dessen Ermittlung und schon gar nicht über dessen Integration in den Innovationsprozess besteht (vgl. Kapitel 3: „Marketing" in diesem Band).

Parallelen bestehen aber nicht nur auf der Problem-, sondern auch auf der Lösungsebene. Es soll deshalb abschließend auf die von Willke empfohlene Rolle

---

80 Willke 1983, S. 112
81 Schulze 1997, S. 43f.
82 Assmann 1997, S. 105f.

des Staates als Supervisor eingegangen werden. Die weiter unten vorgestellten Instrumente stellen ein Stück weit wertvolle Ansätze zur Lösung der Problematik dar.[83]

Während Schulze zum Staat künftiger Prägung feststellt, dass dieser zwar weniger wichtig, aber auch noch nicht überflüssig geworden ist, weil viele seiner politischen und rechtlichen Einrichtungen, von den Verfassungs- und Rechtsordnungen bis zu den Verwaltungsorganisationen auch weiterhin durch nichts zu ersetzen sind,[84] geht Willke mit seinem Modernisierungsansatz insofern weiter, als er erkennt, dass heute und noch mehr morgen die Zahl der Aufgaben, wo sich Gemeinwohlinteressen und private Interessen überschneiden, weiter zunehmen werden. Beispiele nennt Schulze selbst (vgl. Absatz weiter oben): Aufbau von Kommunikations- und Verkehrsnetzen, Bekämpfung von Umweltproblemen und Verbrechen usw. Daraus resultiert, dass die von Schulze empfohlene Revision der Kompetenzabgrenzung zwischen staatlichen und nicht-staatlichen Aufgaben am Symptom ansetzt und nicht wie bei Willke an der Ursache, indem er explizit nicht auf Abgrenzung, sondern auf Kooperation setzt.

Der Staat bisheriger Tradition fällt der Dynamik und Komplexität der Wissensgesellschaft[85] zum Opfer[86] und hat nur die Chance zum Überleben, wenn er seine bisherige Rolle als Heros der Gesellschaft durch die des Supervisors ersetzt. Diese Supervision versetzt den Staat in die Rolle eines Mediators, der immer dann, wenn sich private Interessen und solche des Gemeinwohls überschneiden, nicht mehr hierarchische Steuerung und Kontrolle ausübt, sondern via Kontextsteuerung durch Supervision die Moderation differenzierter Prozesse der Selbstorganisation besorgt. Das bedeutet, dass diejenigen Teilsysteme, die über die erforderliche Expertise verfügen, Lösungen für diejenigen Probleme herbeiführen, für die weder Staat noch Private alleine in der Lage sind, die Leistung zu erbringen.[87]

Supervision verfolgt dabei stets das Ziel,

> divergierende Visionen in einem Prozess der Mediation zu dekonstruieren, ohne zu zerstören, und als kompatibel zu rekonstruieren, ohne zu erzwingen [...]. Die Rolle des Supervisors besteht vornehmlich darin, [...] das zu supervidierende System mit alternativen Visionen und Modellen möglicher Identität zu konfrontieren,

---

83 Hierbei sollte auch nicht vergessen werden, dass viele technisch längst machbare Innovationen nicht auf den Markt kommen (können), weil rechtliche Rahmenbedingungen im Wege stehen. Insofern avanciert auch die Verhandlungskompetenz zwischen staatlichen Institutionen und erwerbswirtschaftlichen Unternehmen zu einer zunehmend wichtigen Schlüsselrolle (beispielsweise Verkehrssysteme der Zukunft, Maut-Probleme/TollCollect).

84 Schulze 1997, S. 44

85 Amelingmeyer 2000, S. 83f. und 91ff.

86 Willke 1997, S. 349

87 Willke 1997, S. 224 und 318

so dass ein interner Reflexionsprozess einsetzt, der – möglicherweise - mit der Entdeckung neuer Differenzen und Beobachtungsmöglichkeiten zur Revision eingeschliffener Kommunikationsbahnen führt und so die normalisierte Logik des Misslingens revidiert.[88]

In den bisherigen Ausführungen wurden Probleme und Lösungsansätze der Gesellschaft entlang der Dimensionen Dynamik und Komplexität an ausgewählten Einzelbeispielen belegt und im Lichte von Exterritorialisierung und funktionaler Differenzierung der Gesellschaft betrachtet. Abschließend soll in Ergänzung dazu ein ganzer Block von Problemen überblicksartig dargestellt werden: Der sog. entropische Sektor zeigt, dass insbesondere im psychosozialen Bereich menschliche Energien im großen Maßstab fehlgeleitet werden (siehe nachfolgende Tabelle 4).[89]

Mit diesen Beispielen soll nicht ein Anlass zu Pessimismus gegeben sein. Ganz im Gegenteil geht es hier vielmehr im Sinne des in der Untersuchung favorisierten Potenzialansatzes um die Darstellung von Chancen, denn es handelt sich hier um Produktivitätsreserven, die nur dann freigesetzt werden können, wenn es gelingt neue Märkte zur Bekämpfung des entropischen Sektors[90] zu entwickeln. Nefiodow stellt hier fest: „Durch eine Verbesserung der psychosozialen Gesundheit lassen sich aber nicht nur destruktive Verhaltensweisen vermeiden, sondern auch die kreativen und produktiven Potenziale des Menschen erst richtig mobilisieren."[91]

Neuberger mahnt an, dass gerade in dieser Zeit, in der Personal immer wertvoller und wichtiger wird, sich zum einen viele Vorgesetzte über dessen Wert nicht bewusst sind bzw. in dem Dilemma stecken, einerseits in Zeiten des Hyperwettbewerbs möglichst viel aus ihren Mitarbeitern herausholen zu müssen und andererseits der messbare Wertschöpfungsbeitrag jedes Mitarbeiters vor dessen pfleglichem Umgang rangiert.[92] Auf die Diskrepanz hinsichtlich der Sozialkompetenz der Führungskräfte[93] zwischen der eigenen Sicht und der Perspektive der Mitarbeiter wird in diesem Kapitel zunächst kurz eingegangen, ausführlicher dann in Kapitel 4.

---

88 Willke 1997, S. 346

89 Entropie ist ein Begriff aus der Chemie und fungiert in diesem Rahmen als Maß für Verluste.

90 Der insbesondere im sechsten Kondratieff (vgl. insbesondere Kapitel 2 bis 4) voll zum Tragen kommt.

91 Nefiodow 1996, S. 101. Nefiodow ist Abteilungsleiter im GMD-Forschungszentrum Informationstechnik in Sankt Augustin bei Bonn, das zur Fraunhofer-Gesellschaft gehört.

92 Neuberger 1999, S. 67

93 Wiesenbauer 2001, S. 141ff.

Bereich	Beispiele
Gewalt, Kriminalität, Drogen	• Sabotage: Jeder vierte Millionenbrand in der Wirtschaft wird vorsätzlich gelegt. • Schmiergelder/Korruption: weltweit über 1000 Mrd. US-Dollar. • Drogen: mehr als 800 Mrd. US-Dollar Umsatz per anno. • Alkohol: mehr als 600 Mrd. US-Dollar Umsatz per anno.
Umweltzerstörung, Streiks, Arbeitslosigkeit	• Umwelt: Die Zerstörung entspricht ca. 10% des Weltsozialprodukts, also mehr als 2700 Mrd. US-Dollar; 80% aller Güter sind Einwegprodukte, jährliche Energievergeudung: mehr als 2500 Mrd. US-Dollar. • Streiks: in den 80er Jahren über 5 Mio. Streiktage. • Arbeitslosigkeit: mehr als 300 Mrd. US-Dollar per anno in den Industrieländern. • Krankheitskosten: Verursacht durch schlechte Wasserqualität, Schlafstörungen, Luftverunreinigung, Lärm.
Ausgaben für Militär und innere Sicherheit	• Militär: ca. 1000 Mrd. US-Dollar per anno in den 80er Jahren, seit 1990 mehr als 800 Mio. US-Dollar per anno. • Innere Sicherheit: Polizei, Gerichte, Gefängnisse, Sicherheitsanlagen, Waffen: in den USA über 300 Mrd. US-Dollar per anno, weltweit über 1000 Mrd. US-Dollar per anno. • Geheimdienste: kosten ca. 100 Mrd. US-Dollar weltweit.
sonstige Barrieren, Schäden, Kosten	• Psychische Störungen: 14% der Bevölkerung in ökonomisch entwickelten Ländern sind psychisch schwer krank, 60% der deutschen Führungskräfte gelten als neurotisch, 30% der deutschen Arbeitnehmer könnten ihren Vorgesetzten manchmal erwürgen, Mobbing kostet in Deutschland 30 Mrd. DM, weltweit ca. 200 Mrd. US-Dollar. • Zerfall der Familien: In den USA wird jede zweite Ehe geschieden. • Schlechte Technik: 20% der Jahresarbeitszeit verschwenden Angestellte damit, ihre Computer und Programme wieder in Gang zu bringen. • Verkehrsstaus: Kosten weltweit über 1000 Mrd. US-Dollar, Deutschland 100 Mrd. Euro. • Patentwesen: Ca. 50% der F&E-Ausgaben (etwa 300 Mrd. US-Dollar) sind redundant.

	• Gesundheitliche Fehlentwicklungen: Fehlbehandlungen, Fehlverhalten: Beispielsweise kostet falsche Ernährung in Deutschland ca. 50 Mrd. Euro, weltweit ca. 600 Mrd. US-Dollar.

Tabelle 4: Der entropische Sektor[94]

Wegbereiter und Charakterisierung der Wissensgesellschaft

Die Dynamik und Komplexität der Gesellschaft und die Problematik der funktionalen Differenzierung und Exterritorialisierung der Gesellschaft lässt sich im Zusammenhang mit der sich formierenden Wissensgesellschaft aufzeigen. Die Wissensgesellschaft spielt für das hier im Vordergrund stehende Wissensmanagement im Innovationsprozess eine tragende Rolle, denn die Wissensgesellschaft impliziert als neue Form der Wirtschaftsgesellschaft auch eine „Kultur" des Wissens, in der das geteilte Wissen mehr zählt als das einzeln gehortete. Mandl und Reinmann-Rothmeier sprechen daher auch von einer neuen Form der Kulturgesellschaft.[95]

Die Entstehung der Wissensgesellschaft soll nachfolgend anhand der langwelligen Kondratieff-Zyklen[96] aufgezeigt werden, wobei der Fokus hier weniger auf dem quantitativen Auf und Ab der wirtschaftlichen Entwicklung als vielmehr auf der sich immer wieder ändernden, qualitativen Struktur und Beschaffenheit der einzelnen Perioden gelegt werden soll. Kondratieff-Zyklen beschreiben Zeiträume von jeweils 40 bis 60 Jahren, wobei ihr Aufschwung in der Regel auf der Breitenwirkung fundamentaler Innovationen basiert (siehe Abbildung 5). Neuere Forschungen ergänzten die Aussagen, kamen allerdings zu dem Ergebnis, dass sich die Periode der langen Wellen in neuer Zeit etwas verkürzt hat.[97]

---

94 In Anlehnung an Nefiodow 1996, S. 102; Reischauer 1999, S. 60-67; Tenner 1997
95 Mandl et al. 2000, S. 6f.
96 Jordan/Lenz 1995, S. 120f.: Nikolai D. Kondratjew (1892-1938) plädierte als russischer Ökonom für das System der Marktwirtschaft und gilt als Begründer der langen Wellen. In seinen Untersuchungen stellte er anhand statistischen Materials fest, dass die wirtschaftliche Entwicklung in England, Frankreich, Deutschland und den USA drei großen Auf- und Abschwungwellen unterworfen war - diese führte er nicht auf äußere Faktoren, sondern auf revolutionäre Veränderungen der Produktivkräfte und der gesellschaftlichen Institutionen zurück. Mit seiner Publikation „Die langen Wellen der Konjunktur" hat er 1926 den Anstoß zu einer neuen Deutung des Kapitalismus geliefert. Seine Voraussagen (beispielsweise Weltwirtschaftskrise 1929, Wirtschaftsdepression der 30er Jahre und der anschließende Aufschwung, Sieg der Marktwirtschaft gegenüber der Planwirtschaft) führten zu seiner nachträglichen Rehabilitierung: Sein Todesurteil von 1938 wurde 1962, seine Verhaftung von 1930 wurde 1987 für ungesetzlich erklärt.
97 Nefiodow 1991

Die fünf Zyklen der wirtschaftlichen und gesellschaftlichen Entwicklung (arbeitende und konsumierende Gesellschaft) sind sog. Meta-Konstellationen, die den Beteiligten und Betroffenen bewusst wurden und zur Aufbruchsstimmung beigetragen haben (Abszisse). Nachfolgend sollen die sechs Differenzierungsmerkmale kurz beschrieben werden (Ordinate). Die Befriedigung von Grundbedürfnissen war jedes Mal etwas völlig Neues, über das zu Beginn eines Zyklus nur wenige Beteiligte Vorstellungen hatten, und das sich nicht aus Extrapolationen ableiten lässt.

Die breite Anwendung erforderte mit der Schaffung eines flächendeckenden Netzes erhebliche Investitionen. Neue Anwendungen haben mit der Breitenwirkung ein Grundbedürfnis befriedigt und den gesellschaftlichen Fortschritt geprägt. Neue Technologien gingen teilweise auf Erfindungen älteren Datums zurück und stellen dabei die Basis für oben genannte neue Anwendungen dar. Der Unterschied zwischen Synergie-Anwendungen und Technologie-Synergien besteht lediglich in der Stellung innerhalb der Wertschöpfungskette.

Der fünfte Zyklus im Wissenszeitalter ist durch semantische Netzwerke des Wissens geprägt und avanciert damit nach den traditionellen, an Bedeutung verlierenden Ressourcen[98] wie Boden (für Konsumenten: Internet und Kurierdienste, für Arbeitnehmer: Telearbeit), Kapital (extrem mobil) und Arbeit (Billiglohnländer) zum vierten mehrfach weiterverwendbaren Produktionsfaktor.[99]

---

98 Malik 1996, S. 1f.
99 Peters 1997, S. 55

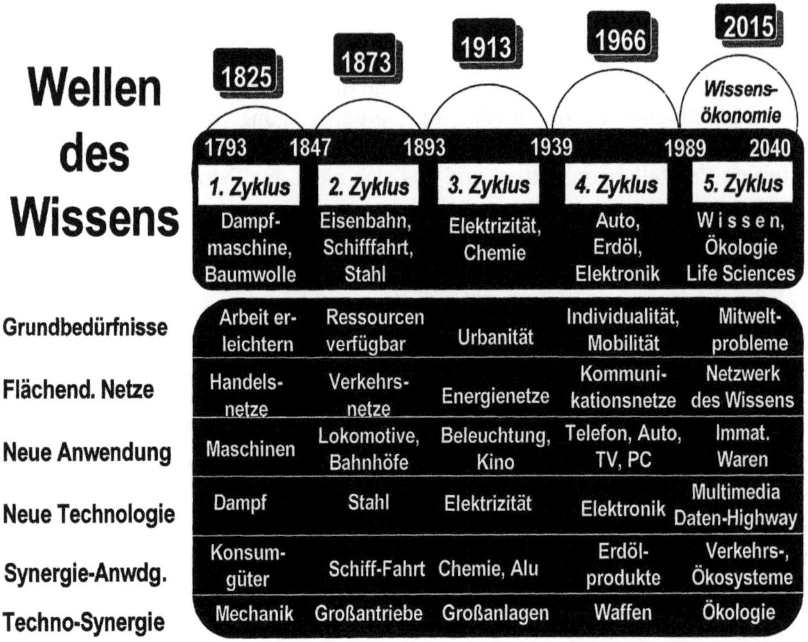

Wellen des Wissens

	1825	1873	1913	1966	2015 Wissens-ökonomie
	1793 1. Zyklus	1847 2. Zyklus	1893 3. Zyklus	1939 4. Zyklus	1989 2040 5. Zyklus
	Dampf-maschine, Baumwolle	Eisenbahn, Schifffahrt, Stahl	Elektrizität, Chemie	Auto, Erdöl, Elektronik	W i s s e n, Ökologie Life Sciences
Grundbedürfnisse	Arbeit erleichtern	Ressourcen verfügbar	Urbanität	Individualität, Mobilität	Mitwelt-probleme
Flächend. Netze	Handels-netze	Verkehrs-netze	Energienetze	Kommuni-kationsnetze	Netzwerk des Wissens
Neue Anwendung	Maschinen	Lokomotive, Bahnhöfe	Beleuchtung, Kino	Telefon, Auto, TV, PC	Immat. Waren
Neue Technologie	Dampf	Stahl	Elektrizität	Elektronik	Multimedia Daten-Highway
Synergie-Anwdg.	Konsum-güter	Schiff-Fahrt	Chemie, Alu	Erdöl-produkte	Verkehrs-, Ökosysteme
Techno-Synergie	Mechanik	Großantriebe	Großanlagen	Waffen	Ökologie

Abbildung 5: Genese der Wissensgesellschaft[100]

Wissen wird im Lauf der Entwicklung zu einem dominierenden Machtfaktor und zu einem entscheidenden Wettbewerbsvorteil bei der Generierung und Vermarktung von neuen Problemlösungen und für das Innovationsmanagement.[101] Dies bedingt eine ebenso sorgfältige „Bewirtschaftung". Die immateriellen Waren stiften intelligenten Zusatznutzen. In Betracht kommen beispielsweise intelligente Werkstoffe, die ihre Eigenschaften ändern - entweder im Zeitablauf durch Selbstrecycling oder in Abhängigkeit von der Umwelt (beispielsweise Temperatur: Abkühlung bei Hitze und Erwärmung bei Kälte oder sog. intelligente Glasscheiben, die abdunkeln bei Sonneneinstrahlung und umgekehrt).[102]

Intelligente Dienstleistungen sind zum einen Begleiterscheinungen intelligenter Produkte, d. h. sie verschmelzen mit ihrem Basis-Produkt zu einem Gesamtpa-

---

100 In Anlehnung an Peters 1997, S. 54ff. sowie Volkmann 1997, S. 40ff.
101 Ausführungen zum Innovationsmanagement-Zugang
102 Hierzu sei das künftig immer intelligenter werdende Auto am Beispiel des Megatrends „Substitution mechanischer durch elektronische Teile" erwähnt (Götz/Schmid 2004).

ket (beispielsweise Wartungsvertrag, up-date-Versionen für Software). Zum anderen entwickeln sich intelligente Dienstleistungen zusätzlich zu den herkömmlichen Professionen (ärztliche Leistungen, juristische Beratung, Forschung etc.) als anspruchsvolle Ergänzung einfacher Dienstleistungen (beispielsweise Forschung & Entwicklung im Unternehmen, Design, Personalentwicklung).[103]

DIE BEDEUTUNG VON BASIS-INNOVATIONEN IN DER LANGWELLEN-ÖKONOMIE

Schumpeter als geistiger Vater des Innovationsmanagements hat das Gedankengut von Kondratjew aufgegriffen und prägte den *Begriff Kondratieff-Zyklus*. Nach ihm sind fundamentale Basisinnovationen Auslöser und Träger solcher Zyklen (beispielsweise Dampfmaschine, Automobil). Viele andere Forscher, darunter die Nobelpreisträger Tinbergen und Kuznets haben die Thematik vertieft. Heute sieht man in dieser Langwellenökonomie einen wertvollen „Missing Link" zwischen einzelwirtschaftlich orientierter Mikroökonomie (beispielsweise Preispolitik eines Unternehmens) und gesamtwirtschaftlich orientierter Makroökonomie (beispielsweise Konjunkturpolitik eines Landes). Wegen ihrer großen Entfernung zum Markt und dem hohen Innovationstempo neigt die *Makroökonomie* dazu, ihre hoch aggregierten Daten überzubewerten und die Märkte selbst nicht mehr zu sehen. Die *Mikroökonomie* hingegen kann diese Schwächen aufgrund ihrer allzu engen Sicht und der fehlenden Berücksichtigung systemischer Interdependenzen im Wirtschaftsprozess nicht kompensieren. Der *praktische Nutzen der Langwellenökonomie* besteht in der Möglichkeit, große neue Wachstumsmärkte frühzeitig zu identifizieren. Nach diesem Ansatz sind, abgesehen von Ausnahmeerscheinungen, wie beispielsweise Kriege und Naturkatastrophen, größere Rezessionen die Folge nicht rechtzeitig erschlossener Basisinnovationen. Diese Basisinnovationen zu erschließen erfordert natürlich neben der entsprechend orientierten Forschung & Entwicklung in letzter Konsequenz eine ganz gezielte Fort- und Weiterbildung (einschließlich Hochschulausbildung), um so die erforderlichen Qualifikationsprofile aufzubauen.

Neben der hier dargestellten 5-stufigen Genese, ausgehend von der Erfindung der Dampfmaschine, der Eisenbahn, der Elektrizität/Chemie, der Elektronik/Auto und schließlich dem Wissen/Ökologie als bisher letzte und aktuelle Station[104], gibt es auch andere Systematiken[105] (siehe Abbildung 6).

---

103 Willke 1998, S. 2
104 Schmidt/Schumacher 1998, S. 57ff. sowie Volkmann 1997, S. 40ff. und Peters 1997, 54ff.
105 Bullinger 1996, S. 1f. sowie sehr viel früher bereits bei Willke 1989, S. 83. In diesem Zusammenhang weist Kaske 1991, S. 4-6 darauf hin, dass der französische Nationalökonom Jean Fourastié bereits vor 50 Jahren für entwickelte Gesellschaften die steigende Bedeutung des tertiären Sektors (Dienstleistungen) und die abnehmende Bedeutung

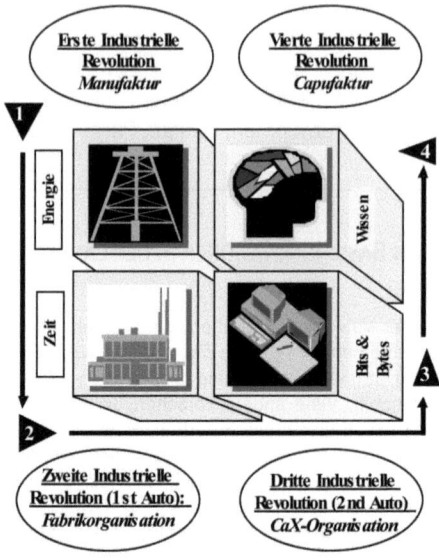

Abbildung 6: Schwerpunktverlagerungen in der industriellen Revolution[106]

Aus der ersten industriellen Revolution, bei der die Bewirtschaftung der Ressource Land dominierte, resultierte die Entwicklung von Kraftmaschinen und die Frage der Energieumwandlung stellte sich. In der zweiten industriellen Revolution spielte der Faktor Zeit eine große Rolle. Daraus resultierte die Revolution der Produktionstechnik: Massenfertigung am Band und damit hohe Arbeitsteilung nach dem Vorbild von Henry Ford[107] und auf der Grundlage des sog. „Scientific

---

des primären (Landwirtschaft) und des sekundären Sektors (Industrie) festgestellt hat. Auch wenn die deutsche Statistik ihn auf den ersten Blick bestätigt, so darf daraus nicht die folgenschwere Fehlinterpretation folgen, dass sich oben genannte drei Sektoren unabhängig voneinander entwickeln. In der Ökonomie hängt alles mit allem zusammen. Ein Blick unter die Oberfläche verrät, dass der Dienstleistungsbereich seine stürmische Expansion entgegen der Vorstellung von Fourastié nicht der Nachfrage der privaten Haushalte, sondern seiner engen Verflechtung mit der Industrie verdankt.

106 In Anlehnung an Bullinger 1996, S. 1

107 Jordan/Lenz 1995, S. 63f.und 104f. Henry Ford (1863-1947), amerikanischer Ingenieur; baute bereits im Alter von 15 Jahren Dampfmaschinen, mit 30 Jahren sein erstes „Auto" und führte 1913 als erster das Fließband ein (erste Revolution in der Autoindustrie). Seine Idee, durch Arbeitsteilung und Rationalisierung zu billigeren Produkten zu kommen, setzte sich durch. Von seinem legendären, stets schwarz-lackierten Standard-Modell T (1908-1927) verkaufte Ford unter Verzicht auf jegliche Variante 15 Millionen Exemplare - damit war der Meilenstein zur Weltreputation gelegt. Dieser sog. „Fordis-

Management" von Frederick Taylor[108] (sog. erste Revolution in der Automobilindustrie). Die dritte industrielle Revolution korrespondierte ebenfalls wie die zweite mit hohem Investitionsaufwand für technologische Ausstattung, allerdings mit einem starken Fokus auf Computertechnologie (Roboter am Band und im innerbetrieblichen Verkehr, CAD, CAM, FFS u.v.a.m.),[109] um so den Automatisierungsgrad der Fließbandfertigung zu erhöhen.

Der Übergang zur vierten industriellen Revolution steht ganz im Zeichen von Information und Informationsverarbeitung sowie einer anthropozentrischen Arbeitsorganisation (Kaizen, Re-Engineering, TQM, KVP, Hochleistungsteams, Simultaneous Engineering u.v.a.m.).[110] Automatisierung heißt nun nicht mehr Substitution von Arbeit durch Kapital, sondern Ersatz von manueller Arbeit durch Kopf-/Wissensarbeit.[111] Die zunehmenden Möglichkeiten, die Information und die Informationsverarbeitung in allen Bereichen gezielt einsetzen zu können, haben großen Einfluss auf die Entwicklung und das Verhalten der Gesellschaft. Wurde früher (in den ersten drei Stufen der industriellen Revolution) versucht, meist durch Verbesserungen der Technik und der Arbeitsmittel eine Verbesse-

---

mus" breitete sich in der Folgezeit mit einiger Verzögerung auch in Europa und später auch in Asien aus. Letzteres gab dann jedoch den Impuls für eine Ablösung dieses Systems und damit den Weg frei für die zweite Revolution in der Autoindustrie, der sog. „lean production", die allerdings erst Anfang der 90er Jahre im Rahmen der MIT-Studie weltweit populär, viele Jahre zuvor allerdings von den Japanern aufgebaut und perfektioniert wurde.

108 Jordan/Lenz 1995, S. 182f.: Frederick Winslow Taylor (1856-1915), amerikanischer Ingenieur. Obwohl Taylor mehr als 40 patentierte Maschinen entwickelte, galt sein Interesse der Arbeitsrationalisierung und bildete mit dem Konzept der Arbeitsteilung (Zeit- und Bewegungsstudien für Einzeltätigkeiten) die Grundlage für die Einführung der Fließbandarbeit im Jahre 1913 bei Ford - er gilt damit heute als Musterbeispiel einer inhumanen Arbeitswelt. Sein epochales Werk „The Principles of Scientific Management" wurde 1911 veröffentlicht. Die Arbeitsmotivation wollte Taylor durch einen an der Leistung orientierten Lohn fördern, um so das Motivationsdefizit aus der Monotonie in Folge perfekt zerlegter und optimierter Arbeitsschritte zu kompensieren. Seine Argumentation über oben genanntes Werk vor dem Ausschuss des Repräsentantenhauses war so überzeugend, dass in der Folgezeit viele Politiker sein Konzept unterstützten und die Industrie zu dessen Anwendung aufrief. Trotzdem werfen ihm moderne Wirtschaftstheoretiker und -praktiker zwei blinde Flecken in seiner Theorie vor: Erstens die Trennung des Denkens vom Tun und zweitens die irrige Meinung, dass, weil wir Arbeit in ihre einfachsten Schritte zerlegen, wir sie auch als eine Reihenfolge einzelner Bewegungen organisieren müssen, deren jede möglichst von einem anderen Arbeiter ausgeführt wird. Taylor sah damit keinen Raum für das Potenzial individueller Kreativität (Fähigkeit) und Initiative (Bereitschaft).

109 CAD = Computer Aided Design, CAM = Computer Aided Manufacturing, FFS = Flexible Fertigungssysteme

110 TQM = Total Quality Management, KVP = Kontinuierlicher Verbesserungsprozess

111 Malik 1996, S. 1

rung der Arbeits- und Unternehmenssituation zu erreichen, erfolgt dies heute vor allem durch Änderungen auf dem Gebiet der Organisation.

Es ist feststellbar, dass einem Konzept zur Management-Reorganisation schnell das Nächste folgte, weil erwünschte Erfolge oft ausblieben. Die Vernachlässigung der ganzheitlichen Betrachtung von Unternehmen bestätigt ein Forschungsprojekt der Europäischen Kommission. Eine Auswertung über 100 Re-Engineering-Projekte belegt, dass der Großteil der Projekte sich mit betrieblichen und begleitenden Prozessen befasst, wohingegen Bereiche wie Führungsstil, Management, Lernprozesse, Verbesserung des Arbeitsklimas und der Arbeitszufriedenheit oder die Bildung kreativer Unternehmenskulturen meist zu kurz kamen.[112]

Zentraler Dreh- und Angelpunkt der vierten industriellen Revolution ist die Betonung der Kopfarbeit des Menschen, seiner Fähigkeit, mit Anderen Wissen auszutauschen, zu kombinieren, zu internalisieren und zu externalisieren und es dadurch zu handlungsorientiertem Wissen weiterzuentwickeln.[113] Während es sich bei den in der dritten industriellen Revolution etablierten Informationstechnologien um reine Instrumente handelte, die selbst wirkungslos bleiben und damit lediglich eine conditio sine qua non für Wissensmanagement darstellen,[114] handelt es sich in der vierten industriellen Revolution hingegen um einen völlig neuen Systemzusammenhang.[115]

Volkmann betont, dass es sich mit dem Wechsel zum fünften Kondratieff-Zyklus keineswegs um eine einfach erweiterte Freizeitgesellschaft handelt, in der sog. Life Sciences wie Gesundheit, Ökologie, Lebensfreude dominieren,[116] sondern um eine aus Lust am Gestalten orientierte Problemlösegesellschaft, die die Probleme für die Mitwelt löst. Dabei fungieren Probleme von heute als Chancen für Geschäfte von morgen.[117]

Drucker diagnostiziert in den entwickelten Gesellschaften der Industrieländer eine Unterbevölkerung und daran kann sich auch innerhalb des nächsten Vierteljahrhunderts nichts ändern. Weiterhin prognostiziert er für die Industrieländer:[118]

---

112 Bullinger 1996, S. 2
113 Nonaka/Takeuchi 1995; vgl. hierzu die ausführlichere Behandlung in Kapitel 5
114 Reinmann-Rothmeier et al. 2002, S. 23
115 Abbildung zur Kontextuierung von Wissensmanagement in Kapitel 1
116 Mahler 1997, S. 57f.
117 Reinhardt 2002, S. 26-30; Volkmann 1997a, S. 292 außerdem Kapitel 1 zum Systembezug sowie Kapitel 2 und 3 zum Hyperwettbewerbs- und Marketing-Zugang
118 Willke 1998, S. 5 und Malik 1996, S. 1 sowie Drucker 1998, S. 10

- eine Anhebung des Rentenalters auf 75 Jahre noch vor dem Jahr 2010.
- Weder Beschäftigungszuwachs noch Anstieg der Konsumnachfrage wird wirtschaftliches Wachstum ermöglichen, sondern einzig und allein die Erhöhung der Produktivität der Ressource Wissen. Mit anderen Worten: Wissensarbeit ist der einzige komparative Wettbewerbsvorsprung in Industrieländern (sog. Produktivitätsproblem).
- Aufgrund der demographischen Tendenzen in entwickelten Ländern wird sich kein Land als Weltwirtschaftsmacht etablieren können, denn kein Land kann via Geld oder Technik die wachsenden Ungleichgewichte bei den Arbeitsressourcen wettmachen
- Aus der Schwerpunktverschiebung hin zur Ressource Wissen resultieren völlig neue Führungsprobleme, weil eine „Capufaktur"[119] bzw. Kopfarbeiter völlig andere Anforderungen an die Organisation stellen und nicht mehr mit herkömmlichen Führungsinstrumenten[120] zu managen sind[121]

Der komparative Wettbewerbsvorteil ist nicht qualitativer Natur, denn die qualifizierten Arbeitnehmer in den Schwellenländern sind längst in der Lage, mit dem Qualifikationsniveau in Industrieländern zu konkurrieren. Aber die Industrieländer haben, so Drucker, einen enormen quantitativen Vorsprung: Während in China bei einer Bevölkerungszahl von 1,25 Milliarden Menschen nicht einmal 3 Millionen Studenten sind, studieren in den USA 12,5 Millionen Menschen bei einer Bevölkerung von 265 Millionen. Diesen quantitativen Vorsprung gilt es in einen qualitativen zu transformieren. „Das bedeutet jedoch: Die noch immer zu wenig beachtete und erschreckend geringe Produktivität von Wissen und Wissensarbeitern muss kontinuierlich und systematisch gesteigert werden."[122] Malik weist deshalb darauf hin, dass die Ressource Wissen per se so lange wertlos bleibt, wie man sie nicht immer besseren Nutzungen zuführen wird - dies bezeichnet er als Management.

Drucker weist auf einen eklatanten Unterschied in der Orientierung der Informationsbedürfnisse von Unternehmen hin. Während bisher der Schwerpunkt nach innen gerichtet war, d. h. sich an den traditionellen Formen der Informationsvermittlung festmachte (beispielsweise Rechnungswesen), geht es künftig immer mehr um Informationen über Vorgänge und Bedingungen außerhalb der Organisation:

---

119 Volkmann 1997, S. 41
120 Wiesenbauer 2001, insbesondere S. 141-149
121 Bullinger/Hermann/Ganz 1997, S. 12ff. Drucker 1998, S. 10f. Malik 1996, S. 1ff. sowie Probst/Knaese 1998, S. 38
122 Drucker 1998, S. 10

- Kenntnisse über Nichtkunden,
- Wissen über weder vom Unternehmen noch vom Wettbewerber genutzte interessante neue Technologien und
- Wissen über noch nicht erschlossene Märkte.

Tatsächlich beziehen sich rund 90 Prozent der von einem Unternehmen gesammelten Informationen auf unternehmensinterne Vorgänge - ein zuverlässiges Indiz für die noch immer sehr ausgeprägte „Ich-Befangenheit"

Malik (vgl. Textkasten) stellt den Bedeutungsgehalt der Genese zur Wissensgesellschaft dar.[123]

IST DIE WISSENSGESELLSCHAFT REIF FÜR DEN 5. KONDRATIEFF?
- FABRIKARBEIT VERSUS KOPFARBEIT -

„Die Produktivität der manuellen Arbeit ist über die letzten 100-150 Jahre um etwa 2-3 Prozent pro Jahr gestiegen. Als Folge dessen hat sich an der Art, wie manuelle Arbeit ausgeführt wird, fast alles gegenüber früher radikal verändert. Würde ein Fabrikarbeiter des 19. Jahrhunderts in ein heutiges, modernes Werk kommen, würde er fast alles völlig verändert vorfinden und sich kaum zurechtfinden. Er wäre daher auch als Arbeitskraft gar nicht brauchbar.

Im Gegensatz dazu würden jene Kopfarbeiter, die es im 19. Jahrhundert schon gab, Lehrer, Pfarrer, Professoren, Advokaten und Beamte keinen allzu großen Wandel bemerken, und sie wären zumindest noch immer brauchbare Stellvertreter ihrer heutigen Kollegen. An der Art, wie Kopfarbeit betrieben wird, hat sich erstaunlich wenig verändert, und daher ist auch die Produktivität der Wissensarbeit nicht nennenswert gewachsen.

Zwar ist der Anteil der Kopfarbeiter in der Beschäftigtenzahl rasant gestiegen, und die Bedeutung der Wissensarbeit hat zugenommen. Es sind viele neue Disziplinen und Spezialgebiete dazugekommen. Es ist aber sehr fraglich, ob die Produktivität z.B. der heutigen Wissenschaft, also produktive Leistung pro Kopf, größer ist, als jene früherer Epochen. Wenn man sich durch die gewaltigen Summen, die in diese Gebiete fließen und durch die große Zahl der in der Forschung tätigen Personen nicht beeindrucken lässt, muss man konzedieren, dass frühere Forschergenerationen mit bemerkenswert bescheidenen Mitteln Hervorragendes geleistet haben.

Die Ökonomien der entwickelten Länder stehen nun vor dem völlig neuen Problem, nicht in erster Linie Rohstoffe, sondern Wissen zu nutzen und geistige Arbeit produktiv zu machen, weil dies inzwischen die Schlüsselfaktoren der Wohlstandsbildung geworden sind. Die Entstehung und zunehmende Verbreitung der Kopfarbeitergesellschaft führt zu mindestens sechs neuen Führungsproblemen. [...] Selbst wenn man darauf vertrauen kann, dass die Universitäten hervorragende Elektroingenieure, Biochemiker, Laserphysiker und Produkthaftungsjuristen „produzieren", von Management und Selbstmanagement haben alle diese Spezialisten keine Ahnung. Den meisten ist noch nicht einmal bewusst, dass Management

---

123 Malik 1996, S. 2 und S. 4

> und Selbstmanagement wichtig sind für ihre Wirksamkeit, dass ihr Wissen nutzlos ist, solange es nicht in Resultate und in Nutzen für Kunden, die Rechnungen bezahlen, damit wir uns Gehälter, Laborausstattungen, Messgeräte und Universitäten für die Kopfarbeiter leisten können, umgesetzt wird."

Nach Nefiodow als einer der bekanntesten Vertreter der Theorie der langen Wellen lässt sich bereits der sechste Kondratieff – die sog. Life Sciences bzw. psychosoziale Gesundheit - nicht mehr aufhalten, denn es fehlt weder an neuen Märkten, noch an Nachfrage und auch nicht an den zu ihrer Erschließung notwendigen Ressourcen.[124]

Die Ressource „Information"[125] war sowohl im fünften wie im sechsten Zyklus der wichtigste Träger der wirtschaftlichen Entwicklung und wird dies auch weiterhin sein, denn die klassische Industriegesellschaft wurde bereits mit dem Übergang zum fünften Zyklus von der Informationsgesellschaft abgelöst.[126] Allein mit diesem Übergang korrespondierte schon eine fundamentale Änderung, denn von nun an dominierte nicht mehr in erster Linie der optimale Energie- und Materialfluss mit den jeweiligen Rohstoffvorkommen und Entsorgungswegen, sondern der kreative Umgang mit nicht-materiellen Gütern. In der Informationsgesellschaft rückte der Mensch als wichtigster Erzeuger, Träger, Vermittler, Benutzer und Konsument von Informationen erstmalig in der Geschichte in den Mittelpunkt des Strukturwandels. Nicht Rohstoffvorkommen und Menschenmassen entscheiden über den Wohlstand einer Volkswirtschaft, sondern die Umsetzung wissenschaftlicher Erkenntnisse in Form von marktfähigen Innovationen.

Ein wesentlicher Unterschied zwischen Informations- und Industriegesellschaft besteht in der Feststellung, dass Produktivitätsfortschritte bereits heute und künftig noch mehr bei Beschäftigten zu erzielen sind, denn die meisten Menschen hochentwickelter Länder[127] arbeiten im Informationssektor. Diese werden somit zur wichtigsten Quelle für Wirtschaftswachstum, Vollbeschäftigung und damit für Lebensqualität. In der Informationsgesellschaft ist nicht die Quantität,

---

124 Enriquez et al. 2000, S. 96ff., außerdem Nefiodow 1996, S. 120f. und Mahler 1997, S. 57f.

125 Rehäuser et al. 1996, S. 6 zur Differenzierung zwischen Zeichen, Daten, Infos und Wissen.

126 Insofern ist die weiter oben dargestellte dritte und vierte industrielle Revolution einerseits irreführend, weil die Informationsgesellschaft die Industriegesellschaft bereits mit dem fünften Kondratieff abgelöst hat. Andererseits ist es aber auch so, dass Wissensmanagement und Industriesektor keine Gegensätze bilden. Mit anderen Worten: Auch der Industriesektor benötigt Wissensmanagement, im Übrigen produziert er bekanntlich auch und immer häufiger selbst Dienstleistungen.

127 Nefiodow 1996, S. 128. 70 Prozent des Sozialprodukts hochentwickelter Länder beruhen auf menschlicher Arbeitskraft und 30 Prozent auf Kapital.

sondern die Qualität der Information[128] (beispielsweise rechtzeitig, effizient und effektiv an die richtige Information zu kommen) entscheidend.

Nach einer Erhebung des Instituts der Deutschen Wirtschaft wurden 1994 etwa 24 Milliarden DM vergeudet, weil Informationsquellen über Forschungsarbeiten, Entwicklungen und Patente nicht genutzt wurden.[129] Weiterhin bestätigen verschiedene Forscher und Praktiker, dass gerade in den größeren Organisationen beträchtliche Produktivitätsreserven in den Informationsabläufen schlummern.[130]

In der Informationsgesellschaft existieren aber bei differenzierter Betrachtung bemerkenswerte Unterschiede zwischen dem fünften und sechsten Kondratieff. Diese Unterschiede sind gerade für das Human Resource-Management, den vierten theoretischen Zugang, von besonderer Bedeutung (vgl. Kapitel 4).

Unabhängig von den hier vorgestellten bzw. alternativen Systematisierungen auf dem Weg zur Wissensgesellschaft folgern fast alle Experten in logischer Konsequenz die eindeutige Botschaft, das Wissenskapital des Menschen und seine Lernfähigkeit in den Mittelpunkt zu stellen, d. h. Wirtschaftswachstum, Strukturwandel und Wettbewerbsvorteile hängen erstmals in der Geschichte nicht von Rohstoffen, Maschinen und ihren Anwendungen ab, sondern von den Fortschritten im inter- und intraindividuellen Bereich.[131] Mit anderen Worten: Es geht heute nicht mehr vorrangig um materiellen Konsum wie in den ersten vier Kondratieffs (Dampfmaschine/Baumwolle, Eisenbahn/Stahl, Elektrizität/Chemie, Auto/Petrochemie). Selbst die computergestützte Rationalisierung von Informationsströmen im fünften Kondratieff steht nicht mehr im Vordergrund. Obwohl und gerade weil hier eine scheinbare Nähe zum sechsten Kondratieff besteht, soll im nächsten bzw. letzten Abschnitt auf den fünften Zyklus näher eingegangen werden, um einige wichtige Unterschiede zum sechsten Zyklus aufzuzeigen und in einer Art Ausblick das neue Managementverständnis in der Wissensgesellschaft zu skizzieren.

Abgrenzung der Wissensgesellschaft

Nachdem im vergangenen Abschnitt die wegbereitenden Zyklen zur Wissensgesellschaft nachgezeichnet und eine erste Charakterisierung derselben vorgenommen wurde, sollen nachfolgend die Entwicklungen innerhalb der Informationsgesellschaft – also der Übergang vom fünften zum sechsten Zyklus - dargestellt werden, um so eine dringend erforderliche und überfällige Abgrenzung der

---

128 Tissen et al. 2000, S. 41-43
129 Faix 2000, S. 44f.
130 Picot et al. 2001, S. 79-83, Nefiodow 1996, S. 11-16 und 124f.
131 Schmid 2004, Götz/Schmid 2004

Wissensgesellschaft im Sinne einer eigenständigen Positionierung zu ermöglichen.

In der ersten Phase des fünften Kondratieff konzentrierte man sich auf den Einsatz der Informationstechnik in relativ gut strukturierten Arbeitsabläufen. Typische Anwendungen waren u. a. Fertigungssteuerung, Finanzbuchhaltung und Lohn- und Gehaltsabrechnung. Wachstumsbringer in dieser großen Zeit der EDV war der Hardware-Absatz (Universalrechner). Diese Periode der weitgehend inkompatiblen informationstechnischen Systeme lief Anfang der 80er Jahre aus, denn neue Märkte wurden in dieser Phase kaum geschaffen.

In der zweiten Phase des fünften Kondratieff beseitigte man die Inkompatibilitäten durch die große Verbreitung des Personalcomputers (PC) weitgehend. Die Zahl der weltweiten PC-Nutzer stieg drastisch an. Als aber Anfang der 90er Jahre das Nutzungspotenzial des PC hinsichtlich Daten- und Informationsverarbeitung weitgehend ausgeschöpft war, verlagerte sich der Umsatzschwerpunkt von der Hardware auf die Software. Der Einbruch im Konjunkturverlauf traf vor allem das auf Hardware fokussierte Japan.

Der voraussichtlich letzte Abschnitt, also die dritte Phase des fünften Kondratieff, begann Anfang der 90er Jahre und war von den weltweiten Privatisierungen im Netzbereich und durch Verschmelzung von Informationsverarbeitung/-diensten, Telekommunikation, Software, Unterhaltungselektronik und Medien geprägt. Ihre wichtigsten Träger sind Multimedia, Internet, Intranet, Extranet. In dieser Phase wird das weltumspannende Netz selbst zum intelligenten Universalcomputer. In dieser Phase wird sich das Bild als Informationsmedium durchsetzen. Die neuen Inhalte werden durch Techniken wie Bildfernsprechen, 3d-Simulations- und Animationstechniken, Großbildfernsehen, Virtual Reality, und computergestützte Video- und Filmproduktionen verarbeitet werden. Reale und virtuelle Welten werden dadurch in einander übergehen. Das Wachstum des Informationssektors wird sich vornehmlich auf den Umsatz mit Software und Informationsdienstleistungen stützen. Die Hardware-Leistung wird weiter ausgebaut, so dass den multimedialen Anwendungsbedürfnissen und Geschäftsstrategien kaum noch Grenzen gesetzt sind. Ein bereits jetzt absehbares Indiz hierfür ist die zunehmende Annäherung bzw. Integration von PC- und TV-Technologien zum Multimedia-Center, beispielsweise im Zuge der immer stärkeren Verbreitung der DVD-Technologie, quasi als Bindeglied zwischen TV und PC.

Der Auslauf dieser dritten Phase führt zum Abschwung des fünften bzw. zum Aufschwung des sechsten Kondratieff, auch wenn einige Wachstumsfelder des fünften weiterhin bestehen bleiben, beispielsweise auf dem Gebiet der monetären Dienstleistungen des Geld-, Finanz- und Kapitalmarktes. Ein weiterer bedeutender Informationsmarkt kommt im sechsten Kondratieff und damit pünktlich zum Jahrtausendwechsel zum Tragen: die Aus- und Weiterbildung.[132] Aus- und Weiterbildung hat im Rahmen der Basisinnovationen eine originäre Bedeutung. Bürokratische Strukturen im klassischen Personalwesen und der von der Politik bisher eher restriktiv behandelte Bildungssektor haben einen beträchtlichen Innovationsbedarf angestaut. Eine sozialverträgliche sukzessive Deregulierung und Privatisierung ist künftig unausweichlich, um nicht nur wissensbasierte Wettbewerbsvorteile im zunehmend globalen Kontext, sondern auch neue Arbeitsplätze zu schaffen.[133] Wie wichtig die Etablierung der Informationsgesellschaft den ausländischen Staaten (zumindest auf dem Papier) ist, zeigt die Tabelle 5.

Land	Zeit	Initiative/Strategiepapier
Australien	12/94	Networking Australian Future
China	94/95	Konstituierung des „Joint Committee for the informatization of the Domestic Economy"
Dänemark	11/94	Info-Gesellschaft 2000
	1995	From Vision to Action: Info-Gesellschaft 2000
Finnland	1995	Finnlands Weg in die Informationsgesellschaft: die nationale Strategie. Die Entwicklung einer finnischen Informationsgesellschaft: Grundsatzentscheidung des Staatsrats
Frankreich	1994	Les autoroutes de l'information (Théry-Bericht)
Großbritannien	11/94	Aufbau von Superhighways der Zukunft: die Entwicklung von Breitbandkommunikation im Vereinigten Königreich
Japan	05/94	Reformen zu einer geistig kreativen Gesellschaft des 21. Jahrhunderts: Programm zum Aufbau hochleistungsfähiger Informations-Infrastrukturen Programm für eine fortgeschrittene Informations-Infrastruktur

---

132 Weltweit wurden hier 1996 über 2000 Mrd. Dollar investiert. Sättigungsgrenzen sind bei internationaler Betrachtung nicht in Sicht. Allerdings bestehen in Deutschland zwischen dem Angebot und der Nachfrage nach Weiterbildung nicht unbeträchtliche Diskrepanzen (vgl. hierzu Kapitel 4).
133 Schmid 2004, Nefiodow 1996, S. 94-99

Jordanien	94/95	Jordan's National Information System
Kanada	04/94	The Canadian Information Highway: Building Canada's Information and Communications Infrastructure
Niederlande	12/94	Aktionsprogramm „Electronic Highways" - Von der Idee zum Handeln
Norwegen	01/95	Die IT-gestützte Informations-Infrastruktur in Norwegen: Status quo und Herausforderungen. Vorschlag eines nationales Informations-Netzwerkes
Oman	94/95	Oman's National Information Infrastructure (ONI)
Schweden	08/94	Informationstechnik. Flügel für menschliches Handeln
Singapur	1992	Information Technology (IT) 2000 Plan: The Intelligent Island
Südkorea	09/94	The Republic of Korea's National Information Superhighway System
USA	09/93	The National Information Infrastructure: Agenda for the Action.
	02/95	Global Information Infrastructure: Agenda for Cooperation

Tabelle 5: Initiativen zur Informationsgesellschaft, weltweit[134]

Seit geraumer Zeit räumt auch die Europäische Union insbesondere den neuen Informations- und Kommunikationstechnologien höchste Priorität ein.[135] Die Basisinnovationen des sechsten Kondratieffs werden neben dem Informationsmarkt mit dem hier im Vordergrund stehenden Aus- und Weiterbildungssektor und dem damit verbundenen dringend erforderlichen Aufbau eines modernen Human Resource-Managements[136] folgende sein: der entropische Sektor, Gesundheitsmarkt, Biotechnologien und optische Technologien. Während die ökonomisch hochentwickelten Länder im fünften Kondratieff gelernt haben, manuelle Arbeiten und technische Prozesse durch Informationstechnologien produktiver zu gestalten und mit weiteren wesentlichen Rationalisierungen kaum mehr

---
134 BMWi 1996, S. 31
135 Europäische Kommission 1997
136 Schmid 2004, Reinhardt 2002, S. 76-83

zu rechnen ist, kommt es im sechsten Kondratieff auf die Erschließung beachtlicher Produktivitätspotenziale im Bereich wissensintensiver Kopfarbeit an (vgl. Tabelle 6).[137]

Fünfter Kondratieff	Sechster Kondratieff
Informationstechnologien (explizites Wissen)	Menschliche Wissensquellen (implizites Wissen)
Verfügbarkeit über sichere Daten	Management paradoxen Wissens
Individuelles Lernen (Karrieremanagement)	Organisationales Lernen (Wertmanagement)
Informationsfluss zwischen Mensch & Maschine	Intra- und interindividueller Wissensfluss
Rationalisierung gut strukturierter Prozesse	Optimierung schlecht strukturierter Prozesse

Tabelle 6: Fünfter versus sechster Kondratieff[138]

Am Beispiel des bereits oben veranschaulichten entropischen Sektors lässt sich die intelligente Anwendung der modernen Informations- und Kommunikationstechnologien nachvollziehen, denn der Bedarf nach psychosozialer Gesundheit schafft nicht nur per se einen neuen großen Markt, sondern übernimmt auch die Rolle eines Katalysators für andere Märkte. Der intelligente Einsatz der oben genannten neuen Technologien ermöglicht dann beispielsweise Multimedia-Technologien, die menschliche Gefühle „verstehen" und darauf reagieren können: Versuche der Universitäten Basel und Los Angeles bestätigen schon heute, dass psychosoziale Störungen mit Virtual Reality behandelt werden können.[139] Dennoch wird die Hard- und Software nicht der bestimmende Faktor sein, sondern die „soft innovations" und die im nachfolgenden Abschnitt beschriebenen „soft skills". Diese werden in der intelligenten Kombination mit der angemessenen Technologie wohl erst den eigentlichen Quantensprung bewirken.

---

137 Tissen et al. 2000, S. 71-82
138 In Erweiterung an Nefiodow 2002, S. 66 sowie ders. 1996, S.100
139 Siehe beispielsweise die Arbeiten von Axel Bullinger (Universität Basel) oder von Roger Gould (Universität von Kalifornien in Los Angeles)

Reinmann-Rothmeier und Mandl stellen dazu fest, dass die Nutzung neuer Informations- und Kommunikationstechniken ohne eine theoretisch fundierte Idee dysfunktional ist:[140]

> Die neuen Informations- und Kommunikationstechnologien und ihr Einfluss auf Information und Kommunikation sowie Phänomene, die Orientierungslosigkeit hinterlassen, signalisieren einen Bedarf an neuen Strategien zum Umgang von Information und Wissen. Wissensmanagement ist gefragt - und zwar sowohl im Sinne einer gesellschaftlichen Aufgabe als auch im Sinne einer individuellen und sozialen Kompetenz ...[141]

Management in der Wissensgesellschaft

In Zeiten zunehmender Marktdynamik und -komplexität, die durch immer mehr erlebnishungrige, besser informierte und weniger markenloyale, oft widersprüchliche Konsumenten auf der einen Seite und immer intensiveren Wettbewerb (Hyperwettbewerb[142]) auf der anderen Seite gekennzeichnet ist, wird häufig der Ruf nach schlagkräftigen Wettbewerbsvorteilen laut. Das dahinterstehende Innovationsmanagement als Wegbereiter hat aber selbst seine Wurzeln in einem effektiven[143] wie effizienten[144] Umgang mit außerordentlich wissensintensiven Prozessen. Ein solches Wissensmanagement setzt allerdings eine ausgeprägte Lernbereitschaft und -fähigkeit auf individueller und organisationaler Ebene voraus. Dabei liegt aber zweifellos der Keim des Erfolgs bei jedem einzelnen Mitarbeiter. Wie gravierend aus diesem Grunde die neuen Ansprüche an ein modernes Human Resource-Management (HRM) sind, wird in Kapitel 4 näher erläutert. Soviel kann aber jetzt schon vorausgeschickt werden: Die neue Rolle des gestaltenden HRM als Change Agency hat nichts mehr mit dem eher verwaltenden Personalwesen klassischer Prägung gemein.

Neunzig Prozent der Kosten in den Unternehmen sind inzwischen Kosten für Kopfarbeit. Erfolgswirksame Produktivitätsfortschritte lassen sich vornehmlich im Bereich der intra- und interindividuellen Wissensverarbeitung erzielen. Diese finden insbesondere bei wenig strukturierten Arbeitsabläufen (beispielsweise Beratungsdienste) und/oder im Umgang mit ungenauem/paradoxen Wissen statt. Die notwendigen Voraussetzungen (beispielsweise Informations- und Kommunikationstechnologien) sind bereits im fünften Zyklus geschaffen worden, die hinreichende Bedingung (beispielsweise organisationale Lernprozesse) gilt es im sechsten Zyklus zu erfüllen und diese liegt weniger im technischen als

---

140 Reinmann-Rothmeier et al. 1997, S. 105
141 Reinmann-Rothmeier et al. 1997, S. 17, außerdem Gehle/Mülder 2001, S. 42-49
142 ausführlicher im nachfolgenden Kapitel 2.3 zum Hyperwettbewerb
143 Effektivität steht für Zielerreichungsgrad
144 Effizienz beschreibt die Relation zwischen Output und Input.

vielmehr im psychosozialen Bereich.[145] Die beiden nachfolgenden Tabellen 7 und 8 zeigen, dass es gerade die soft skills sind, die eine adäquate Berücksichtigung des Stellenwertes von Information ermöglichen oder - im negativen Fall - verhindern. Das westliche Bildungssystem hat im Bereich der Vermittlung von Kreativität,[146] Sozial- und Lernkompetenz sowie Teamarbeitsfähigkeiten erhebliche Defizite und konzentriert sich vielmehr auf naturwissenschaftliche, technische sowie literarische Inhalte.[147] Die Ausführungen von Schulz von Thun[148] stimmen in diesem Zusammenhang eher nachdenklich:

„ZEUGNIS DER REIFE"
Schulz von Thun

„Als ich zum Abschluss meiner Schulzeit das ‚Zeugnis der Reife' erhielt, bestand meine Kommunikationsfähigkeit vor allem darin, in einer raffinierten, gelehrsamen Sprache über Sachverhalte zu reden, zu denen mir jede Erlebnisgrundlage fehlte. Statt das Erlebte zu verstehen und auszudrücken, lernten wir, das Nicht-Erlebte altklug zu kommentieren.... . Das Reifezeugnis in der Hand, fühlte ich mich ‚ungebildet' in Fragen des zwischenmenschlichen Umgangs. Für das Thema ‚Wie gehe ich mit mir selbst und anderen um' war kaum eine Schulstunde reserviert gewesen."

Unternehmen sind Sozialsysteme. Nefiodow führt dazu aus: Gerade „weil Unternehmen sozio-technische Systeme sind, erweist sich eine kooperative Unternehmenskultur im Hinblick auf Gesamteffizienz des Betriebes gegenüber Wettbewerbern, die nach tayloristischen und hierarchischen Prinzipien organisiert sind, als überlegen."[149] Wo genau und wie diametral die Unterschiede ausfallen, veranschaulicht Tabelle 7.

Managementkultur im Taylorismus	Wissensmanagementkultur
• Wettbewerb und Konfrontation auf und zwischen allen Ebenen	• Abstimmung und Kooperation auf und zwischen allen Ebenen

---

145 Fokus dieser Untersuchung, vgl. außerdem Nefiodow 2002, S. 65ff sowie ders. 1996, S. 127ff.
146 weiterer theoretischer Zugang zum Thema Kreativität in Kapitel 5
147 Schmid 2004
148 Schulz von Thun 1981, S. 11
149 Nefiodow 1996, S. 136

• Klare Arbeitsplatzbeschreibung und Organisationsbeschreibungen	• Keine klare Arbeitsplatzbeschreibung
• Individuelle Durchsetzungsfähigkeit ersetzt Koordination	• Erheblicher Bedarf an Koordination
• „Not-Invented-Here"-Syndrom	• Große Aufgeschlossenheit gegenüber fremden Erfindungen
• Formale Kontrollen zwischen Mitarbeitern und Vorgesetzten	• Wenig formale Kontrollen und Vertrauensbeziehung zwischen Mitarbeitern und Vorgesetzten
• Psychische Unsicherheiten	• Gefühl der Sicherheit
• Kurzfristige Profitorientierung	• langfristige Wertsteigerungsorientierung
• Auf den jeweiligen Bedarf bezogene Weiterbildungsbereitschaft. Trend zu Spezialistentum	• Firma investiert stetig in die Qualifizierung und Weiterbildung der Beschäftigten
• Ausgeprägtes Spezialistentum in der nicht-lernenden Organisation	• Ausgeprägtes Generalistentum in der lernenden Organisation

Tabelle 7: Taylorismus-Management versus Wissens-Management[150]

Ogger stellt fest:

Der Kardinalfehler der deutschen Manager ist ihr kleinkarierter Egoismus [...]. Sie lernen frühzeitig, sich gegenüber Mitschülern, Kommilitonen und Kollegen durchzusetzen, aber niemand bringt ihnen bei, wie sie es anstellen sollen, aus den Rivalen um die Macht loyale Teamgefährten zu machen. Und das ist die eigentliche Aufgabe der Führungskräfte [...] sie sind darauf programmiert, zuerst an die eigene Karriere zu denken; der Erfolg der Mannschaft oder Firma ist für sie nur ein Mittel zum Zweck der Befriedigung ganz persönlichen Machtstrebens.[151]

Die Ergebnisse einer gerade veröffentlichten Studie, eine der größten, die in den letzten Jahren zu diesem Thema durchgeführt wurden,[152] geben Antwort auf Fra-

---

150 In Erweiterung an Nefiodow 1996, S. 136f.
151 Ogger 1993, S. 122
152 Es handelt sich dabei um eine vom Manager - Magazin beauftragte anonyme schriftliche Befragung von Topmanagern der umsatzstärksten deutschen Unternehmen aus 20 verschiedenen Branchen durch die Unternehmens- und Personalberatung H. Neumann In-

gen über die künftigen Anforderungen an die junge Führungsgeneration[153] und über gemachte Fehler, Irrtümer und Lernerfahrungen in der eigenen Karriereentwicklung. Das dort skizzierte Bild hat offenbar mit dem in Kapitel 6 „Innovation" vorgestellten Entrepreneurship im Schumpeter'schen Sinne wenig zu tun: Risiko- und Lernbereitschaft, Pioniereigenschaften und die Fähigkeit zum systemischen Denken in ungewohnten Bahnen gehören offensichtlich noch nicht zum Standardrepertoire der heutigen Managergilde.

Bedenklicher scheint die Feststellung, sofern die Studie tatsächlich über entsprechend hohe Werte in Reliabilität, Validität und Repräsentativität verfügt, dass zweifellos wichtige Schlüsselerfolgsfaktoren wie Kundenorientierung, Lernfähigkeit, Fehlerkultur, Sozialkompetenz, Kreativität und Flexibilität sowie ein positives Menschenbild, in ihrer Bedeutung für die Karriere der bisherigen wie der neuen Managergeneration sehr weit unten rangieren.[154]

Sollte von Rosenstiel mit seinen Feststellungen tatsächlich[155] Recht haben, dann ist Deutschland wohl eher schlecht vorbereitet auf die neuen Herausforderungen der Wissensgesellschaft – sein Credo lautet jedenfalls:

> Die Manager sollten auch das Anforderungsprofil ihrer jungen Nachfolger beschreiben. Und da hätte ich schon ein wenig mehr Abstand zur eigenen Laufbahn erwartet [...]. Das Karrierebild der heutigen Topmanager ist glatt. Und viel zu konventionell für die Aufgaben, die auf die Organisationen zukommen [...]. Nehmen Sie nur die Frage nach den eigenen Fehlern. Da hätte ich gedacht, dass mal einer sagt: ‚Ich habe aus meinen Leuten nicht das herausgeholt, was in ihnen steckt.' - ‚Ich habe falsch geführt.' - oder: ‚Ich erwarte von meinem Nachfolger, dass er die Dinge einmal ganz anders macht als ich.' Derartige Erkenntnisse erfordern keine Selbstverleugnung, nicht einmal ein besonders hohes Maß an Selbstkritik. Es schmälert die Leistungen einer Führungskraft in keiner Weise, wenn sie erkennt,

---

ternational im zweiten Halbjahr 1998. Die Rücklaufquote betrug 68 Prozent bzw. 272 Führungskräfte, darunter 133 Vorstandsvorsitzende, 96 Vorstände, 27 Alleingeschäftsführer und 16 geschäftsführende Gesellschafter. Die Auswertung erfolgte in Zusammenarbeit mit dem Institut für Psychologie der Ludwig-Maximilians-Universität in München.

153 Hier liegt allerdings aus unserer Sicht die Crux der Befragung, denn diejenigen, die gefragt wurden, haben in einer ganz anderen Zeit Karriere gemacht. Insofern ist es nicht allzu verwunderlich, wenn die damaligen Erfahrungen für künftige Managergenerationen wenig kompatibel erscheinen. Was allerdings implizit daraus resultiert, ist die Bestätigung der in diesem Kapitel vorgestellten neuen Befunde zum Management in der Wissensgesellschaft und der Konsequenzen für das künftige Anforderungsprofil an moderne Wissensarbeiter.

154 Risch 1999, S. 258-273

155 Es stellt sich freilich in solchen Fällen immer auch die Frage, ob solch „deftig" formulierten Aussagen in erster Linie dem eigenen Geschäft im Interesse höchstmöglicher Aufmerksamkeitswerte dienen sollen – analog zu den TV-Einschaltquoten, die längst keinen ernstzunehmenden echten Qualitätsindikator mehr darstellen.

dass die Regeln, die früher gut und richtig waren, heute überholt sind. Aber in den Daten der Untersuchung kann ich für derlei Einsichten nicht einmal ansatzweise das notwendige Problembewusstsein erkennen. Die Machthaber wählen sich Nachfolger, die sie durchschauen, weil sie ihnen vertraut sind. Sie klonen sich."[156]

Insofern bestätigt eine aktuelle Erfahrung eines nicht anonym befragten deutschen Topmanagers einen Teil der in der Studie angemahnten Defizite: „Für mich ist es die amerikanische Geschäftsauffassung: Man ist sehr offen, geradeheraus, ehrlich und persönlich. Das ist eine positive Erfahrung. Ich freue mich darauf, einen Teil dieser amerikanischen Haltung in unser neues Unternehmen zu integrieren."[157]

Abschließend sollte die soeben zitierte Studie im Lichte folgender Relativierung gesehen werden: „Selbst ein ausgeklügelter Beurteilungsbogen erlaubt wenig Differenzierung und zwingt zur knappen, plakativen Antwort. Wahrscheinlicher jedoch ist, was der Psychoanalytiker und Insead-Professor Manfred Kets de Vries durch jahrelange Beschäftigung mit Probanden aus Managerkreisen festgestellt hat: ‚Die Fähigkeit zur Selbstreflexion ist bei Führungskräften notorisch unterentwickelt'."[158] Selbst wenn dies der Wahrheit entsprechen sollte, dann wäre es prinzipiell auch denkbar, dass dieser Makel in der Natur der Sache bzw. aus der Situation des Topmanagers resultiert.

Um aber nun noch einmal auf die bereits weiter oben geführte Erörterung zum Übergang vom fünften zum sechsten Kondratieff zurückzukommen, lässt sich zur nachfolgenden Tabelle 8 eine beachtliche Parallele feststellen und zwar in Bezug auf das allzu leichtfertige, eindimensionale Vertrauen in moderne Informationstechnologien.[159]

> Kritische Stimmen mahnen inzwischen dazu, über technische Neuerungen und Verbesserungen der Informations- und Kommunikationswerkzeuge die inhaltlichen und wertbezogenen Aspekte dieser Entwicklung nicht zu vergessen. Mögen Begriffe wie Inhalt, Bedeutung und Wert auch schwer zu definieren sein, so lässt sich doch festhalten, dass diese weniger mit Information als vielmehr mit Wissen zu tun haben. Erst die Inhalte und deren Verarbeitung zusammen mit dem dazugehörigen Kontext machen aus Information bedeutungsvolles Wissen und ermöglichen die Konstruktion zusammenhängender Wissensnetzwerke. Aus diesem Grund liegt es nahe, als Ziel gesellschaftlicher Entwicklung die Wissensgesellschaft der Informationsgesellschaft vorzuziehen. Eine Wissensgesellschaft zeichnet sich dadurch aus, dass sie ihre Lebensgrundlagen aus reflektiertem und bewertetem Wissen gewinnt und von den neuen Informations- und Kommunikationstechnologien einen bewussten und lebenserleichternden, sozial nicht zerstörenden Gebrauch macht [...]. Wissensmanagement als gesellschaftliche Herausforde-

---

156 Risch 1999, S. 256f.
157 Zetsche 1999, S. 4
158 Risch 1999, S. 266
159 vgl. außerdem Kapitel 4.4

rung meint mehr als die organisierte Vermehrung von Wissen, die allein nicht reicht, um vor allem die sozialen, ökologischen und ethischen Probleme unserer Zeit zu lösen.[160]

Information im tayloristischen Unternehmen	Information im wissensbasierten Unternehmen
Information ist Macht: • Sporadische, lückenhafte Informationsweitergabe, • ungenaue Abteilungsziel-Formulierung, • ungenügende Zieltransparenz.	Information ist Ressource: • Ständige ausführliche Informationsweitergabe, • genaue Abteilungsziel-Formulierung, • hohe Zieltransparenz.
Kommunikation als Begleiterscheinung: • innerhalb eines Teams/einer Abteilung.	Kommunikation als strategisches Instrument: • im gesamten Unternehmen.
Misstrauensprinzip zwischen Vorgesetzten und Kollegen.	Vertrauensprinzip zwischen Vorgesetzten und Kollegen.
Entscheidung durch Kompromiss.	Entscheidung durch Konsens.
Blindes Vertrauen in die Informationstechnologie ersetzt den Menschen: • Information als Mittel der Rationalisierung	Informationstechnologie unterstützt den Menschen: • Informationstechnologie als Komponente der Infrastruktur.
Keine Sicherheit, welche Information wichtig ist	Sicherheit, welche Information wichtig ist

---

160 Reinmann-Rothmeier et al. 1997, S. 18, darüber hinaus Frühwald 1996. Erfahrungen bestätigen die Gefahr einer unkritischen Anwendung moderner Informations- und Kommunikationstechnologien in interdisziplinären Problemlöseprozessen. Die Vorteile können in der Tat sehr teuer erkauft werden: zeitlicher und finanzieller Aufwand, Einbußen bei Qualität und Motivation in unangenemessener Höhe etc. Freilich entstehen solche Nachteile zwar in direkter Verbindung mit der Technologie, bei genauerer Betrachtung korrespondieren diese Defizite aber vielmehr mit dem Management oder Mißmanagement neuer Technologien (beispielsweise Briefing, Pflege und Einbindung von Nutzern bei der Entwicklung von Software-Tools etc.).

• Unzufriedenheit in der Informationsversorgung, • unsystematische Informationsbeschaffung, • Verwirrung, mangelnde Motivation.	• Kein Management „by papers", exakter Informationsbedarf, • hohes Verantwortungsbewusstsein, Motivation, • corporate Branding bekannt.
Externe Berater und Experten lösen die Probleme des nicht lernbereiten/nicht lernfähigen Unternehmens	Das Unternehmen als lernende, wissensbasierte Organisation löst seine Probleme selbst.

Tabelle 8: Information im tayloristischen versus wissensbasierten Unternehmen[161]

Im sechsten Kondratieff reicht der bisherige Weg, Produktivitätssteigerungen via besserer Arbeitsteilung (beispielsweise TQM, Business Re-Engineering, IT etc.) zu erzielen, nicht mehr aus. Es kommt jetzt vielmehr darauf an, den ganzen Menschen und seine Potenziale zu entdecken.

McKinsey-Geschäftsführer Born stellt fest:

> Wir wissen, was Teams sind, aber nicht, wie man sie bildet. Wir wissen, dass Teams zu überragenden Leistungen fähig sind, aber nicht, wie wir sicherstellen können, dass diese Leistungen tatsächlich zustande kommen. Wir wissen, dass die Rolle des Teamführers wichtig ist, aber nicht, wie sie sich von anderen Leistungs- und Managementrollen unterscheidet. Wir wissen, dass Teamerfahrungen unvergesslich sein können, aber nicht wie wir aus ihnen bleibende Lernerfahrungen machen. Wir wissen, dass die erfolgreichsten und leistungsfähigsten Organisationen aller Art intensiv Teams einsetzen, aber wir haben lange nicht verstanden, dass eben diese Teams die Schlüsselkomponente der überlegenen Leistung sind.[162]

Das Erfolgspotenzial moderner Informationstechnologien kann erst dann richtig erschlossen werden, wenn die Menschen zu einem vernünftigen Umgang mit Wissen im Sinne der wahren Maxime von Knowledge Management ausgebildet wurden. Erst dann wird die dringend notwendige Kompatibilität zwischen der technologischen Hardware und der menschlichen Software erreicht sein. Die neuen technischen Möglichkeiten erfordern einen diametral anderen Umgang miteinander - vor allen Dingen einen wesentlich kooperativeren, der inter- und intra-organisationales Lernen fördert.

---

161 In Erweiterung an Nefiodow 1996, S. 138f.
162 Katzenbach 1993, S. 21f.

In diesem Sinne soll nur kurz darauf hingewiesen werden, dass das Modewort Kreativität[163] insbesondere ein kooperatives Phänomen ist. Viele (oft auch nur latente) Einflüsse haben an der Entstehung einer Idee mitgewirkt, auch wenn sie im Endergebnis nicht direkt sichtbar sind, beispielsweise Erziehung, Schule, Kollegen und Arbeitsumfeld, Bücher, Rivalen, Kritiker, Gespräche usw. Moderne Ansätze bestätigen, dass Kreativität sowohl inter- als auch intraindividuell entstehen kann.

Von Hayek[164] stellt fest:

> Die Summe des Wissens aller Einzelnen existiert nirgends als integriertes Ganzes. Das Problem ist, wie alle von diesem Wissen profitieren können, das nur verstreut als getrennte, partielle, und manchmal widersprüchliche Meinung aller Menschen existiert [...]. Weil es uns die Zivilisation ermöglicht, ständig aus Wissen Nutzen zu ziehen, das wir nicht persönlich besitzen, und weil der Gebrauch des Einzelnen von seinem besonderen Wissen anderen, ihm Unbekannten helfen kann, ihre Ziele zu erreichen, können die Menschen als Mitglieder einer zivilisierten Gesellschaft ihre eigenen Ziele um so erfolgreicher verfolgen, als sie es allein könnten.

Westliche Manager haben Probleme hinsichtlich Akzeptanz und Umsetzung der einfachen Erkenntnis, dass Unternehmen sozio-technische Systeme sind. Mit einer modernen technischen Ausstattung ist es nicht getan. Insofern sind Aussagen wie die von Willke zwar hart, aber wahr:

> Bereits seit den 70er Jahren werden Ideen der lernenden Organisation (LO) entwickelt, deren Stärke darin liegt, dass sie einen Lernbedarf nicht nur auf der Seite der Personen, sondern auch auf der Seite der Organisation als Organisation sehen. In der Praxis scheitert diese Konzeption, in erster Linie wohl, weil es nicht gelungen ist, dem Management deutlich zu machen, was es heißt, die Organisation lernfähig zu machen.[165]

Was dies nun konkret für die arbeitenden Menschen in der Wissensgesellschaft bedeutet bzw. über welche Kompetenzen sie verfügen müssen, das zeigt nachfolgende Abbildung 7. Der ein oder andere soft skill der in der Abbildung aufgeteilten Kompetenzcluster wird im Lichte von Wissensmanagement an anderer Stelle noch behandelt, beispielsweise: Consensus Management, Aktives Zuhören, empathisches Beobachten, moderne Kommunikationstechnologien und Entscheidungsfindung in Verhandlungen, sowie Vertrauen.

---

163 Kapitel 5 zum kreativitätstheoretischen Zugang
164 Hayek 1983, S. 33
165 Willke 2002, S. 15f.

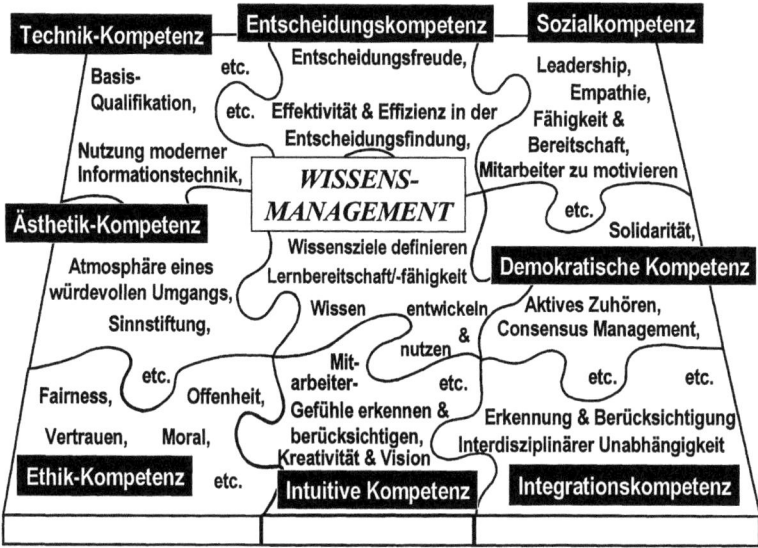

Abbildung 7: Soft skills – die Kompetenzen in der Wissensgesellschaft[166]

In direktem Zusammenhang zu den hier keineswegs vollständig identifizierten Kompetenz-Clustern in wissensbasierten Unternehmen stellt Willke in einem Gutachten zur Führungskräfteentwicklung bei Mercedes-Benz folgendes fest:

> Jede Ebene stellt grundsätzlich unterschiedliche Anforderungen an Führung. Zugleich aber gibt es einen kleinen, prägnanten Kern gemeinsamer Merkmale exzellenter Führung in wissensbasierten Unternehmen (...) Ganzheitliches Denken, vernetztes Denken, Fähigkeit zu kooperativer Kommunikation, Fähigkeit zu produktivem Konfliktmanagement, Fähigkeit zu motivierender Moderierung von Lernprozessen [...].[167]

Dabei betont Willke den hier im Vordergrund stehenden Bezug dieser identifizierten Kompetenzen in wissensbasierten Unternehmen und stellt dazu fest: „Je stärker Produktentwicklung, Produktionsformen und Produkte technologisch komplex und aufwendig werden, desto stärker entwickeln sich Unternehmen zu wissensbasierten Unternehmen [...]. Dies hat grundlegende Auswirkungen auf

---

166 In Erweiterung an Nefiodow 1996, S. 139-142 sowie Reinmann-Rothmeier et al. 1997a, S. 97-99
167 Willke 1998a, S. 107 und 114f.

die Anforderungen der MitarbeiterInnen und an die sozialen Organisationsformen der Herstellung eines Produkts [...]"[168] Wie sehr aber offenbar die Vorstellungen über vorhandene Sozialkompetenzen bei Führungskräften zwischen der Sicht der Führungskräfte selbst und der Sicht der Mitarbeiter auseinander liegen, zeigt Abbildung 8.

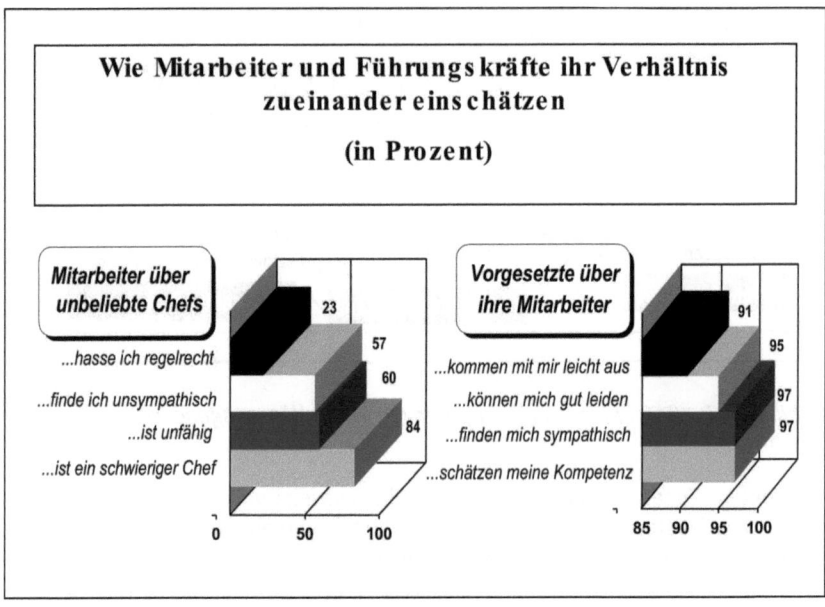

Abbildung 8: *Diskrepanzen hinsichtlich sozialer Kompetenzen von Führungskräften aus Eigenperspektive und aus der Sicht von Mitarbeitern*[169]

Abschließend bleibt festzuhalten, dass die einzelnen Zyklen mit ihren jeweiligen Schwerpunkten nicht so zu verstehen sind, dass mit jedem neuen Zyklus zwingend alles Vorherige nun unwichtig geworden ist. Auch wenn dies fallweise so sein kann (beispielsweise Notwendigkeit des Verlernens tradierter Usancen), kommt es in allen anderen Fällen mindestens zu einer Prioritätenverschiebung bzw. Neugewichtung. Wichtig in diesem Zusammenhang ist, dass die Zyklen keineswegs nur deskriptiven Charakter haben, sondern auch normativen, bei-

---

168 Willke 1998a, S. 115
169 Reischauer 1999, S. 66

spielsweise für den überfälligen Strukturwandel, für die Schaffung moderner Arbeitsplätze und für eine Prosperität schlechthin. Nefiodow kritisiert hier die nicht adäquate Berücksichtigung von Basisinnovationen vor allem seitens der Politik (beispielsweise Innovations- und Bildungspolitik).[170]

Der hier über die Soziologie hergestellte erste theoretische Zugang[171] zum Wissensmanagement hat wie alle anderen Zugänge auch die Aufgabe, die Bedeutung von Wissensmanagement theoretisch und empirisch zu fundieren. Der hier im Vordergrund stehende Bezug zur Gesellschaft am Beispiel von Exterritorialisierung und funktionaler Differenzierung bildet dabei die Basis zur Entwicklung und Charakterisierung der Wissensgesellschaft und deren Auswirkungen auf das Management von Wissen.

Der soziologische Zugang zum Wissensmanagement wird im siebten bzw. letzten theoretischen Zugang im systemtheoretischen Lichte noch einmal aufgenommen und den anderen Zugängen in synthetisierender Weise gegenübergestellt. Die dort im Mittelpunkt stehenden sozialen Systeme[172] sind so stark von der Interdependenz ihrer Teile geprägt, dass die Systembetrachtung zur angemessenen Perspektive erklärt werden kann. Zwei bekannte Argumente hierfür sind zum einen die Komplexitäts-, zum anderen die Emergenzthese.[173]

---

170 Nefiodow 1996, S. 12f. Vgl. hierzu außerdem Kapitel 4, 5 und 6.

171 Es liegt in der Natur der Sache, dass dieser erste theoretische Zugang besonders ausführlich ausfällt, schließlich befindet er sich auf der Makro-Ebene des unterstellten Systemzusammenhangs und greift damit unwillkürlich in die anderen Bereiche hinein (beispielsweise Human Resource Management, Systemtheorie). Außerdem erscheint dieser Zugang geeignet zu sein, um Grundlagen zum Wissensmanagement zu legen.

172 Neuloh 1980, S. 237. Ein soziales System ist ein durch Regeln, Normen, Verhaltensmuster in Handlungsfeldern und Handlungssystemen gefestigtes Gefüge. Die hier im Vordergrund stehenden sekundären sozialen Systeme sind im Gegensatz zu den primären (beispielsweise Familie) nicht natürlich, sondern künstlich (beispielsweise der Arbeitsplatz). Dabei spielen Wechselwirkungen zwischen den aufeinander bezogenen Handlungen von Individuen, Gruppen und Organisationen eine besondere Rolle.

173 Wiswede 1998, S. 253. Nach der Komplexitätsthese sind soziale Sachverhalte (wie beispielsweise der hier im Vordergrund stehende Innovationsprozess) von so hoher Interdependenz und Kontextabhängigkeit geprägt, dass sie durch einfache bivariate Beziehungen nicht mehr dargestellt werden können. Nach der Emergenzthese bilden soziale Sachverhalte auf höherem Aggregationsniveau neue Eigenschaften aus, die aus ihren ursprünglichen Bausteinen nicht ableitbar sind. Das bekannte Motto, nach welchem „das Ganze mehr ist als die Summe seiner Teile" ist zwar durchaus nicht unumstritten, wird aber ebenfalls im Marketing-Zugang eine nützliche Betrachtungsweise darstellen.

> Es ist nicht wenig Zeit,
> die wir zur Verfügung haben,
> sondern es ist viel Zeit, die wir nicht nutzen.
>
> LUCIUS ANNAEUS SENECA
> (um 4 v. Chr. - 65 n. Chr.)

2 Zweiter Zugang: Wettbewerb

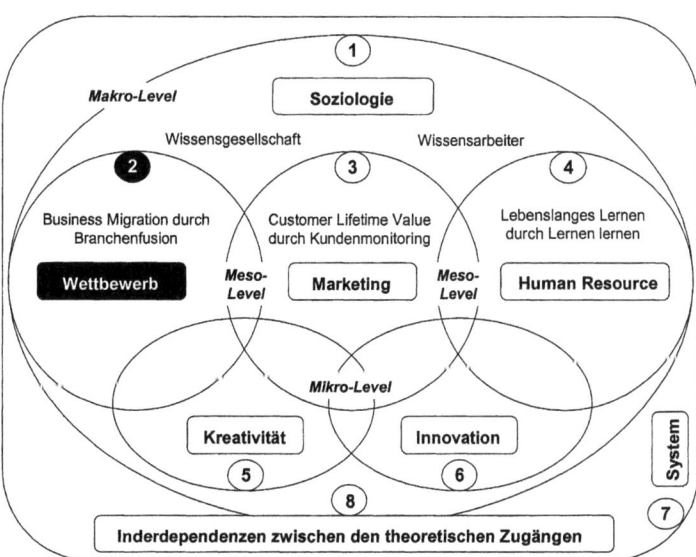

Abbildung 9: Der Zugang über den Wettbewerb

Die Intensivierung des Wettbewerbs ist eine der markantesten Entwicklungen im automobilen Marktgeschehen: Neue Anbieter, neue Marken, immer kürzere Produktlebens- und Entwicklungszyklen, eine immer stärker ausdifferenzierte Baureihenvielfalt sowie die nachhaltige Ausweitung des Angebots nach unten wie nach oben gehen mit einem völlig neuen Markenbewusstsein und den daraus resultierenden Markenanforderungen einher.[174] Auch wenn Wettbewerb per se kein neues Phänomen ist, so kann doch festgestellt werden, dass sich der Wettbewerb gegenüber der Vergangenheit maßgeblich verschärft hat. Bei näherer Betrachtung gelangt man zu dem Schluss, dass die Qualität des Wettbewerbs hinsichtlich der Spielregeln der Global Player zum einen eine völlig neue Dimension erfahren hat und eine unübersehbare Relevanz für das Management von Wissen besitzt. Neben dieser qualitativen gibt es aber auch eine quantitative Indikatordimension. Diese resultiert am Beispiel der Automobilindustrie aus der steigenden Anzahl von Anbietern, deren Streben es ist, das gesamte Spektrum eines Produktportfolios innerhalb der einzelnen Segmente (beispielsweise Roadster, Multi Purpose Vehicle, Support Utility Vehicle und neuerdings immer häufigere Mischvarianten, den sog. Cross-Over-Modellen), als auch über alle Segmente hinweg abzudecken. Für letzteres lassen sich insbesondere folgende Anbieter anführen: Volkswagen[175] im Wege des Markenshoppings und Toyota durch Markenerweiterung im Falle von Lexus[176] sowie Mercedes zunächst aus eigener Kraft via Markeninnovation (Smart) bzw. Marken-Relaunch (Maybach) und inzwischen noch verstärkter durch den Merger mit Chrysler.[177] [178]

In den nachfolgenden Ausführungen geht es zunächst, wie in den anderen theoretischen Zugängen auch, um eine problemorientierte Grundlegung. Darauf aufbauend werden die Bezüge für die Relevanz von Wissensmanagement herausgearbeitet. Dies geschieht hier in zwei Stufen, zunächst anhand der Genese zum Hyperwettbewerb und dessen Charakterisierung, anschließend im Wege der Er-

---

174 vgl. nachfolgendes Kapitel 3 zum Thema Markenmanagement
175 Kacher 2002, S. 94-97. Neben dem Edel-Markenshopping in den Fällen Bentley, Lamborghini betreibt VW aber auch eine aggressive Markendehnung: Ein „Volkswagen" für über 100 000 Euro namens Phaeton.
176 Siehe auch die Fallstudie in Kapitel 4. Unter dem Namen Lexus befinden sich bereits vier Baureihen: Nach der großen Luxuslimousine LS 400 folgten die Mittelklasselimousine GS 300, die Kompaktlimousine IS 200 und der Geländewagen RX 300.
177 Neben den Pkw-Marken Mercedes-Benz, Smart und Maybach gibt es im Gesamtkonzern auch die Marken Chrysler, Dodge, Jeep und Plymouth, wobei letztgenanntes inzwischen ausgelaufen ist.
178 Aus unserer Sicht spielt im Zusammenhang mit dem Zusammenwachsen der Automobilanbieter neben dem in anderen Branchen längst populären Globalisierungsgedanken auch der Wettbewerbsfaktor unter einem Konzerndach eine große Rolle. Je mehr und besser einzelne Marken unter dem gemeinsamen Konzerndach vereint werden, desto erfolgreicher lässt sich die überall sinkende Markenloyalität der Kunden im Zuge eines möglichst kohärenten Markenportfolios ein Stück weit abfedern bzw. sogar strategisch nutzen.

klärung wissensbasierter Wettbewerbsvorteile und deren Entstehung am Modell der intellektuellen Wertschöpfungskette.[179]

2.1 Begriff und Bedeutung der Wettbewerbstheorie

Der Begriff „Wettbewerb" wurde im 19. Jahrhundert im deutschsprachigen Raum als Synonym für „Konkurrenz" gebräuchlich.[180] Etymologisch setzt er sich aus den Begriffen „Wette" und „Werbung" zusammen. Wette verweist auf die auf Rivalität beruhende antagonistische Beziehung zwischen konkurrierenden Wirtschaftssubjekten. Werbung erfasst die Tatsache, dass die Anbieter um die „Gunst" der Nachfrager wetteifern, denn die Nachfrager haben durch den Wettbewerb die Möglichkeit, unter mehreren Anbietern zu wählen.[181] Unter Wettbewerb versteht Bartling eine Situation gegenseitiger Rivalität sowie die durch sie initiierten Aktionen und Prozesse. Der Antriebsmotor liegt in den egoistischen Bestrebungen der Wirtschaftseinheiten, ihre Pläne am Markt durchzusetzen. Bei Wettbewerb wird jede Wirtschaftseinheit zu Leistungsangeboten veranlasst, die außer eigenen egoistischen Zielen dem Allgemeinwohl im Sinne einer günstigen Abnehmerversorgung dienen. Das sogenannte marktwirtschaftliche Scheinparadoxon beruht auf der Annahme, dass die Interessen der Nachfrager umso besser verwirklicht werden, je konsequenter die einzelnen Wirtschaftseinheiten ihre Eigeninteressen wahrnehmen.[182]

Tuchtfeldt knüpft an „Wettbewerb als eine Form der wirtschaftlichen Interaktion [...] fünf Voraussetzungen":[183]

- Mehrzahl von Marktteilnehmern, d. h. mindestens zwei werben um die Gunst eines Dritten.

- Marktteilnehmer besitzen Handlungsfreiheit bei der Marktbearbeitung.

- Einsatz der Aktionsparameter erfolgt aus dem Bewusstsein der Rivalitätsbeziehung zwischen den Konkurrenten und spielt sich daher im ständigen Wechsel von Aktion und Reaktion, Vorstoß und Nachahmung ab.

---

179 auch hier nachfolgendes Kapitel 3. Es erscheint an dieser Stelle angebracht, die Genese zum Hyperwettbewerb nicht nur im Lichte des hier im Vordergrund stehenden Wettbewerbsansatzes zu sehen, sondern auch unter dem Marketingansatz. Selbstverständlich wird innerhalb des Marketingzugangs lediglich auf die hier vorgestellte Genese verwiesen bzw. darauf aufgebaut.
180 Duden 1989, S. 810
181 Simon 1993
182 Bartling 1980, S. 9
183 Tuchtfeldt 1975, S. 178-187, insbesondere S. 178f.

- Es herrscht Ungewissheit über den Erfolg der wettbewerblichen Aktivität.
- Es besteht „freedom of entry" für Newcomer.

Während für die Vertreter der klassischen Nationalökonomie (beispielsweise Smith[184]) und später der Neoklassik der vollkommene Wettbewerb im Polypol als das wirtschaftspolitische Leitbild fungierte,[185] war es vor allem Schumpeter,[186] der als einer der ersten Ökonomen die Rolle des Pionierunternehmers als „Motor" der wirtschaftlichen Entwicklung erkannte und diesen in die Analyse von Wettbewerbsprozessen einbezog: Unternehmer, die durch die erfolgreiche Einführung von (Produkt-) Innovationen neue Märkte schaffen (sogenannte Schumpeter-Unternehmer). Durch seinen Wettbewerbsvorsprung kann ein solcher „Pionier" eine zwar zeitlich befristete, aber durch seine Innovationsleistung begründete und legitimierte Monopolstellung erlangen und entsprechende Pioniergewinne (die „Schumpeter'sche Monopolrente") realisieren. Wettbewerb ist hier ein Ausleseprozess, in dem die bestehenden Marktstrukturen einer ständigen Gefährdung durch neue, bessere Produkte ausgesetzt sind. Diese wertvolle Erweiterung der Wettbewerbstheorie in Richtung zusätzlicher Wettbewerbsinstrumente (also zusätzlich zum Preis) ist Schumpeter zu verdanken und wird unter der Bezeichnung „Wettbewerb als Prozess schöpferischer Zerstörung" subsumiert.[187]

Hayek dagegen fasst Wettbewerb eher als „Entdeckungsprozess" auf, in dem er den Preisbildungsprozess auf Konkurrenzmärkten als Grund dafür ansieht, dass sich Nachfrager und Anbieter an Umstände und Vorgänge anpassen, von denen sie gar nichts wissen. Hayek gelingt damit ein Bezug zur Thematisierung von Wissen im Wettbewerbsprozess, nach dem das in der Marktordnung erzeugte und „gespeicherte" Wissen den Marktteilnehmern erlaubt, auf Informationen zurückzugreifen, die ihnen sonst nicht zur Verfügung stünden, da diese nur schwer - wenn überhaupt - mitgeteilt werden können.[188] Im Verständnis von Hayek liegt die wichtigste Funktion von Preisen also nicht darin, wie viel wir leisten sollen, sondern was zu leisten ist. Damit sind Marktprozesse nicht nur geeignet, vor-

---

184 ausführlicher weiter unten

185 Vom sogenannten Ordoliberalismus, nach dem insbesondere von Eucken angesichts der wirtschaftlichen Konzentration im 20. Jahrhundert eine staatliche Wettbewerbsordnung gefordert wurde, soll hier abgesehen werden, weil im Ergebnis nach wie vor am preistheoretischen Modell der vollkommenen Konkurrenz via Kartellverbot, Fusionskontrolle, Entflechtung marktbeherrschender Unternehmen und strenger Missbrauchsaufsicht über unvermeidbare Monopole festgehalten wurde. Näheres bei Eucken 1952, S. 254ff.

186 Ausführlicher hierzu Kapitel 6 zum innovationstheoretischen Zugang.

187 Schumpeter 1987, S. 139f.

188 siehe hierzu auch den Bezug zu aktuellen Entwicklungen bzw. fundamentalen Veränderungen, die sich beispielsweise aus dem digitalen Absatzkanal von Automobilherstellern ergeben. Näheres in Kapitel 3 zum marketingtheoretischen Zugang.

handenes Wissen zu nutzen, sondern sie sind auch als Konsequenz experimentierfreudigen Verhaltens zu sehen, neues Wissen zu erzeugen.[189] Es ist an dieser Stelle nicht erforderlich, auf die Phasentheorien des Wettbewerbs einzugehen,[190] es soll aber abschließend vor dem Hintergrund des Potenzialansatzes und dem nachfolgend beschriebenen Hyperwettbewerb nicht versäumt werden, den funktionsfähigen Wettbewerb dem potenziellen gegenüberzustellen.

Das Konzept des „Workable Competition" berücksichtigt die Tatsache, dass Märkte unvollkommen[191] sind und widerspricht damit dem oben beschriebenen Idealbild der klassischen Nationalökonomie. Funktionsfähiger Wettbewerb liegt vor, wenn ökonomische und gesellschaftspolitische Wettbewerbsfunktionen[192] erfüllt werden. Die Bewertung der Marktergebnisse (beispielsweise Preisniveau, Produktqualität, Innovationsgrad[193]) hängt sowohl vom Ergebnis des Marktverhaltens der Anbieter (beispielsweise Innovationspolitik) als auch von der Marktstruktur (beispielsweise von Zahl und Marktanteilen der Anbieter, Marktzugangsbarrieren) ab. Gerade in der Analyse der Markteintrittsbarrieren hat das Konzept des „Workable Competition" von der „Industrieökonomik" (Industrial Organization)[194] wertvolle Ergänzungen erfahren.

Ohne nun auf die ganze Reihe von Eintrittsbarrieren[195] einzugehen, sollen hier drei ausgewählte Beispiele als Erklärung genügen. Erstens können Informationsbarrieren bestehen, wenn potenzielle Wettbewerber Know-how-Defizite aufweisen (beispielsweise hinsichtlich Produkt- und Prozesstechnologien). Die anderen beiden Fälle korrespondieren mit Wissensbarrieren, werden aber in der Literatur zum einen als Produktdifferenzierungsbarrieren (beispielsweise durch entsprechende Innovationspolitik des Anbieters[196]) und zum anderen als Distributionsbarrieren (beispielsweise Leistungsmacht des Handels)[197] bezeichnet. Wichtig ist nun, dass in einem „funktionsfähigen Wettbewerb" die Monopolstel-

---

189 Hayek 1969, S. 258ff. und Böhm 1993, S. 47 sowie Mantzavinos 1994, S. 120
190 siehe hierzu Kapitel 3 zum marketingtheoretischen Zugang.
191 beispielsweise aufgrund heterogener Produkte, unvollständiger Markttransparenz, endliche Anpassungs-geschwindigkeit, ungleiche Unternehmensgrößen.
192 Kantzenbach 1966, S. 15ff. sowie die Nähe zum ersten theoretischen Zugang in Kapitel 1; außerdem hinsichtlich der Interdependenzen zwischen den einzelnen theoretischen Zugängen ausführlicher in Kapitel 7 zum systemtheoretischen Zugang in Kapitel 8.
193 Ausführlicher in Kapitel 6 zum innovationstheoretischen Zugang.
194 vgl. beispielsweise Kaufer 1980
195 Schewe 1993, S. 346f. und die dort genannte Literatur über Barrieren durch economies-of-scale, rechtlich-politischen Faktoren, Kompatibilitäts- und Referenzfaktoren.
196 vgl. hierzu mehr in Kapitel 6 zum innovationstheoretischen Zugang.
197 hierzu mehr in Kapitel 3 zum marketingtheoretischen Zugang.

lung des Pioniers nicht von Dauer ist bzw. wie Albach es formuliert „ständig in Gefahr schwebt", dass potenzielle Wettbewerber mit einem vergleichbaren oder besseren Produkt auf den Markt kommen."[198] Nach der „Theorie der angreifbaren Märkte" („Contestable Markets")[199] werden deshalb marktbeherrschende Unternehmen als wettbewerbspolitisch unbedenklich eingestuft, sofern nur potenzielle Konkurrenz „auf dem Sprung" ist, Schwächen des Konkurrenten durch innovative Vorstöße zu parieren.

Da insbesondere in Zeiten intensiven Wettbewerbs die Wahrscheinlichkeit für den Eintritt von Folgern bzw. Imitatoren sehr groß ist, wird es rasch zur Substitution des potenziellen Wettbewerbs durch den dynamischen Wettbewerb[200] kommen. Wie das im Einzelnen aussieht und wie es letztendlich zum Hypercompetition kommen konnte, ist Gegenstand des folgenden Abschnitts.

2.2 Genese zum Hyperwettbewerb

De Mandeville stellte bereits im Jahr 1705 fest, dass moralische Haltungen und Motive bei freiem dynamischem Wettbewerb zu Triebkräften der Wirtschaft werden und zum öffentlichen Wohlergehen beitragen.[201] Mit seiner Bienenfabel[202] trug er wesentlich zur bis heute aktuellen Diskussion über Ökonomie und Ethik bei (siehe nachfolgender Textkasten).[203]

> Gewaltige Fortschritte haben die Welt seit Mandevilles Tagen verändert. Die Menschheit [...] ist immer kenntnisreicher geworden [...]. In der Wissensgesellschaft von morgen stehen neue Umwälzungen bevor. In diesem unüberschaubaren Umfeld gewönnen die Marktkräfte und die „unsichtbare Hand" vitale Bedeutung. Mit dem elektronischen Handel und dem Internet verknüpfe man die Vision eines „reibungsfreien Kapitalismus" mit Zugang für alle zu Informationen und

---

198 Albach 1991, S. 211
199 Beaumol 1982, kritisch dazu Braulke 1983
200 Albach 1991, S. 212
201 Bernard de Mandeville (1670-1733), englischer Arzt, analysierte die Grundmotive des menschlichen Verhaltens und stellte fest, dass Luxus, technischer Fortschritt und internationale Arbeitsteilung neue Bedürfnisse (Eigensucht und Laster) wecken und neue Arbeit und Wohlstand bringen - ein Skandal für die idealistische Moralphilosophie seiner Zeit und eine Heilslehre bzw. Legitimation für einen freien Wettbewerb in einer soliden Wirtschaftsordnung, um Missbräuche (beispielsweise Monopolismus) und Auswüchse (Kranke, Alte) zu verhindern. Entnommen aus Zänker 1998, S. 60
202 Ein Faksimile der Erstausgabe ist im Verlag „Wirtschaft und Finanzen" erschienen.
203 Zänker 1998, S. 60

Märkten [...] fast perfekte Konkurrenz wie Adam Smith[204] vorschwebte. Folglich war es für Smith eine wichtige Aufgabe des Staates, Wettbewerb sicherzustellen und Monopole zu verhindern. Eine Megafusion wie die von DaimlerChrysler hätte Smith [...] auch unter den neuen Bedingungen einer globalisierten Wirtschaft abgelehnt [...]. Smith glaubte an den Handel zwischen den Nationen, nicht an weltumspannende Unternehmen.[205]

ADAM SMITH –
SEINE AKTUELLE BOTSCHAFT AUS DEM 18. JAHRHUNDERT

Smith sieht in der Produktion und in der Arbeit die bestimmende Größe für den Wohlstand einer Gesellschaft; außerdem sorge der freie Wettbewerb mit seiner ‚*invisible hand*' dafür, dass der egoistische Trieb des einzelnen zum Wohle aller führe. Diese Harmonie kann durch äußere Eingriffe nur gestört werden. In seinem lebendig, aber unsystematisch geschriebenen Hauptwerk ‚*An inquiry into the nature and causes of the wealth of nations*' *(1776)* verlor Smith nie den Bezug zur Realität. In den Modellen zur Wohlfahrtsökonomie kann gezeigt werden, dass bei Konkurrenz nur die Gewinnmaximierung als Ziel für Unternehmen zu einem optimalen Zustand der Gesellschaft führt, dem Allokationsoptimum. Die Faktorallokation ist nicht deswegen optimal, weil die Unternehmen eine besonders billige Versorgung der Gesellschaft mit knappen Gütern anstreben, sondern deswegen, weil die Unternehmungen möglichst hohe Gewinne anstreben. Die wohlfahrtsökonomischen Modelle sind allerdings an gewisse Prämissen gebunden - das betrifft vor allem das Nichtvorhandensein von externen Effekten (beispielsweise Umweltprobleme, Arbeitslosigkeit).

Auch hier braucht aber das Ziel der Gewinnmaximierung nicht aufgegeben werden, es wird nur zu Gunsten anderer Ziele erschwert. Smith betont den ökonomischen Wert der Arbeit und liefert mit seinen Erkenntnissen die theoretische Grundlage für Frederick Taylor, denn wenn Arbeit letztendlich den Wert bestimmt, sind Kontrolle und Messung der Arbeit wichtig und stellen die Hauptmöglichkeit zur Erhöhung der Rentabilität dar. Smith schreibt: „Sobald aber die Teilung der Arbeit in einem Gewerbe möglich ist, führt sie zu einer entsprechenden Steigerung ihrer Produktivität durch Einübung bester Methoden und Konzentration auf das Wesentliche. In diesem Vorteil dürfte der Grund zu suchen sein, dass es überhaupt zu verschiedenen Berufen und Gewerben kam. Im Zeitalter des Wissensarbeiters gilt Smith's Vorstellung vom Heil der Arbeitsteilung als Relikt vergangener Epochen, denn in modernen Managementtheorien und beim augenblicklichen Übergang zur postindustriellen Gesellschaft dominiert der Gedanke, diese Aufgaben wieder zu kohärenten Unternehmensprozessen zusammenzufügen.

---

204 Adam Smith (1723-1790), englischer Volkswirtschaftler und Moralphilosoph; Zur Vertiefung: Cezanne/Franke 1987, S. 20 sowie Franke 1986, S. 98 sowie das aktuellere und umfassende Standardwerk von Ross 1998.
205 Bode/Welter 1998, S. 67

Zum gegenwärtigen Zeitpunkt bekommt Smith insofern Recht, als mit der aggressiven Globalisierungsstrategie im Fall DaimlerChrysler zumindest auch drei Sanierungsfälle vorliegen: Im Fall Mitsubishi waren die Defizite zumindest vor dem Deal bekannt,[206] im Falle Chrysler schlugen binnenmarktbedingte Einbrüche und Abhängigkeiten nach dem Merger durch und im Falle Freightliner muss man aber anerkennen, dass dort auch schon sehr schwarze Zahlen geschrieben wurden. Beachtenswert ist allerdings folgender Trugschluss:

> Zwei Jahre ignorierte Schrempp eine Binsenweisheit der Autoindustrie: Je mehr gleiche Komponenten, desto niedriger die Kosten. Dutzende Male flogen deutsche und amerikanische Manager über den Atlantik - und gingen sich an runden Tischen auf die Nerven. Zu Stande brachten sie nichts: Abgestimmte Modellpolitik, gemeinsame Plattformen, einheitlicher Vertrieb - überall Fehlanzeige.[207]

Bereits die Schmalenbach-Gesellschaft betonte auf ihrem 50. Betriebswirtschafter-Tag im Jahre 1996, wie sehr das Management von Wissen zum Wettbewerbsfaktor der Zukunft avanciert und wie sehr sich die Markttransparenz erhöht.[208]

> Im Prozess spontaner Anpassung an den Wettbewerb sind die angelsächsischen Länder mit ihren freiheitlichen Traditionen und offenerem Wettbewerb besser als die anderen. Nach den Studien der OECD in Paris setzen sie die Informationstechnik erfolgreicher in die Praxis um, als die Sozialstaaten Kontinentaleuropas und Japans mit ihren wenig beweglichen Strukturen.[209]

Zänker zieht in diesem Zusammenhang folgende Parallele:[210]

DER MURRENDE BIENENSTOCK
oder
WIE SCHURKEN REDLICH WERDEN ...

„Neid, Ehrgeiz, Hochmut, Eitelkeit, Geldgier, Leidenschaft beherrschen das Leben im emsigen Bienenstock - wie bei den Menschen. Das Bienenvolk prosperiert dabei unter milden Königinnen, deren Macht durch weitsichtige Gesetze beschränkt wird. Trotzdem führen Eigennutz, Laster und Lüge im Konkurrenzkampf auf unerfindlichen Wegen zum Fortschritt und zum Besten aller. Der Geiz der einen dient der Kapitalbildung, die Verschwendung der anderen fördert den Umsatz. Diebstahl und Verbrechen selbst wecken Gegenkräfte, regen Handel und Wandel an: Der Allerschlechteste sogar fürs Allgemeinwohl tätig war. Da kom-

---

206 Und zwar unabhängig vom Verschweigen von Kundenreklamationen im Zusammenhang mit den verschleppten Rückrufaktionen Mitsubishis. Toyota und Honda galten als erste Wahl: Toyota aber ist zu groß und Honda hat abgelehnt, da man dort Selbstständigkeit aus eigener Kraft favorisiert.
207 Hillebrand 2002, S. 44
208 o. V. 1996, S. 20
209 Zänker 1998, S. 60
210 Zänker 1998, S. 60

> men den Bienen Skrupel, dass sie an ihrem sündigen Leben zugrunde gehen könnten. Gott Jupiter erfüllt ihren Wunsch, ein sittsames Leben zu führen [...] und alles wird anders. Die Reichen leben maßvoll, wohnen in bescheidenen Heimen, schaffen Diener ab. Die Häuserpreise sinken. Der Wechsel der Moden hört auf. Gewerbe, Handel, Fremdenverkehr verfallen. Man streitet kaum noch. Schuldner zahlen gutwillig. Juristen haben nichts zu tun. Ärzte verschreiben billige Heilmittel, mäßigen ihre Honorare. Doch bei diesem kargen Leben finden immer weniger ihr Auskommen. Der Bienenstock schrumpft, kann sich kaum mehr gegen Feinde verteidigen. Am Ende dieses Tugendstrebens und exemplarisch reinen Lebens wird ein hohler Baum beschieden. Dort haust er nun in Seelenfrieden."

Ausgehend vom oben genannten historischen Beispiel soll nun die Genese zu einer völlig neuen Qualität von Wettbewerb nachgezeichnet werden. Wie bereits weiter oben angedeutet, zeichnen nachfolgende sechs Phasen nicht nur die Entwicklung zum Hyperwettbewerb nach, sondern zeigen auch gleichzeitig die damit korrespondierenden Veränderungen des Marketingverständnisses auf. Außerdem stehen sie in direktem Zusammenhang mit den Entwicklungen zur Wissensgesellschaft.[211]

In der ersten Phase (50er Jahre) steht das Produktionsmanagement im Vordergrund. In der Zeit nach dem zweiten Weltkrieg war meist die Produktion der Engpassfaktor Nr. 1, d. h. die Zahl der Nachfrager überstieg bei weitem die Menge der angebotenen Produkte (sog. Verkäufermarkt). Die vorherrschende Aufgabe der Unternehmensführung beschränkte sich darauf, den Produktionsapparat auszubauen und den Output zu steigern.

In der zweiten Phase (60er Jahre) entstand nach Ausweitung der Produktionsmenge in logischer Konsequenz der nächste Engpassfaktor: der Handel (sog. Vertriebsmanagement). Dieser musste nun Möglichkeiten finden, sich infolge einer zunehmenden nationalen Herstellerkonkurrenz zu behaupten. Der Begriff des Marketings war zwar bereits geboren, doch beschränkte sich seine Aufgabe noch weitgehend auf das Problem der Distribution produzierter Güter. Marktforschung, Absatzplanung, Werbung spielten noch keine besondere Rolle. Produktentwicklung und Budgetierung gehörten noch anderen Bereichen an. Von einer Marketing-Organisation konnte noch keine Rede sein. Aufgabe der Unternehmensführung war es, mit Hilfe des Vertriebs den Absatz zu steigern.

In der nachfolgenden dritten Phase (70er Jahre) setzte der Aufbau des Marktmanagements ein. In dieser Phase wandelt sich oben genannter Verkäufermarkt zunehmend zum Käufermarkt, d. h. aus dem Überangebot von Waren und den ersten Marktsättigungssymptomen resultierte der Übergang von der Knappheitswirtschaft zur Überflussgesellschaft. Von nun an waren die Abnehmer der Engpassfaktor. Man war dadurch in zunehmendem Maße gezwungen, Märkte

---

211 vgl. Kapitel 3 zum marketingtheoretischen Zugang sowie Kapitel 1.

systematisch zu erschließen. Auf dieser zweiten Entwicklungsstufe des Marketings begann man damit, absatzbezogene Tätigkeiten, die bisher in anderen Unternehmensbereichen ausgeübt wurden (beispielsweise Verkäuferschulung, Kundendienst, Absatzplanung, Design, Markenmanagement), zu einer eigenen, neu etablierten Abteilung (meist Verkaufsleitung) zusammenzufassen. Es kann auf dieser zweiten Stufe von einer verkaufsorientierten Organisation der Absatzaktivitäten gesprochen werden. Aufgabe der Unternehmensführung war es, eine differenzierte Marktbearbeitung mit Bedürfnisidentifikation der Abnehmer sicherzustellen.

Das Management von Wettbewerbsvorteilen setzte in der vierten Phase (80er Jahre) ein. Aufgrund der gleichgerichteten Marketing-Anstrengungen der Wettbewerber wurde es immer schwieriger, sich von der Konkurrenz positiv abzuheben. Dauerhafte Wettbewerbsvorteile waren der Engpassfaktor. Man war dadurch in zunehmendem Maße gezwungen, Märkte systematisch zu erschließen. Auf dieser dritten Entwicklungsstufe des Marketings wurden weitere bislang noch anderen Unternehmensbereichen vorbehaltene Funktionen (beispielsweise Produktplanung, Produktentwicklung und Preisgestaltung) unter die Verantwortung des Marketingdirektors gestellt. Es kann auf dieser dritten Stufe von einer marketingorientierten Organisation der Absatzaktivitäten gesprochen werden, bei der das Ressort Marketing auf einer Ebene mit dem Produktions-, Finanz-, Personal- und Verwaltungsressort steht. Aufgabe der Unternehmensführung war es, strategische Wettbewerbsvorteile aufzubauen, am Markt durchzusetzen und auf Dauer zu behaupten.

Die 90er Jahre bzw. die fünfte Phase steht im Zeitalter des Umfeldmanagements. Von nun an war die frühzeitige und nachhaltige Einbeziehung von unternehmensrelevanten Umweltfaktoren der Engpassfaktor. Damit war es auf dieser fünften Entwicklungsstufe des Marketings gelungen, diese marktorientierte Unternehmensfunktion nicht mehr als eine Funktion von vielen, sondern als die Hauptfunktion des Unternehmens zu betrachten. Dieser neu etablierten Marketing-Organisation wurden alle anderen Funktionsbereiche unterstellt bzw. sie orientiert sich an den Erfordernissen des Marketings oder sie übernimmt eine beratende Funktion gegenüber den übrigen Aufgabenbereichen des Unternehmens. Formal betrachtet muss allerdings hier eingestanden werden, dass es zwar solche vom Marketing getriebenen Unternehmen[212] gibt - überwiegend verharrte jedoch die Praxis auf der oben genannten dritten Entwicklungsstufe, was der Phase vier entspricht. Die Aufgabe der Unternehmensführung war es, sich

---

212 Beispielsweise schon lange und mit viel Erfolg im Falle von Procter & Gamble. Im Falle von BMW in Form der Ende der 90er Jahre vollzogenen Ablösung des vorher rein technisch-orientierten Vorstandsressorts durch das völlig neuformierte Vorstandsressort „Markt und Produkt" (Dr. Reitzle) hat sich diese Organisationsform allerdings weder personalmäßig noch funktional auf Dauer halten können.

von der traditionellen Ich-Befangenheit bzw. der Unternehmenszentrierung herauszulösen und die in den 80er Jahren begonnene Internalisierung der unternehmensrelevanten Umwelt fortzusetzen bzw. zu intensivieren. Neben der damals begonnenen Wettbewerbsbetrachtung spielte von nun an die gesamte Mikro- und Makro-Umwelt[213] für unternehmerische Entscheidungen und die Entwicklung von Strategien eine Rolle.

In der sechsten Phase (seit 2000), dem Management im Hyperwettbewerb[214] manövrieren sich die meisten Unternehmen weltweit entlang einer Einbahnstraße in immer turbulenter werdende Gewässer, d. h. es gibt keinen vernünftigen Grund zur Annahme, dass die alten, ruhigeren Zeiten wiederkehren könnten. Die Kreativität (Fähigkeit) und Flexibilität (Bereitschaft), temporäre Wettbewerbsvorteile aufzubauen, eine gewisse Zeit zu halten und rasch im mehrdimensionalen Wettbewerbsraum immer wieder neue Vorteile aufzubauen, gehört zum Engpassfaktor in dieser Phase. Aufgabe der Unternehmensführung ist es nun, dynamische und vielschichtige Veränderungen der Wettbewerbskonstellationen zu antizipieren und zu erkennen, um schnell und flexibel darauf reagieren zu können. In dieser sechsten Phase geht es nicht mehr darum, einzelne Wettbewerbsdimensionen zu managen (siehe die Ausführungen unten über Porter), sondern möglichst gleichzeitig Kosten-, Qualitäts- und Zeitvorteile zu realisieren.[215]

Hyper kennzeichnet eine übersteigerte, übermäßige bzw. überempfindliche Reaktion (beispielsweise aggressives Wettbewerbsverhalten). Unter Hyperwettbewerb versteht Bruhn „eine Situation [...], in der sich Unternehmen der zunehmenden Konvergenz bislang isolierter Wettbewerbsdimensionen ausgesetzt sehen, die zu einem vielschichtigen, schnell wechselnden und aggressiven Wettbewerb zwischen den Unternehmen führt."[216]

Im nachfolgenden Abschnitt werden zentrale Merkmale des Hyperwettbewerbs geschildert, um die Besonderheiten und den Bezug zum Wissensmanagement herauszustellen.

---

213 Nieschlag/Dichtl/Hörschgen 2002, S. 98ff. und 80f. Die Makro-Umwelt umfasst dabei die übergeordneten Bereiche der ökonomischen, technologischen, sozio-kulturellen, physischen und politisch-rechtlichen Komponenten. Bei der Mikro-Umwelt handelt es sich um die aufgabenspezifischen, näher am Unternehmen befindlichen Bereiche der Abnehmer, Lieferanten, Wettbewerber, Absatzmittler (Groß-/Einzelhandel), Absatzhelfer (Makler, Speditionen etc.)

214 vgl. d'Aveni 1995, Craig 1996, Gimeno/Woo 1996 sowie Zohar/Morgan 1996

215 Meffert/Giloth 2002, S. 120-123

216 Bruhn 1997, S. 341

2.3 Charakterisierung des Hypercompetition

Im Unterschied zum klassischen Wettbewerbsverständnis mit seiner Tendenz zum stabilen Gleichgewicht mit relativ langfristigen Wettbewerbsvorteilen zeichnet sich der Hyperwettbewerb durch eine zunehmende Gleichgewichtslabilität mit temporären Wettbewerbsvorteilen aus. Erfolgreiche Hyperwettbewerber antizipieren Aktionen und Reaktionen der Konkurrenten und können sich nur durch den Aufbau kurzfristiger Wettbewerbsvorteile langfristig Erfolg sichern.[217] Dabei ist festzustellen dass Hyperwettbewerb ansteckend ist, d. h. die Existenz eines Hyperwettbewerbers genügt, um eine ganze Branche in den Hyperwettbewerb zu treiben.[218]

Die zentralen Merkmale des Hyperwettbewerbs bestehen zum einen in der Simultanität der relevanten Wettbewerbsdimensionen,[219] also beispielsweise in der Erzielung von Kosten- <u>und</u> Qualitätsvorteilen. Zweitens beruhen die Wettbewerbskonstellationen auf unterschiedlichen Ebenen (Vielschichtigkeit[220]):

- Wettbewerb auf Produktmärkten beispielsweise durch Technologiestandards (Telematik, Software, DVD, MP3 u. v. a. m.),

- Wettbewerb um Ressourcen (beispielsweise Wissensmanagement-Instrumente),

- Wettbewerb zwischen unternehmerischen Konzeptionen (beispielsweise Stellung des Marketings im Unternehmen[221]) und schließlich

- Wettbewerb im Unternehmensverbund, weil im Zeitalter strategischer Allianzen, Fusionen, Kooperationsverträgen, Joint Ventures, Übernahmen und Handelsketten nicht mehr einzelne Unternehmen, sondern vielmehr ganze Unternehmens-Cluster im Wettbewerb zueinander stehen. Dies kann sogar soweit gehen, dass direkte Wettbewerber teilweise gemeinsam kooperieren (beispielsweise im Wege des Badge Engineering[222]).

Vielschichtigkeit kann aber auch in einem sog. „Multipoint Competition" bestehen, d. h. ein Unternehmen verhält sich in verschiedenen Kerngeschäften diametral unterschiedlich oder sogar gegensätzlich (beispielsweise offensiv und de-

---

217 Day/Reibstein 1998, S. 16f. und d'Aveni 1995, S. 401

218 d'Aveni 1995, S. 26

219 Munkelt et al. 1998, S. 17 und d'Aveni 1995, S. 216-277

220 Rühli 1997, S. 12 und Gimeno/Woo 1996, S. 322-341

221 Ausführungen zur Stellung des Marketings im nachfolgenden Kapitel 3.

222 Beispielsweise werden einige baugleiche Vans von verschiedenen Herstellern mit eigener Marke vertrieben: Ford Galaxy, VW Sharan und Seat Alhambra zum einen oder Citroen Evasion, Fiat Ulysse und Peugeot 806 zum anderen.

fensiv). Ein drittes Merkmal des Hyperwettbewerbs besteht in der Schnelligkeit[223] hinsichtlich des Innovationswettbewerbs,[224] aber auch hinsichtlich der permanenten Fusions- und Übernahmewellen zwischen ursprünglich selbstständigen bzw. unter einem anderen Konzerndach befindlichen Unternehmen.

Einige Autoren[225] weisen allerdings seit einiger Zeit auf die ökonomischen, psychologischen und physischen Grenzen bzw. Sinnlosigkeit von Beschleunigung um jeden Preis hin, indem sie die Vorteile der Langsamkeit ins Feld führen. So hat beispielsweise das MITI[226] die Anbieter japanischer Speicherchips aufgefordert, die Produktlebenszyklen für die Einführung neuer Chipgenerationen wieder zu verlängern. Bei den Nachfragern spricht man vom sog. „Leapfrogging-Behavior" und meint damit, dass die Kunden ganze Leistungsgenerationen überspringen, weil diese zu schnell kommen (beispielsweise bei den Personalcomputern). Beim vierten Merkmal handelt es sich um die Aggressivität,[227] mit der die Marktteilnehmer auch weniger wirtschaftsfriedliche oder rechtswidrige Wettbewerbsvorstöße zum Einsatz bringen, beispielsweise Preiswettbewerb im Luftverkehr oder in der Telekommunikation. Ziel ist in allen Fällen ein wettbewerbspolitischer Vorstoß und damit die Zerstörung eines verlässlichen Marktgleichgewichts.

Ursachen des Hyperwettbewerbs können unterschiedlicher Art sein. Im Zuge der Globalisierung[228] des Wettbewerbs und der Branchen kommt es zu einem angebotsseitigen Globalisierungs-*Push*. Man versteht darunter die integrierte Planung und Abstimmung von Unternehmen auf weltweiter Ebene, die stetige Zunahme weltweit agierender Global Players und die weltweite Aufteilung der Wertschöpfungskette. Von einem nachfrageseitigen Globalisierungs-*Pull* spricht man aufgrund der Homogenisierung von Kundenbedürfnissen (beispielsweise Fast Food, Bekleidung oder Kosmetik[229]) und der steigenden Anzahl weltweit agierender Nachfrager und Absatzmittler.

---

223 Rühli 1997, S. 12

224 Kapitel 6 zum innovationstheoretischen Zugang.

225 Backhaus 1997, S. 246-251 und Greis 1999: Innovation kann auch überfordern, wenn das natürliche Interesse des Menschen an stabilen und vertrauten Lebensbedingungen zu sehr ignoriert wird. Zu schnell zu viel zu wollen, und das oft ohne Rückbindung am konkreten Problemlösungsbedarf, ist problematisch.

226 MITI ist das Industrie- und Handelsministerium Japans - die Abkürzung steht für „Ministry of International Trade and Industry".

227 d'Aveni 1995, S. 21ff.

228 Meffert 1994, S. 265ff. und Toyne/Walters 1989, S. 307 und die Ausführungen weiter oben im gleichen Abschnitt.

229 Levitt 1983, S. 92ff. und Kapitel 1

Eine zweite Ursache liegt in der Polarisierung der Abnehmerbedürfnisse.[230] Dahinter verbirgt sich das Phänomen des Nachfrageverhaltens, das durchschnittlichen Produkten hinsichtlich Qualität und Preis meist eine Absage erteilt und entweder teure/hochqualitative oder extrem günstige/weniger qualitative Produkte präferiert. Wichtig ist in diesem Zusammenhang, dass es im Zuge der Globalisierung keineswegs so ist, dass die Kunden sich in ihren Bedürfnissen pauschal annähern. Im Gegenteil, wer heute den Weltmarkt bearbeitet, muss sich mit immer differenzierteren Wünschen auseinandersetzen und baut deshalb sukzessive seine Wertschöpfungskette vor Ort aus (Differenzierung)[231].

Ein weiterer Faktor besteht in der Branchenerosion (Business Migration).[232] Bruhn subsumiert darunter das Zusammenwachsen verschiedener Branchen (intersektorale Branchenerosion[233]). So firmieren beispielsweise Banken und Versicherungen zu Financial Services bzw. Allfinanzanbietern, oder Automobilhersteller bieten eigenständig Bankdienstleistungen an, beispielsweise neu im Markt die DaimlerChrysler-Bank. Eine intrasektorale Branchenerosion liegt vor, wenn sich brancheninterne Grenzen auflösen, beispielsweise wenn Mercedes-Benz in die Kompaktklasse vordringt (A-Klasse, Smart) oder VW in die Luxusklasse einsteigt, zunächst[234] wohl unter dem prestigeträchtigsten Label weltweit: Rolls-Royce (eine Reanimation der Marke Horch wurde erwogen, die des Bugatti jedoch beschlossen).

Einen weiteren, ganz wesentlichen Wegbereiter stellen freilich die Informations- und Kommunikationstechnologien (Technisierung)[235] dar: Die schnelle Verbreitung digitaler Informations- und Kommunikationstechnologien[236] hat ihren Ausgangspunkt in der Konvergenz der sogenannten TIME-Industrien, d. h. in der Telekommunikation (beispielsweise Datenübertragung, Kabel-TV), Informationstechnologie

---

230 Eggert 1997, S. 125. Es stellt sich allerdings die Frage, ob der Polarisierungsgedanke tatsächlich einer Überprüfung standhält, denn es ist eine Binsenweisheit, dass heute ein Gut mit unterdurchschnittlicher Qualität zu welchem Preis auch immer nach ersten Probekäufen kaum mehr Marktchancen hat, vorausgesetzt der Preis ist größer 0. Außerdem besteht hier ein gewisser Widerspruch zum Charakter des Hyperwettbewerbs und zur notwendigen Revision der generischen Wettbewerbsstrategie-Triade von Porter.

231 Näheres hierzu in Kapitel 3 zum marketingtheoretischen Zugang über das hybride, multioptionale oder gar paradoxe Kundenverhalten.

232 Bruhn 1997, S. 346

233 Ein aktuelles und besonders markantes Beispiel ist die Einmischung von General Electric in den digitalen Automobilvertrieb; Näheres u. a. in Kapitel 3 zum marketingtheoretischen Zugang.

234 Seit 2003 sind allerdings die Rolls-Royce-Markenrechte von VW auf BMW übergegangen. Der so eben vorgestellte Rolls-Royce Phantom ist dem F&E-Engagement von BMW zuzuordnen.

235 Willke 1996b, S. 19-21, Bruhn 1997a, S. 821ff. und ders. 1997b, sowie o.V. 1997a, S. 1 und o. V. 1997b, S. 122.

236 vgl. Kapitel 1 (Soziologie-Zugang) zum fünften Kondratieff.

(beispielsweise PCs, Internet), Medienindustrie (beispielsweise Fernsehen, Zeitschriften) und audiovisuellen Elektronik (beispielsweise TV, Hifi). Die Verwendung digitaler Technologien führt zur Veränderung, Beschleunigung und Effizienzsteigerung von Interaktionsprozessen im und zwischen Unternehmen. Willke gelingt ein Oxymoron und er veranschaulicht die intransparenten, komplexen und gewaltigen Wachstumsdimensionen anhand von sechs Multimedia-Komponenten-Clustern:[237]

- Inhalte (beispielsweise Unterhaltung, Simultaneous Engineering)

- Netze (beispielsweise Intra-/Internet, mobile Netze wie GSM, SON-nets, UMTS)

- Hardware (beispielsweise PC, TV, CD-ROM, Set-Top-Boxen, GPS)

- Software (beispielsweise Groupware, Animationen, Lernen)

- Dienste (beispielsweise E-Mail, Tele-Commerce/-Diagnose, Datenbanken)

- Nutzungen (beispielsweise Verkehr, Bildung, Forschung, Gesundheit)

Willke[238] stellt weiter fest:

> Multimedia verknüpft Netze, Hardware, Software, Dienste, Inhalte und Nutzungen zu neuartigen Konstellationen, die in ihrer Gesamtheit bedacht werden müssen, will man mit Aussicht am Erfolg am Multimedia-Spiel teilnehmen. Die einzelnen Faktoren „wachsen" aus ihrer jeweiligen internen Dynamik heraus, zugleich ist diese Teildynamik bestimmt durch die Dynamik des Gesamtbereichs Multimedia. Daraus ergeben sich ziemlich intransparente und hochkomplexe Wechselwirkungen [...],

die bei entsprechender Phantasie, Mut und Handlungskompetenz vielfältige Möglichkeiten bieten, den Hyperwettbewerb zu forcieren. Zudem lassen sich alle Maßnahmen, die auf Deregulierung[239] zielen, als weitere Triebfeder des Hyperwettbewerbs identifizieren. Sie eröffnen dem Hyperwettbewerb neue Möglichkeiten, indem die rechtlichen Grenzen der Wettbewerbsspielregeln beispielsweise in folgenden Bereichen ausgeweitet wurden: Liberalisierung des Straßengüterverkehrs in Europa, freier Zugang der Luftfahrtgesellschaften zum innereuropäischen Flugverkehr, etc.

Aus der Charakterisierung des Hyperwettbewerbs lassen sich die Erfolgsfaktoren für das Management im Ansatz herauslesen,[240] weil sie in den vorangegan-

---

237 Willke 1996b, S. 19ff.
238 Willke 1996b, S. 19
239 Zentes 1997
240 Beispielsweise fortlaufende Neudefinition der relevanten Märkte, intelligenter Einsatz von Informations- und Kommunikationstechnologien, Bildung strategischer Allianzen, Anpassung der Unternehmenskultur und eine differenzierte Einschätzung des Faktors Zeit.

genen operationalisierten Kriterien bereits angeklungen sind. Hinzu kommen die Ausführungen in den nachfolgenden Kapiteln, in denen Lösungsansätze ausführlicher herausgearbeitet werden.

Im kommenden Abschnitt wird der Gedanke der mit der Wettbewerbstheorie verbundenen Wertschöpfungskette aufgegriffen und einer Revision im Lichte des Wissensmanagements unterzogen.

2.4 Die intellektuelle Wertschöpfungskette

Untrennbar mit dem Namen Porter[241] ist das Phänomen Wettbewerb bzw. Wettbewerbsstrategie und der zugrundegelegten Wertschöpfungskette verbunden. Porters Wertkettenansatz unterteilt ein Unternehmen in neun strategisch relevante Aktivitäten.[242] Damit sollen Kosten und Werterstellung im Unternehmen gegliedert dargestellt werden, um so einerseits Transparenz und andererseits Anknüpfungspunkte zur Formulierung und Ableitung einer Preis-Wertstrategie für das Produktionsprogramm zu schaffen.

Porter sieht drei grundsätzliche Wettbewerbsstrategien, welche ein Unternehmen wählen kann: Kostenführerschaft, Differenzierung oder Konzentration auf Schwerpunkte bzw. Nischen. Der Ansatz dieser generischen Wettbewerbsstrategien erscheint allerdings nicht mehr ganz zeitgemäß.[243] Aus diesem Grunde ist es auch nicht sinnvoll, den zweifellos vielbeachteten Ansatz von Porter ausführlicher zu beschreiben.[244] Wichtiger ist in diesem Zusammenhang die Modifizierung der klassischen physischen Wertkette im Lichte des Managements von Wissen zur intellektuellen Wertschöpfungskette (siehe Abbildung 10).

---

241 Porter 1985

242 Die fünf primären Aktivitäten lauten: Eingangslogistik, Produktion, Ausgangslogistik, Vertrieb & Marketing und Service. Die vier unterstützenden Querschnittsfunktionen sind Infrastruktur, Personalmanagement, Technologieentwicklung und Beschaffung. Ausführlicher beispielsweise bei Grant 1991, S. 191ff. zur Wertkette.

243 Fengler 2000, S. 24f.: Kritik am industrieökonomischen Ansatz bzw. an der Porter-Theorie.

244 Sehr ausführlich sind die Standardwerke von Porter 1980 zur Wettbewerbsstrategie und Porter 1985 zur Generierung von Wettbewerbsvorteilen.

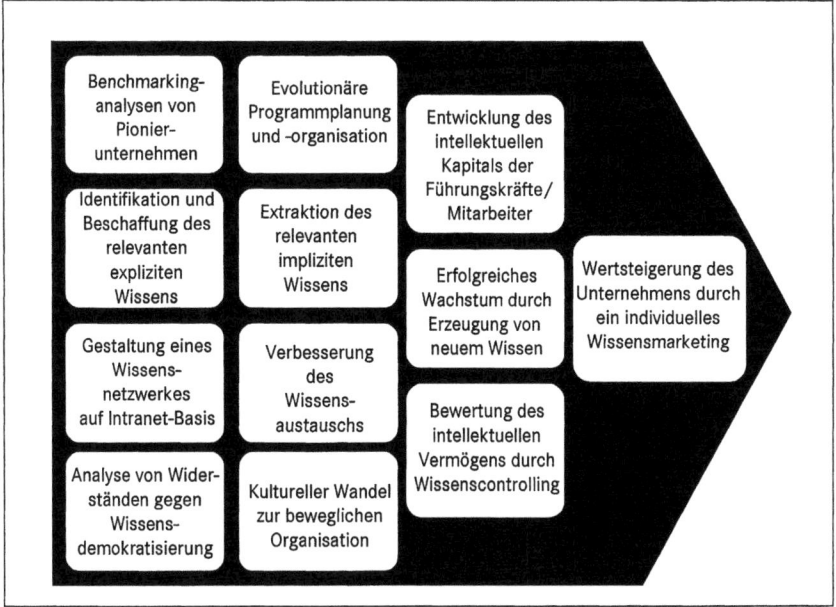

Abbildung 10: *Aufgabenfelder der intellektuellen Wertschöpfung*[245]

Die hier gezeigten Aufgabenfelder bilden den Rahmen für prozessspezifische Ansätze zum Aufbau einer Wissenskultur über immer weniger abgrenzbare Wertschöpfungselemente. Dies bedeutet nichts anderes, als

> dass prinzipiell jedes Element der Wertschöpfungskette zu einem eigenen Geschäftsfeld ausgebaut werden kann [..]. Teilweise entstehen ganz neue Unternehmen dadurch, dass Aktivitäten aus der Wertschöpfung des Unternehmens herausgenommen und die Leistungen als eigenständige Geschäfte auch Dritten im Markt angeboten werden.[246]

Unter der intellektuellen Wertschöpfung wird im Folgenden die Umwandlung des intellektuellen Kapitals der Mitarbeiter in intellektuelles Vermögen der Organisation verstanden, um so die Grundlage für eine wissensbasierte Wertsteigerung zu bilden. Der Ansatz ist ganzheitlich und strebt eine Verknüpfung der strategischen Führung mit einer operativen Neugestaltung der Prozesse und Informationssysteme einschließlich personalpolitischer Maßnahmen an. Die Demokratisierung des Wissens bzw. der Abbau des Herrschaftswissens entlang der Wertschöpfungskette erfordert dabei eine Abkehr vom traditionellen Taylorismus ar-

---

245 Servatius 1998, S. 9
246 Daecke 1998, S. 64

beitsteiliger Prozesse. Die hierzu erforderliche Wissenskultur muss jedem Mitarbeiter die Chance, wenn nicht sogar den Anreiz bieten, seine Ideen auf dem internen Wissensmarktplatz einzubringen. Für das hier im Vordergrund stehende Innovationsmanagement mit seinen besonders wissensintensiven Wertschöpfungsprozessen bedeutet dies eine Systematisierung der Erzeugung von neuem Wissen.

Auch wenn eine Bewertung des intellektuellen Vermögens einer Organisation schwierig ist, so zeigt doch die große Abweichung zwischen Marktwert und Buchwert eines erfolgreichen Wissensunternehmens, wie groß die Bedeutung des Wissenscontrollings entlang der Wertschöpfungskette ist. So gesehen stellt der Austausch von Wissen innerhalb verschiedener Elemente der Wertschöpfungskette per se eine wichtige Innovationsquelle dar, denn Wissen ist genauso wie Kreativität eine Ressource, die sich bei Gebrauch vermehrt.

Schon aus diesem Grunde stellt sich die Frage, wie selbst im Unternehmen Wissen besser vermarktet werden kann. In Pionierunternehmen versuchen geschulte „Knowledge Miner" das intellektuelle Kapital zu aktivieren und in explizites Wissen für die Organisation umzuwandeln.[247] Servatius stellt in seinen Zwischenergebnissen eines internationalen Forschungsprojektes fest, dass die Hoffnungen gegenüber Expertensystemen in der Vergangenheit nicht erfüllt wurden und man daher versucht, die Interaktion zwischen Fragenden und Wissensträgern dadurch zu verbessern, dass man diese an der Wertsteigerung partizipieren lässt. Als Pionierunternehmen führt er beispielsweise Silicon Graphics und Levi Strauss an.[248] Abbildung 11 veranschaulicht den Trend: von der Transaktions- zur Beziehungsorientierung.

---

247 vgl. hierzu Kapitel 3 zum marketingtheoretischen Zugang.
248 Servatius 1998a, S. 102 und 104f.

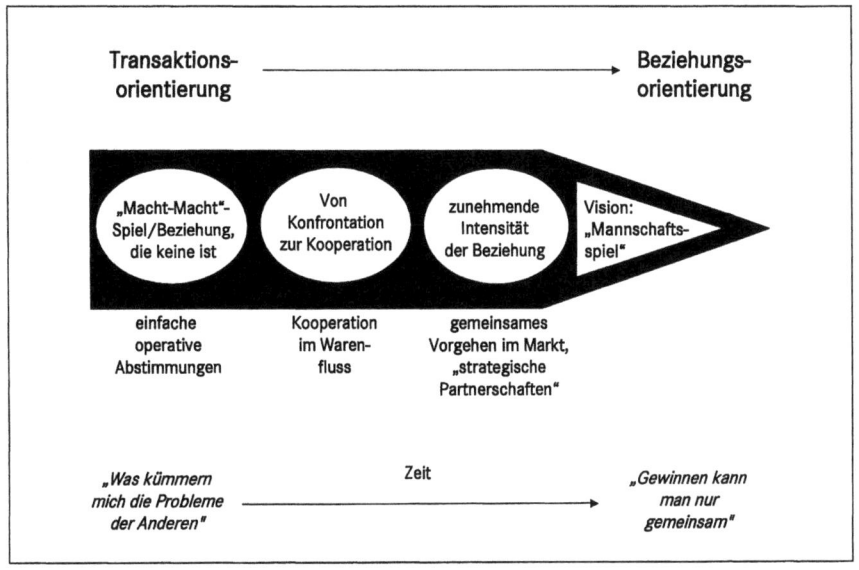

Abbildung 11: Harmonisierung der Wertschöpfung[249]

Abschließend kann festgehalten werden, dass die Neukonfiguration hinsichtlich der Bestandteile der Wertschöpfung und deren Art der Verknüpfung sicherlich notwendig und gerechtfertigt erscheint. Auf der anderen Seite ist es dringend erforderlich, die einzelnen Elemente[250] und insbesondere deren Verknüpfung[251] näher zu beleuchten. Beispielsweise ist an dieser Stelle kritisch anzumerken, dass der Human Resource-Ansatz im Modell von Servatius einerseits als eine fundamentale Komponente für das Funktionieren der intellektuellen Wertschöpfungskette dargestellt wird, andererseits aber eher diffus erscheint.[252]

Ein weiterer wichtiger Indikator zur Abkehr vom traditionellen Wertkettenverständnis ist der Übergang zum Projektmanagement. Beispielsweise findet inzwischen bei DaimlerChrysler und vielen anderen Unternehmen der Wissensgene-

---

249 Hinterhuber et al. 1995, S. 62

250 In den nachfolgenden Kapiteln wird diese Thematik ausführlicher untersucht, ohne sich aber explizit auf die hier genannten Bausteine zu beziehen.

251 In den Kapiteln 1 bis 6 wird die interdisziplinäre Relevanz von Wissensmanagement an repräsentativen Beispielen exemplifiziert und schließlich im Rahmen der abschließenden systemtheoretischen Betrachtung in Kapitel 7 hinsichtlich ihrer Interdependenzen zusammengeführt.

252 hierzu ausführlicher insbesondere Kapitel 4 zum Human Resource-Zugang.

rierungsprozess nicht mehr in den einzelnen Abteilungen,[253] sondern in Projekthäusern und Geschäftsführungs-Centern einzelner Baureihenleiter statt.

Ausgehend von den wettbewerbstheoretischen Grundlagen wurde auf dieser Meso-Ebene[254] die Prädestination dieses Ansatzes für die Relevanz von Wissensmanagement dargestellt. Dies geschah auf zwei Wegen: zum einen anhand der Genese und Charakterisierung des Hyperwettbewerbs, zum anderen im Wege der Modifizierung der physischen Wertschöpfungskette Porter'scher Prägung durch die intellektuelle Wertschöpfungskette im Wissenszeitalter.

Einige der hier angeklungenen Gedanken erfahren bereits im nachfolgenden Kapitel 4 ihre Fortsetzung, wenn es um die bessere Internalisierung expliziten Beschwerdewissens und impliziten Unzufriedenheitswissens vom Kunden in das Unternehmen geht. Hierzu wurde bereits auf dem Ende 1998 stattgefundenen Deutschen Marketingtag festgestellt, dass es noch zu wenige Unternehmen sind,

> [...] die ein professionelles Beschwerdemanagement als Chance begreifen. Nur vier Handelsbranchen, die Bau- und Heimwerkermärkte, die Drogerie- und Lebensmittelmärkte sowie die Versandhäuser konnten zumindest 50 Prozent ihrer Beschwerdeführer überzeugen und dieses Basisinstrument der Kundenorientierung zur Steigerung von Kundenzufriedenheit und Kundenbindung nutzen.[255]

---

253 Die dann von Zeit zu Zeit mehr oder weniger bereit sind („Wissen ist Macht"), mehr oder weniger wertvolles Wissen anderen mehr oder weniger empfangsbereiten Abteilungen (Not-Invented-Here-Syndrom) weiterzugeben.
254 Systembezug in Kapitel 1
255 Munkelt et al. 1998, S. 22

*In unserer Bilanz zeigen wir als wesentlichen Aktivposten
den Wert unserer Flugzeuge.
Das ist falsch. Wir machen uns damit selbst etwas vor.
Was wir als wesentlichen Aktivposten ausweisen sollten,
ist die Anzahl der zufriedenen Passagiere.
Das einzige wahre Aktivum, was wir haben, sind Kunden,
die mit unserer Dienstleistung zufrieden waren, die wieder mit uns fliegen
und uns dafür bezahlen wollen.*

JAN CARLZON, SAS Airlines[256]

3 Dritter Zugang: Marketing

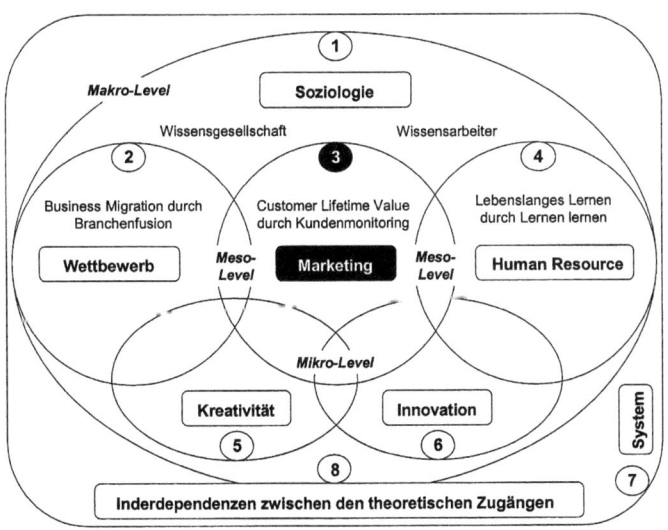

Abbildung 12: Der Marketing-Zugang

Während im vorangegangenen Kapitel der Wettbewerb in seiner neuen Form charakterisiert wurde, rückt in den nachfolgenden Ausführungen das zentrale Objekt, das zugleich als Verursacher und Ergebnis des Wettbewerbs fungiert, in

---

256 Kotler et al. 1999, S. 47

den Mittelpunkt der Betrachtung. Dabei wird ein erweitertes Produktverständnis, seine Konsequenzen bzw. die erforderliche Neupositionierung sowie die Prädestination für das Wissensmanagement skizziert. Anschließend erfolgt als Bezug zum Wissensmanagement die Darstellung des neuen Markenverständnisses im Wissenszeitalter.

3.1 Begriff und Bedeutung der Marketingtheorie

In neueren Studien kristallisiert sich mehr und mehr die Erkenntnis heraus, dass Marketing längst nicht mehr als Appendix des Verkaufs, sondern als Kern unternehmerischer Entscheidung anzusehen ist.[257] Neben dieser Erkenntnis spielt noch ein weiterer Aspekt für ein modernes Marketing-Verständnis eine immer wichtigere Rolle: Nachhaltiges Marketing ist nicht in erster Linie eine Frage des ‚Was man tut‘, sondern des ‚Wie man es tut‘. Im Gegensatz zu den in der Vergangenheit üblichen kurzfristigen Marketing-Plänen inklusive einer allzu starken Budget-Fokussierung kommt es immer stärker auf die Art und Weise an,

> wie man seine Geschäfte gestaltet, Kunden begleitet, Kampagnen entwickelt ... und damit eine Frage der Führungskräfte, die dieses Marketing prägen. Viele von ihnen wollen nur eines: Kurzfristig erfolgreich sein, ungeachtet aller Hypotheken, die sie damit aufnehmen. Und einige davon haben es vielleicht gelernt, in die Tiefe zu gehen und die Auswirkungen ihrer Handlungen nicht allein für die nächsten Monate, sondern unter einem längerfristigen Zeithorizont zu beurteilen.[258]

Wie sehr das Marketingverständnis mit der Charakterisierung des Wettbewerbs zusammenhängt, wurde bereits im vorangegangenen Kapitel 2.3 am Beispiel der Genese des Hyperwettbewerbs dargestellt.[259] Die dort beschriebenen Inhalte einzelner Phasen des Wettbewerbs in den letzten Jahrzehnten hatten unmittelbare Auswirkungen auf das Verständnis, auf die Aufgabe und auf die Art der Integration der Marketingfunktion in die Unternehmensorganisation. Ausgehend von der sechsten Phase, der Phase des Hyperwettbewerbs, soll nun das damit

---

[257] Lentz 1999, S. 30. In einer Studie der Universität Münster bestätigen mehr als 2/3 der 731 befragten Manager und Wirtschaftsexperten diese Erkenntnis: Die frühere Produktfokussierung technikverliebter Ingenieure wird mehr und mehr ersetzt durch Markt- und Kundenorientierung. Erst daraus lassen sich Produkte und Dienste ableiten - nicht umgekehrt.

[258] Belz 2001, S. 29

[259] Aus diesem Grunde ist es hier nicht weiter erforderlich, noch einmal auf die Entwicklungsstufen hin zum modernen Marketingverständnis einzugehen. Neben Kapitel 2 ausführlicher bei Meffert 1998, S. 3-26

korrespondierende Marketingverständnis für die nachfolgenden Ausführungen zugrunde gelegt bzw. konkretisiert werden. Die ebenfalls im vorangegangenen Kapitel aufgestellte intellektuelle Wertschöpfungskette hat sich an den Kundenbedürfnissen zu orientieren. Dazu ist es freilich erforderlich, eine möglichst hohe Qualität des Wissens über Kundenbedürfnisse anzustreben.

Für das moderne Verständnis von Marketing bedeutet dies nichts anderes als konsequent jede Aktivität im Unternehmen auf ihre Wertsteigerung im Interesse des Kunden auszurichten.[260] Wind (1998) spannt den Bogen sinnvoller Weise noch weiter und bezieht neben den Mitarbeitern alle anderen *Stakeholder* mit ein.[261] Die Rolle des in Kapitel 2.1 favorisierten Potenzialgedankens bringt McKenna in Bezug auf das hier im Vordergrund stehende Marketing für High-Tech-Unternehmen wie der Automobilbranche auf den Punkt, indem er sagt, Unternehmen

> ... must be the integrator, both internally - synthesizing technical capability with market needs - and externally, bringing the customer into the company as a participant in the development and adaption of goods and services.[262]

So gesehen mutiert Marketing bereits seit den 60er Jahren von der kurzfristig angelegten funktions- bzw. produktorientierten Sichtweise zur langfristig angelegten Managementperspektive [263] bzw. zu einem Ansatz, der sich an den Bedürfnissen der Kunden orientiert.[264] Es weichen allerdings Anspruch und Wirklichkeit oft weit voneinander ab, so dass selbst heute viele Unternehmen den lange Zeit umstrittenen und fehlinterpretierten Dominanzanspruch[265] des Marketings noch immer nicht in die Tat umgesetzt haben, auch wenn *„der Kunde als König"* auf jedem Firmenbanner längst seinen festen Platz gefunden hat.

---

260 Kotler et.al.1999, S. 47-86

261 Wind 1998, S. 252, vgl. nachfolgende Ausführungen im Kapitel 3

262 McKenna 1991, zit. nach Buzzel 1998, S. 508

263 Dieser Übergang steht mit der bis heute weit verbreiteten Etablierung der sogenannten 4 P's (product, price, place, promotion) im Zusammenhang. Diese geht zurück auf McCarthy 1960.

264 Kotler 1967 und Levitt 1960, S. 45. Levitt ist es zu verdanken, dass bereits damals schon die Gefahren einer zu engen Abgrenzung des relevanten Marktes an Beispielen (beispielsweise US-Eisenbahngesellschaft) empirisch nachgewiesen wurden. Diese Gefahr wird im Zuge der weiteren Forcierung des Hyperwettbewerbs und der dadurch mit ausgelösten *Business Migration* in heutiger Zeit erneut akut (vgl. Kapitel 2 zum *Hypercompetition*).

265 Schneider 1983, S. 197ff.

Nieschlag, Dichtl und Hörschgen stellen dazu fest, dass „die Praxis weit überwiegend noch auf der Stufe (3)" verharre.[266] Sie verstehen darunter die Etablierung der Marketing-Funktion als ein Vorstandsressort neben anderen, beispielsweise dem Human Resource Management. Dieselben Autoren fragen daher, „welche weiteren Möglichkeiten unter den obwaltenden Umständen für die organisatorische Umsetzung des Marketing-Denkens in der Unternehmung bestehen."[267]

Der Marketing-Experte Kotler gibt auf die entscheidende Frage, ob Marketing *die* führende Rolle bei der Definition der Produkt- und Marktstrategie übernehmen soll, folgende Antwort:

> No single function can take total responsibility for defining a company's product and market strategy. If this were only handled by the marketing department, the company might achieve a lot of growth but not as much profit. Various departments must participate in evaluating a proposed product or marketing strategy, since they all will be involved in supporting it. At the same time, the marketing department is normally more skilled in identifying new market opportunities. Marketers have tools for understanding customer needs and behavior and evaluating and testing the attractiveness of different product concepts. Therefore marketers in many companies may play a disproportionate lead role in proposing and influencing the company's product and market strategies.[268]

Die moderne und erweiterte Fassung des hier zugrundegelegten Marketing-Verständnisses findet in der seit 1985 gültigen Definition der American Marketing Association (AMA) und in deren Verhaltenskodex ihren Niederschlag: [269]

> process of planning and executing the conception, pricing, promotion and distribution of ideas, goods, and services to create exchanges that satisfy individual and organizational objectives.

Für den hier im Vordergrund stehenden Wissensmanagement-Ansatz im Innovationsprozess muss an dieser Stelle festgehalten werden, dass der Informationsaspekt bereits ein traditionell elementarer Bestandteil des Marketings ist – trotzdem erscheint eine Neupositionierung des Marketing-Ansatzes im Wissenszeitalter erforderlich.

---

266 Kapitel 2 zum Phasenablauf des Wettbewerbsgeschehens.
267 Nieschlag et al. 1985, S. 907. Es ist interessant festzustellen, dass in neueren Auflagen dieses Werkes im gleichen Kapitel (z. B. Nieschlag et al. 1997, S. 989f.) die hier zitierte Stelle ersatzlos gestrichen wurde, was aber absolut nicht heißen soll, dass der lange angestrebte Dominanzanspruch von den meisten Unternehmen eingelöst wurde.
268 Kotler 1998, S. 495f., vgl. außerdem dieselbe Forderung von Engelhardt 1997, S. 80f.
269 Meffert 1998, S. 8 und zu dem hier angesprochenen Verhaltenskodex ausführlich bei Kotler et al. 1999, S. 1207-1209

3.2 Marketing-Neupositionierung im Wissenszeitalter

Beim Informationsaspekt handelt es sich um „die schöpferisch-gestaltende Funktion der systematischen Marktsuche und Markterschließung. Hierzu gehören die planmäßige Erforschung des Marktes als Voraussetzung für kundengerechtes Verhalten."[270]

> Um Stagnation zu vermeiden und stetig zu wachsen, muss ein Unternehmen lernen, auf welche Weise es sich vergrößern und sein Geschäft schneller als die Konkurrenz auf eine breitere Grundlage stellen kann. Es gilt, die Expansionsphase zu verlängern und innovatives Wissen zu sammeln, um dieses anschließend für neue Produkte oder an neuen Märkten zu nutzen. Damit aber Wachstum kein Zufallsergebnis bleibt, müssen sich Manager für einen Plan entscheiden, der nicht nur kurzfristig, sondern über viele Jahre ständige Umsatzsteigerungen bringt.[271]

Von Krogh und Cusumano erläutern anhand der drei sehr unterschiedlichen Expansionsstrategien von Netscape, IKEA und SAP, wie man Wissen rascher als die Konkurrenz wirksam einsetzen kann. Ihre Untersuchungen unterstreichen den hier favorisierten Potenzialgedanken und lassen damit den Bezug zum Wissensmanagement deutlich werden.[272]

In den vergangenen Jahren bzw. Epochen wurde in der Literatur immer wieder massive Kritik an klassischen theoretischen Annahmen des Marketings geübt, beispielsweise durch den Vorwurf der Bedarfslenkungs-Obsoleszenz[273] durch die Konsumerismusbewegung, nach der das Marketing seine soziale Verantwortung durch die manipulative Schaffung von Bedürfnissen in einer längst satten Überflussgesellschaft eingebüßt hat.[274] Weitere Vorwürfe beziehen sich auf das Koordinierungsdefizit des ganzheitlichen Marketinganspruchs, beispielsweise in Be-

---

270 Meffert 1998, S. 7

271 von Krogh et al. 2001, S. 88f.

272 Beispielsweise spielt im Wissensmanagement-Ansatz die Externalisierung impliziten Wissens eine außerordentlich wichtige Rolle. Implizites Wissen ist aber nichts anderes als ein Potenzial an Wissen, das nicht zur Umsetzung in Form von Handlungen gelangt. Ausführlicher in den Kapiteln 2 und 3.

273 Unter *Obsoleszenz* subsumiert man im Marketing die künstliche Veralterung eines Produkts. Man unterscheidet zwischen *'built-in-obsolescence'* (= vorzeitiger Ausfall eines Produkts durch mangelnde Ausschöpfung der technisch gegebenen Möglichkeiten bis hin zum Einbau von Sollbruchstellen) und *'planned obsolescence'* (= bewusste psychologische Veralterung, beispielsweise durch Mode, d. h. vorzeitiger Ersatz eines eigentlich noch gebrauchsfähigen Gutes; ausführlicher bei Nieschlag et al. 1997, S. 162, 239, 1064.

274 Angehrn 1974, S. 27ff. sowie Weinhold-Stünzi 1978, S. 20

zug auf die wichtige Schnittstellenproblematik zwischen Marketing und F&E.[275] Ein dritter Vorwurf greift das Anspruchsgruppendefizit auf und betont die Gefahr eines einseitig auf Kundenbedürfnisse und Wettbewerbsvorteile fokussierten Verhaltens, weil auch die Ansprüche der anderen *Stakeholder* und weitere gesellschaftliche Anspruchsgruppen einbezogen werden müssen.[276] Kashani nennt weitere Faktoren wie den Sieg der aggressiven Billigmarken gegenüber den traditionellen Megamarken, den Abbau großer Marketingstäbe im Zuge von *Reengineering* und *Downsizing* und die Ubiquität von Information für alle Mitarbeiter seit der Etablierung moderner Informations- und Kommunikationstechnologien.[277]

Diese und weitere Kritikpunkte setzen nicht mehr wie früher an einzelnen Instrumenten des Marketings an, sondern an dessen fundamentalen Prinzipien. Viele Autoren folgern hieraus eine Neupositionierung des Marketings und nennen aktuelle Entwicklungen, die für dessen Bedeutungsgewinn sprechen.

AUF DEM WEG ZUM „NEUEN" PARADIGMA IN DER MARKETING-DISZIPLIN

Insbesondere folgende Ansätze werden im Zusammenhang mit dem „neuen" Paradigma des Marketings diskutiert: *Der Informationsökonomische Ansatz.*

Der Ansatz unterstellt Informationsasymmetrien, die aus den Transaktionen zwischen Anbietenden und Nachfragenden resultieren. Das Ausmaß der Informationsdefizite bzw. -kosten determiniert auf der Seite des Nachfragenden Verhaltensunsicherheiten. Güter mit hohem Anteil an Sucheigenschaften (search qualities) lassen sich problemlos vom Kunden durch Informationssuche vor dem Kauf untersuchen (beispielsweise Möbel). Güter mit hohem Anteil an Erfahrungseigenschaften (experience qualities) lassen sich hingegen nur durch Produktverwendung nach dem Kauf beurteilen (beispielsweise Konserven). Güter mit einem hohen Anteil an Vertrauenseigenschaften (credence qualities) sind allerdings vom Kunden weder vor noch nach dem Kauf nach dem Kauf direkt beurteilbar (beispielsweise Gemüse aus biologischem Anbau). In Abhängigkeit der auf diese Weise klassifizierten Produkte ergeben sich für das Marketing unterschiedliche Ansätze zur Ausgestaltung der Transaktionen.

Die Notwendigkeit des Übergangs zum funktionsübergreifenden, integrierenden Prozessgedanken wurde nicht nur in diesem, sondern bereits in Kapitel 2 (wettbewerbstheoretischer Zugang) betont. Wie dort bereits nachgewiesen wurde, ist die Orientierung aller wertschaf-

---

275 Gerken 1990; vgl. hierzu auch die via Primärforschung ermittelten Wissenspathologien in interdisziplinären Arbeitskreisen in Kapitel 6
276 Wind 1998, S. 252 zu den anderen *Stakeholdern* und Schneider 1983, S. 197ff. zu den anderen gesellschaftlichen Anspruchsgruppen.
277 Götz/Schmid 2004, Kashani 1998, S. 200

fenden Aktivitäten am Kundennutzen bereits im Kern der vierten Entwicklungsstufe des Marketings angelegt.

Relationship Marketing

Die bisher übliche instrumentelle, eher auf kurzfristigen Erfolg ausgerichtete Einwegbetrachtung soll durch eine prozessual, ganzheitlich und dynamisch angelegte Betrachtung interaktiver Beziehungen abgelöst werden. Dieser Ansatz hat im Investitionsgüter-Marketing bereits eine lange Tradition. Relationship-Marketing bedeutet eine individuelle und aktive Betreuung des Kunden durch MCSA (Managing Customers as Strategic Assets), weil es zum einen der Hypercompetition und das zunehmend komplexe, oft widersprüchliche Verhalten der Kunden erfordert und zum anderen die modernen Informations- und Kommunikationstechnologien ermöglichen. Dabei wird der Aufbau von Vertrauen in der Kundenbeziehung mehr und mehr der gesamten Unternehmensorganisation übertragen und das trägt zur marktorientierten Vernetzung der Funktionsbereiche des Unternehmens bei.

In den Zusammenhang mit der soeben kritisierten Einweg-Betrachtung gehört auch die antiquierte, aber in der Marketingtheorie und -praxis gleichermaßen immer noch weitverbreitete Etablierung und Einteilung von Zielgruppen, die definitionsgemäß eine möglichst hohe Intra-Homogenität und Inter-Heterogenität aufweisen. Die Welt ist nicht so linear, wie es die Zielgruppen-Fetischisten gerne hätten, denn so lange es noch nicht den geklonten Menschen gibt, sind alle Menschen einmalige Individuen, die sich kaum in wohlklingende Zielgruppensegmente bzw. -schemata hineinpressen lassen: Beispielsweise wurden von vermeintlich kreativen Marketingexperten die extrem heterogenen Zielgruppen der *X-Generation* und der *Technically Advanced Persons, kurz,TAPs* genannt, oder die nicht minder heterogene, zwar lukrative, aber bisher völlig übersehene Zielgruppe der *Mid-Ager* für viel Geld entwickelt.

Dem Kunden tut man damit keinen Gefallen, im Gegenteil - er muss dafür bezahlen, dass man für ihn Zielgruppen entwickelt hat, obwohl er nicht einmal annähernd in ein einziges Segment bezüglich *aller* definierten psycho-bzw. demographischen Merkmale hineinpasst und dementsprechend auch Wissenspathologien bestehen. Wesentlich ergiebiger erscheint hier der Ansatz der Segmentierung nach Kundennutzen zu sein, weil er sich ursachen- statt symptomorientiert am einzelnen Kunden statt an einer Kundenschablone orientiert. Je realistischer eine Zielgruppe definiert wird, desto kleiner und damit wenig komplexitätsreduzierend (ihr eigentliches Ziel!) wird sie.[278]

---

278 Horowitz et al. 1998, insbesondere S. 239-241, Noelle-Neumann et al. 1998, S. 26-238 und Neumann 1998a, S. 70f. sowie zum theoretischen Konzept des Zielgruppen-Marketing beispielsweise Kotler et al. 1999, S. 426ff und 1112ff.

Die Forderungen laufen letztendlich auf die im vorangegangenen Kapitel skizzierte vierte und bislang letzte Entwicklungsstufe des Marketings hinaus, da nur so eine erfolgreiche Teilnahme am Hyperwettbewerb möglich ist.

Insbesondere der Ansatz des *Relationship-Marketing*[279] trägt dem Phänomen Rechnung, dass Kunden sich sowohl zeitpunkt- (wenn beispielsweise ein Porschefahrer Lebensmittel bei Aldi einkauft) als auch zeitraumbezogen (wenn beispielsweise ein Cabriofahrer im Winter ein *Support Utility Vehicle* präferiert) widersprüchlich verhalten. Meffert und Giloth bestätigen in ihrer kürzlich erschienenen Untersuchung über die sich immer mehr verstärkende Inkonsistenz des Konsumentenverhaltens sowohl eine zunehmende Fragmentierung der Märkte als auch eine Entwicklung zum „sog. paradoxen Konsumenten". Insofern steht das früher so beliebte Zielgruppen-Marketing heute mehr denn je auf tönernen Säulen, denn die Prognostizierbarkeit des Konsumentenverhaltens wird damit immer mehr zur Farce. Meffert und Giloth empfehlen daher als Ausweg aus dem Dilemma der immer höheren F&E-Risiken einerseits und der F&E-Kosten andererseits eine ganz gezielte Markendehnung.[280]

Insofern erscheint im Zeitalter des Individual- und Direkt-Marketing via Internet das gutgemeinte Zielgruppen-Marketing nicht mehr zeitgemäß, weil es nicht sensibel genug auf die immer individueller werdenden Kundenwünsche eingeht. Kotler sieht für das *Individual-Marketing* eine atomistische Segmentierung[281] vor, d. h. jeder Kunde bekommt ein maßgeschneidertes Produkt.[282]

---

279 Grönroos 1994, S. 347-360, McKenna 1991a und Kern 1990 sowie zum *MCSA:* Schmittlein 1998, S. 221-231
280 Meffert/Giloth 2002, S. 110ff., insbesondere 120f.
281 Kotler 1999, S. 426f.
282 Pine 1994, S. 147-183 zur **Notwendigkeit** maßgeschneiderter Massenfertigung und S. 185-234 zur **Strategie** maßgeschneiderter Massenfertigung. Es besteht hier gewissermaßen eine Kombination der Vorteile der ersten beiden Quadranten (hohe Individualisierung und hohe Kosteneffizienz) in Kapitel 1.

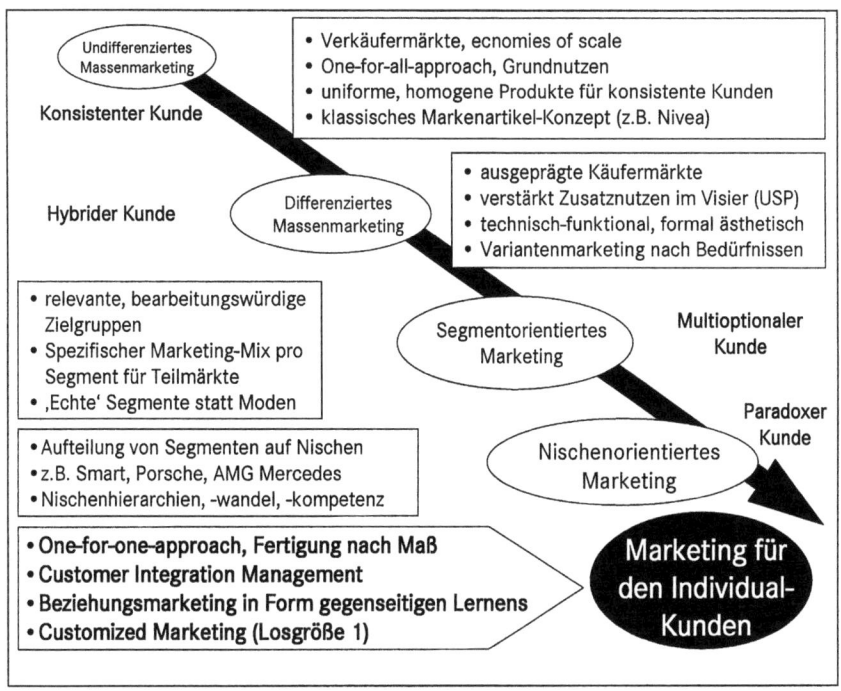

Abbildung 13: Der strategische Marketing-Trendpfad[283]

Kotler nennt Beispiele[284] aus Marktsegmenten mit wesentlich niedrigerem Preisniveau, wo tatsächlich schon seit einiger Zeit maßgeschneiderte Massenprodukte im Sinne von Pine produziert werden. Dort ist es wesentlich weniger selbst-

---

283 Becker 2000, S. 41-50
284 Kotler 1999, S. 430-432. In Japan wird in Bekleidungsgeschäften am Kunden elektronisch Maß genommen, die Daten gehen online in die Werkstatt, wo das Zuschneiden und Nähen via Laser automatisch abläuft und einen Tag später die Kleidung bereits abholfertig bereit liegt. Der *elektronische Spiegel* ermöglicht via Bildüberlagerung ein virtuelles Anprobieren verschiedener Formen, Farben und Stoffe (maßgeschneiderte Fahrräder ohne Lieferzeiten sind in Japan ebenfalls längst selbstverständlich). Die Traditionsfirma *Dolzer* in Stuttgart, zwar nicht so modern und schnell, demonstriert aber schon seit Jahrzehnten, dass maßgeschneiderte Qualitätskonfektion auch nicht teurer sein muss als qualitative Stangenware. Die Firma *Dell* ist in der Lage, über 14000 unterschiedliche PC-Konfigurationen kundenorientiert auf die am Telefon oder via Internet geäußerten Einsatzzwecke zusammenzustellen und in kurzer Zeit direkt an den Kunden zu liefern.

verständlich als im hochpreisigen Automobilsektor mit seinen dazu noch langlebigen Produkten: Insofern gibt es den maßgeschneiderten Maybach zwar nur für Schwerreiche, in Losgröße 1 gefertigte Produkte nach Maß sind aber längst auch für den kleineren Geldbeutel erhältlich und erschwinglich geworden, beispielsweise deutsche Maßkonfektion, japanische Fahrräder, italienische Möbel, etc.

Die Notwendigkeit für ein erweitertes Produktverständnis resultiert zum einen aus den dargestellten Entwicklungen im Hyperwettbewerb (beispielsweise Vielschichtigkeit, Simultanität) und zum anderen aus dem im nachfolgenden Abschnitt beschriebenen Markenverständnis.

3.3 Erweiterung des Produktverständnisses

Intelligente Produkte sind von hoher Komplexität und damit das Ergebnis eines besonders wissensintensiven Entwicklungsprozesses. Aus diesem Grunde ist es wichtig, solche Produkte zunächst *ganzheitlich* zu betrachten. Neben dem materialen Produkt (beispielsweise Automobile der Marke Mercedes-Benz) existieren Service-Elemente (beispielsweise Telematik-Dienste über aktuelle Verkehrslage und Routenplanung), eine Organisation (beispielsweise Niederlassung bietet Airport-Service[285] für Mercedes-Fahrer), Personen (beispielsweise McLaren-Mercedes Rennfahrer Häkkinen) und eine Erlebnis-/ Erfahrungswelt (beispielsweise Mercedes-Benz als Synonym für die Zukunft des Automobils[286] oder die VW-Autostadt[287]).[288]

Innerhalb dieser ganzheitlichen Sichtweise erscheint zusätzlich eine *differenzierte* Analyse im Sinne folgender Mehr-Ebenen-Betrachtung eines Produkts am Beispiel des Automobils angebracht.[289] Die fundamentale Produktleistung im Sinne eines definierten Grundnutzens gehört zum *„core product"* (beispielsweise

---

285 Während der Kunde mit dem Flugzeug reist, holt die Niederlassung sein Fahrzeug vom Flughafen ab, führt die Wartung durch und bringt den Wagen wieder rechtzeitig vor der Rückkehr des Kunden ins Parkhaus des Flughafens zurück.

286 Bemerkenswerterweise beansprucht die Marke *Mercedes* längst mehr als nur ein *„Ihr guter Stern auf allen Straßen"* zu sein. Die Markenbotschaft lautet seit einiger Zeit wesentlich ganzheitlicher und avantgardistischer: *„Die Zukunft des Automobils".*

287 *Volkswagen* strebt mit seinem 700 Millionen-Investment den Aufbau eines Themen- und Erlebniszentrums auf einem 25 Hektar großen Areal im *Werk Wolfsburg* für alle Konzernmarken von *Skoda* bis *Bentley* an.

288 In Anlehnung an Kotler et al. 1999, S. 670

289 In Anlehnung an Kotler et al. 1999, S. 660ff.

Mobilität). Die materialisierte Umsetzung des Grundnutzens bezeichnet man als „*generic product*", (beispielsweise Beschleunigungs-, Bremsvermögen). Jenes Bündel an Eigenschaften, die der Käufer im Normalfall erwartet, gehören zum „*expected product*" (beispielsweise Serienausstattung, einfache Handhabung der Funktionalitäten). Ein weiteres Bündel an Eigenschaften, mit denen der Anbieter sich vom Wettbewerb abheben möchte, rechnet man zum „*augmented product*"[290] (beispielsweise Abstandsregeltempomat der aktuellen Mercedes S-Klasse oder das SLK-Variodach[291]). Das für das Innovationsmanagement besonders relevante „*potenzial product*" umfasst mögliche Verbesserungen in der Zukunft und betont den von uns favorisierten Potenzial-Ansatz.

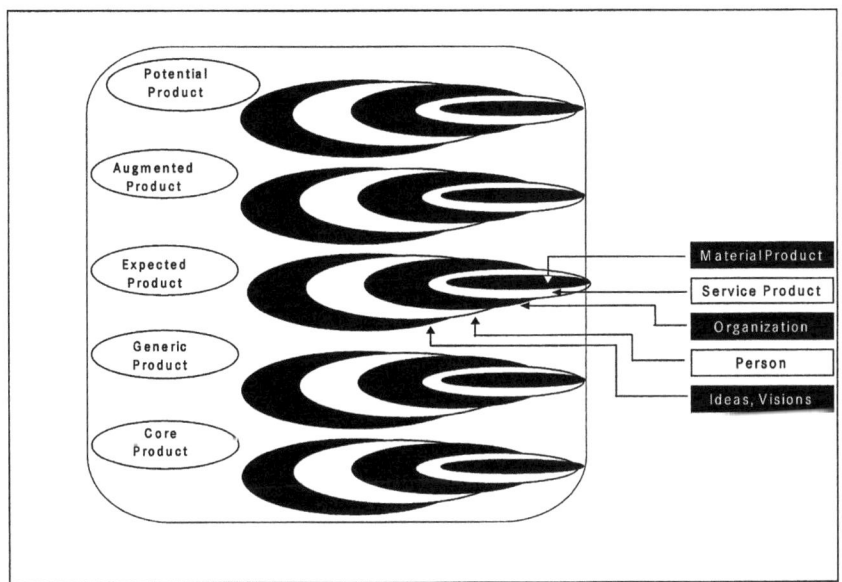

Abbildung 14: Integriert-differenziertes Produktverständnis[292]

---

290 Im Marketing häufig auch als ‚*Unique Selling Proposition*' bezeichnet.
291 Bemerkenswerterweise handelt es sich dabei keineswegs um eine gänzlich neuartige Innovation, denn bereits 1935 verfügte der damals allerdings erfolglose *Peugeot 402 Eclipse* über ein solches Prinzip. Der am *SLK-Variodach* (Vorstellung 1994) maßgeblich beteiligte *Mercedes-Designer* Günak wechselte 1994 zu *Peugeot* und wurde Chefdesigner (seit 1998 ist er wieder bei *Mercedes*). Zwischenzeitlich steht nach dem bereits sehr erfolgreichen *Peugeot 206* der *Peugeot 307* mit hartem *Variodach* in den Startlöchern. Vgl. Staat 1999, S. 8-13.
292 In Anlehnung an Kotler 1999, S. 669-671

Bevor nun neben den hier dargestellten Dimensionen Differenzierung und Integration auf eine weitere wichtige Dimension, die *Dynamik*, eingegangen wird, erscheint es an dieser Stelle und damit vorbereitend auf den innovationstheoretischen Teil, angebracht, den Integrationsaspekt noch etwas genauer zu beleuchten. Das Kriterium der Integrität hat durchaus Relevanz für das im nächsten Abschnitt dargestellte Markenmanagement. Man unterscheidet zum einen die interne Integrität, also das Ausmaß der Stimmigkeit zwischen Funktion und Ausgestaltung eines Produkts, woraus dann die mehr oder weniger ausgeprägte Harmonie mit anderen Komponenten resultiert. Während es hier auf die Qualität der interdisziplinären Zusammenarbeit zwischen den Fachbereichen ankommt, dominiert bei der externen Integrität die Qualität der Kunden/Hersteller-Beziehung. Mit anderen Worten: Es kommt auf das Ausmaß der Güte bei der Übereinstimmung von Produktfunktion, -struktur und -semantik an. Neben der oben beschriebenen Funktionalität spielt hier das Ausmaß in der Übereinstimmung von Gesamteindruck und Kundenerwartungen die ausschlaggebende Rolle.[293] Letzteres trägt dem Phänomen Rechnung, dass die Abnehmer aufgrund verstärkter Sensibilisierung in der Produktwahrnehmung und -nutzung vermehrt Wert auf ganzheitliche Produkterfahrungen im Sinne von Produkterlebnissen legen.[294]

Es erscheint daher eine Erweiterung des bisher zweidimensionalen Produktverständnisses (Differenzierung und Integration) um eine dritte Dimension, die Dynamik angebracht:

Die dem populären Produktlebenszyklus[295] zugrundeliegenden Nachfrage- und Technologiezyklen spielen im Zeitalter des Hyperwettbewerbs eine besonders große Rolle, denn die Entwicklungen auf Nachfrage- und Technologieseite sind von zunehmender Komplexität und Dynamik geprägt.[296] Ein Unternehmen, das sich heute einseitig auf seinen Produktlebenszyklus fixiert, katapultiert sich in kürzester Zeit selbst aus dem Markt. Das Problem besteht darin, dass ein Unternehmen unmöglich in alle potenziell erfolgsträchtigen Technologien investieren kann, d. h. es muss ein Stück weit spekulieren, um eine Auswahl zu treffen. Zwei wesentliche Risiken liegen darin, dass zum einen wichtige technologische Entwicklungen verpasst bzw. zu spät aufgenommen werden. Anderseits sind

---

293 vgl. die Ausführungen weiter oben zur Markenästhetik: Unternehmensausdruck vs. Kundeneindruck.

294 Clark et al. 1992, S. 12f., 19, 41, 130, 244, 308, 326

295 Meffert 1998, S. 328-332. Phasen der Einführung, Wachstum, Reife und Rückgang, beispielsweise gemessen am relativen und absoluten Wachstum von Umsatz bzw. Absatz des Produkts im Zeitablauf.

296 in Kapitel 6 zum innovationstheoretischen Teil.

zum anderen im oberen Bereich einer existierenden Technologiekurve weitere Fortschritte in F&E unverhältnismäßig teurer als auf neuen Technologiekurven. Als „S-Kurvensprung" bezeichnet man den rechtzeitigen Wechsel von einer alten, ausgereiften, auf eine neue Technologie.[297]

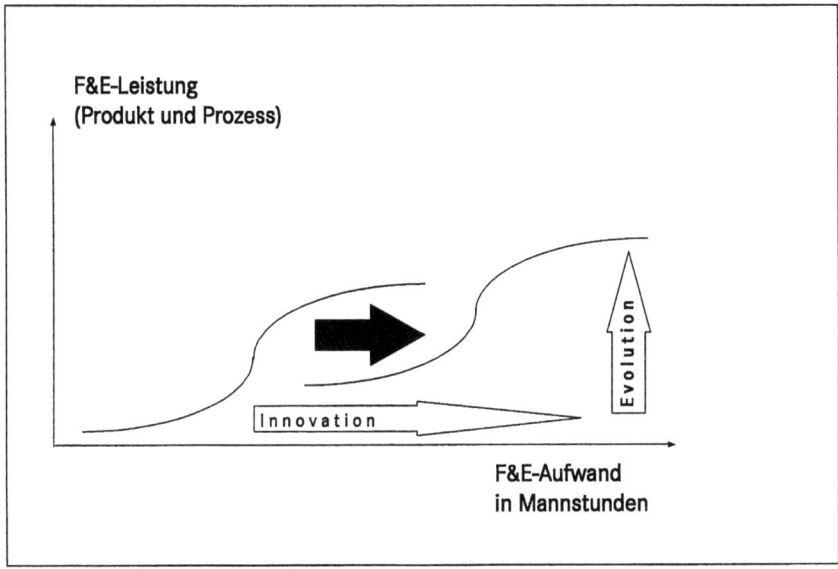

Abbildung 15: S-Kurvenverlauf bei einem Technologiewechsel[298]

Der Wissenswettbewerb bzw. der Wettbewerb um intelligente Güter beschränkt sich nicht darauf, was die Hersteller produzieren. Entscheidend ist die Fähigkeit, maßgeschneiderte Problemlösungen in das gesamte Konsumsystem des Käufers so zu integrieren, dass nicht nur dessen Zufriedenheit gesteigert, sondern auch dessen Begeisterung geweckt wird. Bei dieser sogenannten „embedded intelligence" handelt es sich um eine Art „Intelligenz-Integrität".

Es steht außer Frage, dass ein Merkmal im Bereich des oben dargestellten „augmented product" (beispielsweise SLK-Variodach) mit der Zeit zum Bestandteil des „expected product" degenerieren kann. Infolgedessen sind Differenzierung

---

297 Buchholz 1996, S.146f.
298 Foster 1982, S. 26ff.

und Integrität stets einem kontinuierlichen *Monitoring* zu unterziehen, um so erforderliche Änderungen vornehmen zu können.[299] Es ist deshalb davon auszugehen, dass es sowohl in der Praxis als auch in der Theorie viele mehr oder weniger sinnvolle Systematisierungsansätze gibt.

Der Ansatz von Bänsch[300] erscheint deshalb weniger glücklich, da hier am Beispiel des Automobils unrealistischerweise unterstellt wird, dass der über den *Grundnutzen* (alle physikalisch-funktionellen Eigenschaften) hinausgehende *Zusatznutzen* lediglich auf ästhetischen (Erbauungsnutzen, beispielsweise Styling) und sozialen Eigenschaften (Geltungsnutzen, beispielsweise Prestige) beruhe. Bei genauerer Betrachtung erkennt man unschwer, dass Zusatznutzen nicht auf technische Produktinnovationen verzichten kann, schon gar nicht in der High-Tech-Branche Automobil. Langlebige Produktmarken (wie in der Automobilbranche) orientieren sich an bestimmten Kundenbedürfnissen und werden ständig durch neue Produktformen verjüngt (beispielsweise die Marke *Mercedes-Benz* durch die *A-Klasse*). Die Existenz und Notwendigkeit einer außerordentlich engen Verzahnung der produktpolitischen Gestaltungs- und Entscheidungsfelder mit dem Markenmanagement und deren Bezug zum Wissensmanagement wird im nachfolgenden Abschnitt erläutert.

3.4 Das neue Markenverständnis im Wissenszeitalter

Der Weg zur Marke[301] beginnt zunächst mit dem Ansehen - dies findet den Niederschlag im Umsatz und führt schließlich zur Anhebung des Börsenkurses. Eine Spitzenmarke vereinigt vier, teils widersprüchliche Eigenschaften: „Sie ist für die Ewigkeit geschaffen, modern, wächst schnell und ist sehr lukrativ". Arnault zweifelt daran, dass es mehr als zehn solcher Spitzenmarken in der Welt gibt, die

---

299 Freilich ist dies am Beispiel des Variodaches noch nicht geschehen, aber eine solche Entwicklung erscheint keineswegs abwegig, denn es geht hier nicht nur darum, dass weitere Anbieter wie *Peugeot, Opel* und *Renault* dieses Merkmal noch platzökonomischer anbieten, sondern auch noch in einer ganz anderen Preisklasse. Der Premiumanspruch der Marke *Mercedes*, das Variodach zunächst im *SLK*, inzwischen auch im aktuellen *SL* anzubieten, wird durch *Peugeot* maßgeblich verwässert. Es könnte hier ein Bedürfnis aller Cabriofahrer nach einem festen Dach geweckt werden, dem sich unweigerlich künftig auch andere Anbieter zu beugen haben.
300 Bänsch 1996, zitiert und visualisiert bei Meffert 1998, S. 323
301 Dengler 2001, S. 167f.

tatsächlich alle vier Eigenschaften in einem ausbalancierten Verhältnis in sich vereinen können.[302]

In Anbetracht des Hyperwettbewerbs genügt es aber längst nicht mehr, fertig entwickelte Produkte im Wege des Marketing erfolgreich in den Markt einzuführen und dann ex post als Marke zu positionieren (Symptom-Ansatz). Auch wenn der BMW-Marketing-Chef Kalbfell die Marke als „emotionalen Nutzen mit Persönlichkeitsausdruck" charakterisiert,[303] so weiß er natürlich, dass die Marke am besten ex ante lange vor der Markteinführung mit allen entsprechenden Merkmalen zu positionieren ist (Ursache-Ansatz), um so im Keim bereits die Grundlage für Produkte mit höchstmöglicher Integrität im oben verstandenen Sinne zu schaffen.

Aaker versteht unter einer Marke einen charakteristischen Namen und/oder ein Symbol (wie beispielsweise ein Logo, ein Warenzeichen oder eine besondere Verpackung), die dazu dienen, die Erzeugnisse oder Dienstleistungen eines Anbieters wiederzuerkennen und sie von der Konkurrenz zu unterscheiden (Marken als Symbol der Herkunft). Bezogen auf die Automobilbranche identifiziert Aaker über 750 Namen.[304]

Lässt man die bisher dargestellten Entwicklungen Revue passieren, so kommt man zu dem Schluss, dass Marken neben dem Wissenskapital der Mitarbeiter nach wie vor die wertvollste Ressource des Unternehmens darstellen.[305] Geändert hat sich allerdings die Konstellation und Gewichtung der Werttreiber der Marke, also das, was eine Marke erfolgreich macht und erfolgreich erhält. Es genügt nicht mehr, nur den Markennamen und bekannte Stärken der Marke im Bewusstsein der Kunden zu verfestigen, denn erstens sind diese Stärken (wegen der Wettbewerber) nicht mehr statisch und zweitens muss die Marke für operationalisierbare erlebnisorientierte Inhalte stehen (wegen der Kunden).[306]

Marken können im Zuge einer psychologischen Produktdifferenzierung[307] kaum mehr Präferenzen schaffen. Galbraith umschreibt dies so:

> Um Nachfrage nach neuen Autos zu schaffen, müssen wir Jahr für Jahr höchst verzwickte und zwecklose Änderungen ersinnen und dann den Verbraucher rück-

---

302 Arnault 2002, S. 126f.
303 o. V. 1998a
304 Aaker 1992, S. 22f.
305 Kuhnle/Schmid 2004
306 wobei Erlebnisse mehr sind als profaner Kundennutzen.
307 Mintzberg 1988

sichtslos unter psychologischen Druck setzen, um ihm ihre Wichtigkeit einzureden.[308]

In der aktuellen Studie „*Brand Championship 2002*" wurden die 356 bedeutendsten Konsummarken in Deutschland gemessen. Das Fazit der Untersuchung ist erschreckend: „Rund 60 Prozent der Gütezeichen sind aus Konsumentensicht wenig begeisternd ... ihnen fehlt ein klares Profil, sie siedeln im Diffusen. Manche Marken sind so konturlos wie ein Flachbildschirm."[309]

Die in diesem Rahmen im Vordergrund stehende Markenwerttreiber-Sichtweise steht, wie noch zu zeigen sein wird, in unmittelbarem Zusammenhang zum Wissensmanagement-Ansatz. Aaker definiert den **Markenwert** als

„eine Gruppe von Vorzügen und Nachteilen, die mit einer Marke, ihrem Namen oder Symbol in Zusammenhang stehen und den Wert eines Produkts oder Dienstes für ein Unternehmen oder seine Kunden mehren oder mindern [...] Die Vorzüge und Nachteile, auf denen der Markenwert fußt, ändern sich je nach Umfeld."[310]

Wie bereits oben am Beispiel von *BMW* angesprochen, subsumieren Markenexperten unter ihrer Marke den psychologischen Nutzen. Hier darf man aber nicht vergessen, dass das von einem Kunden entwickelte Markenbild doch sehr eng mit Assoziationen zusammenhängt. Letztere hängen viel mehr mit konkreten Erfahrungswerten[311] im Umgang mit dem Produkt zusammen, d. h. sie wurden einmal materialisiert erworben und liegen nun immaterialisiert im Kopf, quasi als implizites Wissen vor. Wie in späteren Kapiteln noch dargestellt wird, hat Wissensmanagement sehr viel mit Wertmanagement zu tun. Ebenso ist auch die Marke ein Wert an sich und hängt folglich ebenso eng mit Wertmanagement zusammen. Karmasin[312] hebt sich hier vom Gros der Markenexperten ab, indem sie folgerichtig diesen „*value add*" aufgreift und dabei betont, dass die Botschaft eines Produktes als Marke nicht nur von der kommunikativen Ausgestaltung abhängt, sondern auch von jedem einzelnen physisch wahrnehmbaren Merkmal

---

308 Galbraith 1968, zitiert in Nieschlag/Dichtl/Hörschgen 1997, S. 56
309 Student et al. 2002, S. 113: Grundlage ist eine gemeinsame Studie des *manager magazins* in Kooperation mit der *Roland Berger Unternehmensberatung*.
310 Aaker 1992, S. 31
311 Gemeint sind damit nicht irgendwelche schwer greifbaren Imagewerte, sondern überzeugende, sichtbare mehr oder weniger technikbasierte Innovationen.
312 Die aktuelle Markenstrategie von *Mercedes* baut auf dem Konzept von Karmasin auf. Dabei wird zwischen den Markencodes *Disziplin als Grundwert* (beispielsweise aktive und passive Sicherheit), *Hedonismus als Trendwert* (beispielsweise *Funcars* wie *SLK*, *Designo*-Individualisierung) und *Solidarität als Orientierungswert* (beispielsweise Flottenverbrauch, digitaler Absatzkanal) unterschieden. Karmasin 1998, S. 337-370, Götz/Schmid 2004.

eines Gutes.[313] Es sei an dieser Stelle an das weiter oben zugrundegelegte ganzheitliche Produktverständnis erinnert.[314]

Für das hier im Vordergrund stehende Markenverständnis ist das immer weiter ansteigende Anspruchsniveau der tatsächlichen und potenziellen Kunden von entscheidender Bedeutung, denn dieses Phänomen korrespondiert mit abnehmender Markenloyalität - so jedenfalls bestätigen es neuere und auch aktuelle internationale Automobil- und Markenstudien:[315]

Stauss stellt fest, dass auch zufriedene Kunden die Marke wechseln, wenn sie ein noch besseres Produkt finden. Die so oft postulierte positive Korrelation zwischen Kundenzufriedenheit und Markenbindung ist offensichtlich nicht mehr zeitgemäß, denn die Mehrheit aller abgewanderten Kunden gibt an, dass sie mit der früher präferierten Marke zufrieden waren (beispielsweise verhalten sich bei *Ford* trotzdem nur 40% der Zufriedenen markenloyal, bei *Chrysler* sind es 58%). Umgekehrt wandern keineswegs alle unzufriedenen Kunden ab (12% der Unzufriedenen in Deutschland empfehlen angeblich die Marke weiter). Als einzig plausible Erklärung dieses eigentlich inkonsistenten Verhaltens nennt Stauss die Erlebnisorientierung der Kunden, das Streben nach Abwechslung und die Suche nach Neuem. Kritisch anzumerken ist allerdings, dass die Erklärung von Stauss hier nur die erste Feststellung („Auch Zufriedene wechseln die Marke") abdeckt. Für den zweiten Teil seiner Feststellung („Unzufriedene verhalten sich markenloyal und empfehlen die Marke sogar weiter") bietet Stauss keine Interpretation. Unabhängig davon repräsentieren diese und andere Studien unisono das zunehmende Bedürfnis der Kunden nach Erlebnisorientierung - auch beim Autokauf.

Dies legt den Schluss nahe, dass die Anbieter trotz aller Anstrengungen, ihr Angebot zu optimieren, der allgemein sinkenden Markenloyalität nur begrenzt Einhalt bieten können. Gerade unter dem Aspekt des Markenmanagements ist dieses Problem doch im Kern systemimmanent, denn eine ernstzunehmende Marke kann doch niemals zeitraumbezogen ihr Profil so sprunghaft wechseln bzw. zeitpunktbezogen die widersprüchlichsten Präferenzen ansprechen. In diesem Lichte erscheint das beliebte *Markenshopping* (beispielsweise in der Autoindustrie) als durchaus opportunistisch, denn die Wahrscheinlichkeit, die verschiedensten

---

313 Karmasin 1998, S. 189ff.

314 Infolge des Übergangs von traditionellen Automarken zu Mobilitätsmarken moderner Prägung geht eine zeitgemäße Auffassung nicht mehr vom Automobil, sondern von der Mobilität aus. Damit mutiert der Autohändler moderner Prägung ebenso ganzheitlich zum Mobilitätsdienstleister.

315 Student et al. 2002, S. 114 sowie o. V. 1998: Hier nimmt Prof. Dr. Stauss (Universität Eichstätt-Ingolstadt) Bezug auf internationale Automobilstudien.

Kunden und Bedürfnisveränderungen ohne *time-lag* ansprechen zu können, steigt mit zunehmender Abdeckung eines möglichst breit angelegten Markenportfolios unter einem Konzerndach: Mit anderen Worten: Das **Markenshopping der Hersteller** ermöglicht das **Markenhopping der Kunden** ohne oder zumindest mit geringerem Verlust, der durch Kundenabwanderung entsteht. So gesehen geht es dem Konsumenten bei seiner Erlebnisorientierung nicht in erster Linie darum, den Anbieter zu wechseln als vielmehr um einen Produkt- bzw. Markenwechsel, der dann bei entsprechend nicht vorhandenen Alternativen einen Anbieterwechsel erforderlich machen kann.

Stauss plädiert daher für eine differenzierte Ansprache unterschiedlicher Kundenzufriedenheitstypen: Der immer größer werdenden Anzahl an *fordernd Zufriedenen*, die eine qualitative Abwechslung[316] präferien, stehen *resignativ Zufriedene* und *stabil Zufriedene* gegenüber. *Resignativ Zufriedene* finden sich einfach damit ab, nicht mehr verlangen zu können und *stabil Zufriedene* halten vehement am Status quo fest. Letztere können noch auf der Klaviatur traditionellen Markenmanagements wohldefinierten „Schubladen" zugewiesen werden, aber *resignativ Zufriedene* wechseln reaktiv zum leistungsfähigeren Wettbewerber und *fordernd Zufriedene* suchen proaktiv nach dem besseren Angebot.

Wie auch immer man nun einzelne Studien bewerten möchte: Nicht wenige Experten vermuten, dass die Beziehung zwischen Kundenzufriedenheit und -bindung wesentlich komplexer ist als bisher angenommen. *Harvard-Studien* belegen,

> [...] dass nur absolut zufriedene Kunden wahrscheinlich loyale Kunden sind. Die ganz gewöhnliche Zufriedenheit genügt nicht (mehr), um sprunghafte Kunden auf Dauer zu binden [...] Der Möglichkeit, dass Kundenzufriedenheit und Kundenbindung durch unterschiedliche Einflussgrößen [...] bestimmt werden, wurde bislang kaum Beachtung geschenkt.[317]

Fest steht aber, dass es unterschiedliche Einflussgrößen sind, wenn ein Kunde zufrieden ist, das Produkt wieder kauft oder gar seinem Freund weiterempfiehlt. Die Einflussfaktoren ändern sich auch, je nachdem, ob ein Problem mit dem Produkt aufgetreten ist oder nicht.[318]

Ganz im Sinne des oben bereits genannten MCSA[319] kommen die Hersteller mit einem breit angelegten Markenportfolio dem Ziel des *lifetime customer value*

---

316 also keine Abwechslung um jeden Preis.
317 Horstmann 1998, S. 90
318 Horstmann 1998, S. 90-93
319 MCSA=Managing Customers as Strategic Assets.

ein gutes Stück näher, wenn man bedenkt, dass es bis zu sieben mal teurer ist, neue Kunden zu akquirieren als alte Kunden neu zu binden,[320] denn moderne Marketing-Programme

> [...] will be measured in terms of their 'lifetime' impact on customers, i.e., the discounted present value of an expected stream of contribution amounts generated over several years. While the concept of *'lifetime customer value'* has been recognized for many years by direct marketers such as magazine publishers, the idea is still relatively new for most other marketers, and methods for estimating lifetime value are not yet well developed. Making the idea operational will be a challenge for marketers in the years ahead.[321]

Die in der Literatur lange Zeit vernachlässigte Erforschung der indifferenten Kunden, also der immer wichtiger werdenden Gruppe, die weder zufrieden noch unzufrieden ist, wird in neueren und aktuellen Studien immer häufiger in den Vordergrund der Betrachtung gestellt.[322]

Die Marke als immaterielles, aber zweifellos werthabendes Gut wird vereinzelt als sechster Produktionsfaktor angesehen: Neben den drei klassischen Produktionsfaktoren Boden, Arbeit, Geld-Kapital im Sinne von Gutenberg rücken immer mehr immaterielle Faktoren wie Geist-Kapital[323], Kommunikation[324] und Marke[325] in den Vordergrund.[326]

Es ist gerade aus heutiger Sicht interessant, festzustellen, dass an der Schwelle zum Wissenszeitalter der Aspekt der Kommunikation eine Art Renaissance erfährt, denn die Konzepte des organisationalen Lernens und Wissensmanagements streben ja gerade die Überführung von *latentem Wissen* des Einzelnen durch Kommunikation unter Einsatz modernster Informationstechnologien in

---

320 Schmittlein 1998, S. 227

321 Buzzel 1998, S. 504. Eine interessante Parallele zum Wissensmanagement, wenn man bedenkt, dass in den großen Konzernen oftmals Wissen mit dem mehrfachen Aufwand erneut generiert wird, obwohl es an anderer Stelle längst in den Schubladen ruht.

322 Gierl et al. 2002, S. 50ff.

323 Gross 1973. Unter Geist-Kapital subsumiert man u. a. Intelligenz, Lernfähigkeit, Erfahrung auf individueller, Gruppen- und Organisationsebene. Weitere Ausführungen befinden sich in Kapitel 1.

324 Disch 1982, S. 111. Anfang der 80er Jahre, als die Diskussion über die Informations- und Kommunikationsgesellschaft im sog. quintären Zeitalter das große Thema wurde, gelangte man zu der Erkenntnis, dass erst die Beherrschung von Kommunikation zunehmend darüber entscheidet, ob die drei klassischen Produktionsfaktoren Boden, Arbeit und Geld-Kapital ertragreich zum Einsatz kommen können.

325 Disch 1998, S. 3

326 Student et al. 2002, S. 120

Handlungswissen für die gesamte Organisation an, um so die Umsetzungsgeschwindigkeit und -wahrscheinlichkeit von Innovationen am Markt ganz im Sinne einer modernen wertorientierten Unternehmensführung so zu gewährleisten, dass dadurch die via Markenmanagement eindeutige Positionierung inklusive USP[327] realisiert wird. So gesehen verschmelzen der vierte und fünfte Produktionsfaktor im Ansatz des Wissensmanagements miteinander. Dies ändert allerdings nur die formelle Systematik, nicht aber den Inhalt bzw. das dahinterstehende Anliegen

Immaterielle Produktionsfaktoren gewinnen für den Aufbau und die Erhaltung von Wettbewerbsvorteilen mehr und mehr an Bedeutung. Marken werden nach Aaker heute und künftig die wertvollsten Aktivposten eines Unternehmens sein, denn der Besitz von Marken wird wichtiger sein als der Besitz von Fabriken.[328] Markenmanagement basiert mehr denn je auf der Schaffung von Vertrauen[329] beim Konsumenten, was letztendlich auf eine Forcierung der Entlastungs- und Orientierungsfunktion[330] für den Kunden hinsichtlich seines *evoked set of alternatives*[331] durch konsequentes Markenmanagement des Herstellers hinausläuft. Nur so kann die Existenzberechtigung und Wettbewerbsfähigkeit des Markenartikels auf Dauer erhalten werden.[332]

Während das Markenmanagement in der Vergangenheit als eine Teilfunktion des Marketings sehr sequentiell betrachtet wurde, berücksichtigt die moderne Marketingtheorie und -praxis eine systemische Integration[333] dieser Funktion und damit eine Überwindung der klassischen Ex-Post-Branding-Phase, nachdem das Produkt bereits fertig ausgestaltet ist. Hier kommt dem Markenmanagement die ihm gebührende Rolle zu, die es in letzter Konsequenz aufgrund seines Anspruchs schon immer verdient hätte - nämlich die Vorgabe von Richtlinien für alle am Wertschöpfungsprozess Beteiligten. Nur so lassen sich ungewollte Überraschungen in Gestalt inadäquater bzw. unscharfer Markenpersönlichkeiten im Keim ersticken bzw. ursache- statt symptomorientiert in Form von zeit- und kostenintensiven Nachbesserungen bekämpfen, um so die im ersten Abschnitt be-

---

327 Kapitel 7 zum systemtheoretischen Zugang.

328 Aaker 1992

329 Vertrauen als immaterieller, aber essentieller Wert wie die Marke selbst und damit auch Bestandteil von Wissensmanagement unter besonderer Berücksichtigung der Durchsetzung von Innovationen.

330 Weitere Funktionen sind: Identifikation, Sicherheit, Prestige.

331 Hierunter versteht man die Menge an Marken, die einem Kunden in einer Kaufsituation bewusst sind.

332 Kapferer 1992

333 vgl. ausführlich Kapitel 7 zur Systemtheorie als Zugang zum Wissensmanagement.

schriebene externe und interne Integrität herzustellen. Eine Ausnahme ist hier der dank ESP[334] zurückerlangte Premiumanspruch der A-Klasse.

Aaker unterscheidet Marken anhand von vier Dimensionen:[335] Die Marke als Produkt, als Person, als Organisation und als Symbol. Dieser ganzheitliche Ansatz berücksichtigt die nicht mehr aufzuhaltende Entwicklung, sich nicht mehr allzu technokratisch und eng auf einzelne Produkteigenschaften und deren isolierte Wirkung zu konzentrieren,[336] sondern verstärkt um Wertesysteme, denn der Kunde achtet bei der Markenselektion immer stärker darauf, ob ein Produkt zu seinem Lebensstil oder seiner Nutzungssituation passt oder gar ein Erlebnis darstellt. Während die enge und statische Sichtweise von Domizlaff die Existenz einer Marke von der Erfüllung klar definierter, konstitutiver Anforderungen[337] abhängig machte (beispielsweise Fertigwaren, Ubiquität, konstante Aufmachung und Absatzmenge), erscheint dieser Ansatz u. a. aufgrund der in den ersten beiden Abschnitten dargestellten Bedingungen nicht mehr angemessen.[338] Beispielsweise gilt die Einschränkung auf Fertigwaren seit der Etablierung von Dienstleistungsmarken (beispielsweise *Avis, Lufthansa*) und dem ebenso verbreiteten *Ingredient Branding* (beispielsweise *Intel Inside*) als längst überholt.

MARKENTECHNIK NACH DOMIZLAFF

Hans Domizlaff gilt als einer der Väter der professionellen Markenpolitik und brachte bereits 1921 die sog. Markentechnik in Umlauf. Darunter versteht er die Kunst der Schaffung und Handhabung geistiger Waffen im Geltungskampf ehrlicher Leistungen und neuer Ideen zur Gewinnung des Vertrauens in der Öffentlichkeit. Das Ziel der Markentechnik ist die Sicherung einer Monopolstellung in der Psyche der Verbraucher. Man sagt zwar, dass der Markentechniker eine Marke schafft, aber das ist nur eine sprachliche Vereinfachung. Der Markentechniker liefert gewissermaßen nur eine Materialkomposition, die besonders geeignet und verführerisch ist, um von der Masse aufgenommen und zu einer lebendigen Marke auferweckt zu werden. Obwohl die Tätigkeit des Markentechnikers auf seinem schöpferischen Gestaltungsvermögen beruht, unterscheidet er sich doch durch seinen Daseinszweck deutlich von dem technischen Erfinder oder dem unabhängigen Künstler. Der Markentechniker kann den Antrieb zur Anwendung seiner Fähigkeiten nicht in erster Linie auf das Vergnügen an Schöpfun-

---

334 ESP steht für *Elektronisches Stabilitätsprogramm* und trägt durch gezielten Brems- und Drehmomenteingriff an einzelnen Rädern zur Stabilisierung des Fahrverhaltens in kritischen Situationen (beispielsweise drohendes Über- oder Untersteuern) bei.
335 Aaker 1992
336 Domizlaff 1939
337 z. B. Mellerowicz 1963
338 o. V. 1997c, S. 300-302

gen um ihrer selbst willen zurückführen. Er ist vielmehr beruflich dazu verpflichtet, das nüchterne Ziel des Unternehmenserfolges im Auge zu behalten.

Nachfolgender Rückblick[339] zum Markenwesen basiert u. a. auf der Erkenntnis von Schirm, nach der die Menschen gegenüber Marken eine Art Abhängigkeitsverhältnis entwickelt haben und es sich hierbei um eine uralte Orientierungshilfe des Menschen handelt, sich im Wissensdschungel nicht zu verirren.[340] Mit diesem Rückblick[341] soll noch einmal das dringend erforderliche neue Markenwerttreiber-Verständnis zum Ausdruck gebracht werden. Neben der Eigenständigkeit dieser vierten Evolutionsstufe erkennt man unschwer die Nähe zum Wissensmanagement-Ansatz: Markenmanagement als Antwort auf den *information overkill* bzw. *information overload*.

Abschließend erscheint es angebracht, an die weiter oben beschriebene erweiterte Form einer Klassifikation der Produktionsfaktoren, nach der die Marke als sechster Produktionsfaktor und damit als Werttreiber fungiert, zu erinnern. Folgt man Stüdemann,[342] so wären Markenrechte der Kategorie der eigenständig-immateriellen Wirtschaftsgüter zuzuordnen. Sie stehen neben den Dienstleistungen und den Nutzungsleistungen (infolge von Nutzungsüberlassung) für die „ökonomische Potenz" der Unternehmung. Dazu gehören u. a. Firmenwert, Kundenstamm, Konzessionen, Patente und Urheberrechte. Es ist daher nur konsequent, wenn Markenrechte in diesem Sinne gemäß §266 (2) A.I.1 HGB zu den Gegenständen des Anlagevermögens gezählt werden. Dies legt aber die Überlegung einer *Aktivierung der Marke als Vermögenswert* nahe.[343] Hier steht allerdings gem. §248 (2) HGB ein Aktivierungsverbot für unentgeltlich erworbene immaterielle Gegenstände des Anlagevermögens im Wege.[344] Im Falle von Produktmarken bedeutet dies, dass aufgrund fehlender Vermögensübertragung die

---

339 Disch 1997, S. 304-311

340 In Erweiterung an Disch 1982 und Dichtl 1992, S. 1-24: Rolf W. Schirm war (er starb 1997) beratender Anthropologe und arbeitete u. a. auf dem Gebiet der Hirnforschung. Er hat beispielsweise im Wege der Bio-Struktur-Analyse wertvolle Einblicke in die Funktionsweise des Gehirns gegeben und das daraus resultierende menschliche Verhalten insbesondere im Hinblick auf Informationen untersucht.

341 vgl. außerdem auch den aktuellen Rückblick bei Meffert & Burmann 2002, S. 18ff.

342 Stüdemann 1985, S. 347

343 Schmid 2004; Kuhnle/Schmid 2004

344 Für entgeltlich erworbene Markenrechte besteht Aktivierungspflicht.

zweifellos getätigten und auch zurechenbaren Aufwendungen nicht aktiviert werden dürfen.[345]

Auf die außerdem rechtlich relevanten Änderungen im Zuge der EU-weiten Neuregelungen kann in diesem Rahmen nur auf das seit 1995 geltende neue Markengesetz hingewiesen werden.[346]

MARKENORIENTIERUNG ALS ÜBERLEBENSINSTRUMENT
in der Genese zum Markenzeichen in der Wissensgesellschaft

Die neuere Forschung zeigt, dass Leben nicht nur auf der Erfüllung biochemischer Voraussetzungen beruht, sondern auch von der Fähigkeit zur Verarbeitung von Informationen abhängt und dies nicht erst seit heute, sondern bereits seit frühesten Evolutionsstufen. Es ist die Einsicht der Evolutionsbiologen, dass Leben nur in einer verlässlichen Welt möglich ist, also in einer Welt mit verlässlichen Signalmustern. Die Genese zum modernen Markenzeichen als Orientierungssignal soll kurz nachgezeichnet werden:

Natürliche Markenzeichen in Fauna und Flora signalisieren beispielsweise bestimmten Vogelarten, dass Sonnenblumen (braune Scheibe mit goldenem Blätterkranz) bekömmliche Nahrung bieten. Umgekehrt sind Sonnenblumen darauf angewiesen, dass Insekten, nachdem sie das 'Werbegeschenk' Nektar auf der Sonnenblume aufgenommen haben, solche Nektarspender an anderen Orten leicht wieder erkennen, um so die Befruchtung der eigenen Art zu sichern. Selbst der frühe Mensch als Jäger und Sammler war bei seiner Nahrungssuche auf solche natürlichen Markenzeichen stets angewiesen und dies ging in der Menschheitsgeschichte nie verloren. Allerdings ist diese Markenkenntnis im Zuge der Zivilisation an Spezialisten delegiert worden.

Persönliche Markenzeichen entstehen, wenn beispielsweise der Bäcker, Schreiner, Arzt und Wissenschaftler mit seinem guten Namen für die Markenqualität seiner Arbeit bürgt, d. h. das dem Menschen innewohnende Verlässlichkeitsstreben gründet auf dieser Evolutionsstufe nicht mehr auf Vertrauen in die eigene richtige Interpretation der Natursignale, sondern basiert auf der richtigen Interpretation durch Fachleute. Im Wege der Industrialisierung löste sich dieser persönliche Bezug immer mehr auf.

Noch bemerkenswerter allerdings erscheint die Tatsache, dass der hier im Vordergrund stehende Markenwert im Zeitablauf keineswegs konstant sein muss. Mit anderen Worten: Es lassen sich gerade im Sinne einer wertorientierten Un-

---

345 Buchner 1991, S. 268
346 Grabrucker 2001, S. 185ff.

ternehmensführung (*shareholder value*) Argumente ins Feld führen, nach denen man die Aktionäre im Jahresbericht über den Markenwert informieren sollte: [347]

> Tatsächlich weisen einige britische Unternehmen den Markenwert in ihrer Bilanz aus. So führte zum Beispiel *Ranks Hovis McDougall* den Bilanzwert[348] seiner sechzig Marken mit umgerechnet 1 Milliarde € an. Zum einen können solche immateriellen Aktiva den Wert der materiellen bei weitem übersteigen, d. h. anhand einer gewissenhaften Auflistung aller Posten kann die Einschätzung eines Unternehmens durch die Aktionäre nachhaltig beeinflusst werden. Zum anderen können die offiziellen Angaben über den Markenwert den Blick auf immaterielle Güter lenken und so die Rentabilität von Maßnahmen zur Marktentwicklung unterstreichen. Ohne solche Informationen müssen sich die Aktionäre eben auf kurzfristige Dividenden verlassen.

Spätestens seit der Favorisierung eines proaktiven Innovationsmanagements[349] wird die Wichtigkeit dieses Aspekts gesehen. Die Fähigkeit zur Innovation avanciert mehr und mehr zur Schlüsselgröße beim Aufbau nachhaltiger wissensbasierter Wettbewerbsvorteile[350] in einer zunehmend komplexen und dynamischen Welt.

MARKENORIENTIERUNG ALS ÜBERLEBENSINSTRUMENT
in der Genese zum Markenzeichen in der Wissensgesellschaft
(Fortsetzung)

Künstliche Markenzeichen waren die logische Konsequenz aus der zunehmenden Anonymität der Herstellungs- und Verteilungsprozesse. In dieser Unsicherheit suchten die Menschen nach zuverlässigen Signalen der nun viel weniger transparenten Qualität. Sie fanden sie in Namen, Verpackungen, Farb- und Symbolkombinationen. Geblieben ist der Wunsch des Menschen nach Verlässlichkeit, geändert hat sich aber die Welt um ihn herum. Der *information overkill* in der Wissensgesellschaft macht wieder neue Signale notwendig...

Dynamisch-Interaktive Markenzeichen entsprechen in gewisser Weise einer Art Januskopf. Auf der einen Seite (Anbieter) existieren im Zeitalter moderner interaktiver I&K-Technologien immer vielfältigere Vermarktungsmöglichkeiten: Das längst etablierte Data-Base-und CAS-Marketing (Computer Aided Selling) fand seine logische Fortsetzung und Weiterentwicklung im Online-, Multimedia-, Electronic- und Internet-Marketing. Es ist allerdings anzumerken, dass die neuen Medien per se eine Marke darstellen und es erfordert schon ein gutes Stück Sensibilität, produktadäquate Medien auszuwählen. Auf der anderen Seite (Nachfrager) stellen die Vermarktungspotenziale des Anbieters den Nachfrager in ein neues Licht. Noch in den 80er Jahren assoziierte der Kunde mit Markenprodukten nicht selten ostentativen Luxus,

---

347 Kuhnle/Schmid 2004; Aaker 1992, S. 45
348 Von den Problemen der Wertermittlung sei hier abstrahiert.
349 Nach der Epoche des *Reengineering*.
350 vgl. Quinn et al. 1996, S. 95

> heute dagegen ist dieser Aspekt zugunsten anderer Faktoren stark in den Hintergrund getreten: Erlebnis-, und Servicecharakter, Kundennutzen, Preiswürdigkeit bzw. -adäquanz, Qualität u. a. dominieren heute gleichermaßen, denn der Kunde ist nicht nur anspruchsvoller, sondern auch aufgeklärter als früher. Er weiß viel besser als früher, was er will und er kann sich viel besser informieren: Er erwartet Produkte mit „embedded intelligence". Die neuen I&K-Technologien und deren Ausgestaltung im Lichte der Wissensmanagement-Maxime ermöglichen den längst proklamierten, aber nur selten eingelösten Anspruch des Individual-Marketing.

Dass gerade die dynamisch-interaktiven Markenzeichen auch in Zukunft weiter an Bedeutung gewinnen werden, ist eine Erkenntnis, die sich von Jahr zu Jahr neu bestätigt.[351] Griffige Slogans wie ‚Geiz ist geil' signalisieren dabei fundamentalere Veränderungen im Konsumentenbewusstsein als es zunächst den Anschein hat: Wenn es schon früher schick war, einen Porsche zu fahren, dann ist es heute noch schicker, jedem Freund zu erzählen, dass man beträchtliche Prozente beim Kauf eines so exklusiven Produkts „herausgeschunden" hat. Der oben dargestellte paradoxe Konsument wünscht beides: Qualität, Exklusivität und Preisnachlass zugleich.

Einer validen Bewertung von Unternehmen halten immer weniger Gebäude und Einrichtungen stand, vielmehr gewinnt die Fähigkeit, Wissen effizient und effektiv in marktreife Produkte überzuführen stark an Bedeutung. „Computer ... oder Autos mit Airbag, ABS und Navigationssystem tragen das Etikett ‚*Scienceware*'. Rasch umsetzbares Wissen bestimmt in hohem Maße Wertschöpfung und Einkommenshöhe."[352] In diesem Zusammenhang spielt auch für immer mehr Unternehmen die *Preisbildung von Wissen* eine immer größere Rolle. So werden beispielsweise die in Patenten und Lizenzen gebundenen Wissenspotenziale zum Teil schon heute in der Bilanz aktiviert. Das führt schließlich zu einer Betrachtung von Wissen als Kapital bzw. Aktivposten eines Unternehmens.[353]

Weiterhin führt Stewart als Erfolgsbeispiele *HP, GE, Merck&Co.* an, um zu demonstrieren, dass der Informationsfluss ein viel höheres Erfolgspotenzial verkörpert als der Güterfluss. Die schwedische Dienstleistungsfirma *Skandia* geht noch einen Schritt weiter und veröffentlicht 1995 den ersten Jahresreport über intellektuelles Kapital. Edvinson erklärt die Messung von *Intellectual Capital* und schlägt eine *Intellectual Capital - Börse* vor. Ebenso beschäftigt sich Schneider

---

351 Link/Hildenbrand 1994, Gaul/Both 1990, Hünerberg/Heise 1995, Huly/Raake 1995, Kinnebrock 1994, Oenicke 1996, Silberer 1995
352 Albach 1997, S. 42
353 Kuhnle/Schmid 2004

an ihrer Professur an der *Uni Graz* im Rahmen des *"Graz Intellectual Valorization Team"* mit der Erfassung des intellektuellen Wertes von Unternehmen.[354] Beide Größen, der *Markenwert der Produkte* und der *Wissenskapitalwert der Mitarbeiter*, haben aber nicht nur Gemeinsamkeiten (beispielsweise Immaterialität), sondern stehen in einem reziproken Korrelationsverhältnis, wie es ausgeprägter kaum sein kann. Unterstellt man den hier favorisierten Markenwertpotenzial-Ansatz, dann besitzt die Marke per se historisch bedingt einen Selbstanspruch, mit dem eine Erwartungshaltung der Kunden korrespondiert.[355]

Das Potenzial besonders starker Marken wird in der Praxis oftmals unterschätzt, d. h. es werden nicht alle Möglichkeiten beispielsweise bei der Produktentwicklung ausgeschöpft. Dies kann dann direkt mit dem nicht umgesetzten Wissenskapital hochqualifizierter Mitarbeiter zusammenhängen. Im Wissensmanagement spricht man hier von der unzureichenden Externalisierung impliziten (latenten) Wissens. So gesehen besitzen exzellente Marken wie *Mercedes-Benz* einerseits die Möglichkeit bzw. Chance sehr viel mehr zu erreichen als andere schwächere Marken; auf der anderen Seite resultiert daraus aber auch die Gefahr bzw. das Risiko der nicht realisierten Umsetzung bzw. Neupositionierung.

Letztgenannter Aspekt der Neupositionierung soll abschließend im Kontext des organisationalen Lernens beleuchtet werden. Mintzberg formuliert folgende drei Fragen zur Erklärung des Erfolgs von Marken:[356]

- Welche Strategien werden mit erfolgreichen Marken verfolgt?
- Wie werden diese Strategien umgesetzt?
- Wie wird der Erfolg einer Marke gesichert, wenn sich die Umwelt verändert?

Die marketingtheoretischen Ausführungen stehen im Lichte der dritten Frage, indem einige zentrale Aspekte der erforderlichen Neupositionierung im Marketingdenken in den Vordergrund gerückt werden. Jenner identifiziert in diesem Bereich Nachholbedarf:[357]

> Ein Blick in die Literatur zeigt, dass sich der *Mainstream* der strategischen Marketingforschung der Beantwortung der ersten Frage (s.o. die drei von Mintzberg formulierten Fragen; Anmerkung der Verfasser) verschrieben hat, während Aspekte der Implementierung und Anpassung von Marktbearbeitungsstrategien weitgehend ... ausgeblendet werden.

---

354 Edvinson 1997 und Schneider 1996, S. 207
355 Ausführungen oben zur Markenästhetik.
356 Mintzberg 1991, S. 54
357 Jenner 1999, S. 150

Das Phänomen der Umweltveränderung wird vor allem dann zum Problem, wenn statt evolutionärer Veränderungen[358] revolutionäre Umwälzungen[359] anstehen. Wie oben bereits dargestellt, beruhen Markenidentitäten letztendlich auf Lernprozessen des Konsumenten und genau hier liegt im Falle revolutionärer Veränderungen das Problem.

Die Herausforderung resultiert aus dem Spannungsfeld zwischen Markenidentität und der dazu erforderlichen Kontinuität auf der einen Seite[360] und der Anpassung an situative Veränderungen auf der anderen Seite. In diesem Fall kommt dem Konzept des organisationalen Lernens eine besondere Bedeutung zu.[361] Jenner erkennt in einer solchen Situation die Notwendigkeit zum *double-loop-learning*[362], um die dominante Logik[363] nach dem Motto *„Wir kennen die Bedürfnisse der Kunden!"* bzw. *„Wir wissen, wie wir die Bedürfnisse am besten befriedigen"* wirksam zu bekämpfen. Jenner nennt hier insbesondere die **begrenzte Informationsverarbeitungskapazität**, d. h. es werden entweder wichtige, aber vom *mainstream* abweichende Informationen bewusst oder unbewusst überse-

---

358 etwa wenn im Automobilbereich das Thema Sicherheit zur Profilierung von Herstellern immer wichtiger wird oder die Frage nach der Einschätzung der potenziellen Gefahr der Markenüberdehnung (beispielsweise durch die *A-Klasse*) bzw. der Markenüberschneidung (beispielsweise *Jeep* von *Chrysler* und *Mercedes-M-Klasse*) zu bewerten ist. Diesen Gefahren stehen zweifellos auch attraktive Chancen gegenüber, beispielsweise Imageverjüngung, Gewinnung neuer Abnehmersegmente und Angebotsvielfalt.

359 beispielsweise neue Formen des Vertriebs und neue Qualitäten bzw. Intensitäten in der Kommunikation mit dem Kunden (Stichwort „neue Medien").

360 Köbler 1999, S. 67. Im Falle des *DaimlerChrysler*-Mergers war aufgrund der Erkenntnis bzw. des Bekenntnisses, dass die Marke das wertvollste Gut im Konzern sei, die Erstellung einer 45-seitigen Markenbibel erforderlich, um die dort formulierten Richtlinien auf mehrere Jahre einzufrieren. Im Interesse der Markenreinheit und -abgrenzung wird auf identifizierte Synergien im Konzern in allen markenrelevanten Bereichen verzichtet. Beispielsweise lautet bei der Zusammenlegung des Teile-Einkaufs die Forderung, Qualitätseinbußen ebenso auszuschließen wie für den Kunden sichtbare Teile zwischen den Marken auszutauschen. Der Marke *Mercedes-Benz* fällt innerhalb der verschiedenen Konzernmarken die Innovationsführerschaft zu, d. h. neue Technologien kommen immer zuerst und ausschließlich in Modellen dieser Marke zum Einsatz und erst später in den anderen Konzernmarken.

361 Jenner 1999, S. 152f.

362 Im Gegensatz zum Anpassungslernen (*single-loop-learning*) handelt es sich hier um Änderungslernen, d. h. die Änderung von Sichtweisen vollziehen sich jenseits des etablierten Denkens bzw. führen zu einer grundsätzlich neuen Sichtweise; vgl. Jenner 1999, S. 153; Götz/Schmid 2004

363 ... also der personenübergreifenden, verfestigten Interpretationsmuster bei den Entscheidungsträgern.

hen bzw. unterbewertet oder falsch, aber im Sinne des tradierten Konsenses, interpretiert. Jenner betont, dass es gerade bei Marken wenig sinnvoll ist,

> abzuwarten, bis der Problemdruck durch ausbleibenden Erfolg so groß wird, dass keine andere Wahl als die Suche nach neuen erfolgversprechenden Profilierungsansätzen bleibt. Begründet werden kann dies damit, dass krisenhafte Entwicklungen oft mit einem nachhaltigen Einstellungswandel auf Konsumentenseite verbunden sind, dessen Korrektur nicht selten Jahre erfordert.[364]

Jenner gibt u. a. folgende Empfehlungen zur überfälligen Überwindung der o. g. dominanten Logik:[365]

- Identifikation von Frühwarnindikatoren über Fehlentwicklungen in der Kundenzufriedenheit durch die Einbeziehung von Einstellungen von Meinungsführern (beispielsweise Presse).

- Sorgfältige Interpretation der Informationen.

- Etablierung von Abteilungen zur Überprüfung tradierter Annahmen.

- Legitimation von Kritik und Förderung alternativer Lösungen an der Basis, d. h. Identifikation und Einbeziehung von anders denkenden Mitarbeitern.

- Entwicklung alternativer hypothetischer Szenarien.

- *Benchmarking*, auch branchenübergreifend (beispielsweise zur Qualität des Kundenservices).

- *Marketing-Audit*, d. h. Überprüfung der Marketingaktivitäten zur Analyse der Diskrepanzen zwischen den Fähigkeiten des Unternehmens und den Erfordernissen des Marktes.

- Einsatz des *Advocatus diaboli-Verfahrens*, d. h. Kritik um jeden Preis üben, um Schwachstellen auch an unerwarteten Stellen aufzudecken.

- Dialektische Planung, d. h. Formulierung von zwei gegenläufigen Strategiealternativen, anschließende Diskussion und Herbeiführung einer Synthese durch eine dritte Partei.[366]

---

364 Jenner 1999, S. 156
365 Jenner 1999, S. 156f.
366 Insbesondere japanische Unternehmen betrauen oft bei der Produktentwicklung mehrere Teams mit derselben Aufgabe, um unterschiedliche Perspektiven eines Problems aufzudecken.

Im Marketing-Bezug sollte verdeutlicht werden, dass ausgehend vom besonderen Charakter des Hyperwettbewerbs es immer wichtiger wird, immaterielle Produktionsfaktoren gezielt und effizient zur Anwendung zu bringen. Die hier vorgestellte Modifizierung des Produktverständnisses und das damit zusammenhängende Markenmanagement ist ein Paradebeispiel für die Richtigkeit dieser Feststellung.

Das Markenverständnis wird anhand der Parallelen zum Wissensmanagement, beispielsweise hinsichtlich der dargestellten Aspekte von Immaterialität, Wertigkeit, *„Information Overload"* und Genese sowie letztlich aufgrund seiner Bedeutung für das Innovationsmanagement, neu interpretiert. Diese Tatsachen verpflichten das Top-Management dazu, künftig nicht nur die Unternehmensstrategie in eine in sich stimmige Markenstrategie zu übersetzen, sondern auch das Markenmanagement am Produktentstehungsprozess als vollberechtigten Partner teilnehmen zu lassen.

Erfolgreiches Wissensmanagement erfordert somit auch die Teilnahme bzw. Integration des *Human Resource Managements* an der Ausgestaltung von Unternehmensprozessen bzw. der Umsetzung von Unternehmensstrategien: Längst betonen die Untersuchungen über den Zusammenhang zwischen Mitarbeiter- und Kundenzufriedenheit, dass erstere durchaus letztere positiv beeinflusst.[367]

Der Stellenwert des Markenmanagements und seine Andersartigkeit gegenüber früheren Zeiten wurde anhand der Genese zum ganzheitlichen, dynamischen Ansatz untermauert. Die Nähe des Markenmanagements zum Wissensmanagement wird durch den Wettbewerb um immer intelligentere Güter mit immer größerem Wissensanteil hergestellt. Damit geht die Tendenz zum *Individual-Marketing* einher, d. h. der Kunde wird nicht mehr schlecht als recht in eine Zielgruppe gepresst, die per se nicht erst seit heute ein sehr idealisiertes und damit realitätsfernes Abbild des Marktes darstellt.

Um die Märkte von heute auch morgen noch erfolgreich bearbeiten zu können, muss man mehr wissen, als die Adresse des Kunden: Er wird mit seinen Vorlieben im Computer gespeichert und auf seinen situativen Bedarf hin angesprochen. Aus dem Konsumenten wird der schon lange geforderte *Prosument*, der in den vermehrt wissensintensiven Wertschöpfungsprozess so konsequent eingebunden wird, dass maßgeschneiderte Lösungen durch **Integration des Problemwissens des Kunden** in das **Problemlösungswissen hochqualifizierter Mitarbeiter** entstehen. Das Management dieses Prozesses ist die große Herausforderung

---

367 Vgl. hierzu das nachfolgende Kapitel 4 am Beispiel des Ansatzes der *Corporate Universities* und die in Kapitel 8 dargestellten Interdependenzen.

modernen Wissensmanagements.[368] Der Präsident von *Procter & Gamble* brachte es einmal folgendermaßen auf den Punkt:

> Wenn man all unsere Fabrikanlagen vernichten, unsere Häuser zerstören und unsere Waren wegnehmen würde, dann wären wir doch in kurzer Zeit wieder auf dem heutigen Stand, wenn man uns nur unsere Mitarbeiter ließe und unsere Marken. Mit anderen Worten: Das Können der Mitarbeiter und die Kraft der Marken sind der eigentliche Wert des Unternehmens.[369] Alles andere ist zweitrangig, leicht wieder zu beschaffen. Markenführung ist Unternehmensführung. Ein ständiger Fluss an Innovationen, ein enger Kontakt mit dem Verbraucher und ein nachvollziehbares Preisniveau bilden den Kern der Marke. Ohne Innovation werden selbst gute Marken in kurzer Zeit zum alten Hut. Durch Nachahmung werden sie zu „*commodities*" und sind dann die Domäne der Handelsmarken. [...] Markenführung ist ein ständiger Dialog mit dem Verbraucher. Wer diesen Dialog besser beherrscht, wird auch die besseren Marken haben, die treueren Kunden [...] Eine gesunde Marke braucht eine für den Verbraucher nachvollziehbare Preisgestaltung.[370]

Erfolgreiches Wissensmanagement fokussiert also alle wertschöpfungsrelevanten Tätigkeiten auf die Bedürfnisse der Kunden bzw. Nicht-Kunden, indem vorhandenes und weiterentwickeltes Wissen im Interesse des Kunden umgesetzt wird. Am Beispiel eines erweiterten Produktverständnisses und einer stärkeren

---

368 Kuhnle/Schmid 2004

369 Aus Erfahrungen in interdisziplinären Arbeitskreisen zur Konzeption künftiger Automobile konnte immer wieder beobachtet werden, dass das Markenverständnis/-bewusstsein, also der *Status quo der Marke („Pflicht")* zum einen und das *Zukunftspotenzial der Marke („Kür")* zum anderen viel zu wenig ins Kalkül der innovationsrelevanten Entscheidungen einbezogen wird. Ersteres (Pflicht), wenn beispielsweise ein Wettbewerber ein durchaus für *Mercedes* markenkonformes Ausstattungsdetail bereits realisiert hat und daher kein Handlungsbedarf abgeleitet wird. Dies kann natürlich auch ein Service-Modul sein, beispielsweise ist es unverständlich, dass ein Premium-Anbieter wie *Mercedes* immer noch keine umfassende 3-Jahresgarantie mit 100000km-Limit anbietet, obwohl für andere Premiumanbieter wie *Jaguar* und selbst für niedrigpreisigere *Japaner* dies längst selbstverständlich ist. Es geht hier doch nicht nur um die tatsächliche Qualität der Fahrzeuge, sondern darum, wie glaubwürdig man dies den Kunden kommuniziert. Ein zweiter Unterfall der Pflicht liegt vor, wenn anstelle der soeben genannten sinnvollen Entscheidung, die aber nicht getroffen wird, eine weniger sinnvolle Entscheidung tatsächlich getroffen wird (beispielsweise über die Anmutungsqualität des A-Klasse-Interieurs und das in einem Preissegment zwischen 17 und gut 30 TEURO). Der zweite Aspekt (Kür) liegt vor, wenn Vertriebsleute keine Phantasie und keinen Optimismus über innovative und markenkonforme, aber noch nirgends (auch beim Wettbewerber nicht) erhältliche Produktmerkmale entwickeln können (*Motto: Was der Bauer nicht kennt ...*). In beiden Fällen liegt Verschwendung vorhandenen Wissens vor. Vgl. Kapitel 6).

370 Schobert 1997, S. 14

Integration des Markenverständnisses in das Innovationsmanagement sollte die Bedeutung und das Erfolgspotenzial von Wissensmanagement verdeutlicht werden. Damit konnte der von Tietz formulierte Vorwurf, Marketing sei eine „Nachlaufdisziplin" hinsichtlich der Forderung von Engelhardt, den informationsökonomischen Ansatz weiterzuentwickeln und aus dem Marketing eine „Gleichlaufdisziplin" zu machen, ein Stück weit entkräftet werden.[371]

---

[371] Engelhardt 1997, S. 76f. in Verbindung mit S. 82

*In der Welt lernt der Mensch
nur aus Not oder Überzeugung.*

JOHANN HEINRICH PESTALOZZI

4 Vierter Zugang: *Human Resource*

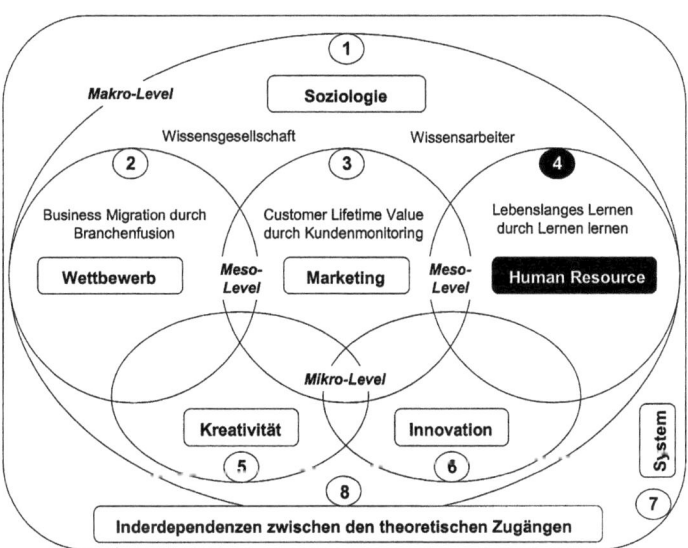

Abbildung 16: Der Human-Resource-Zugang

In den nachfolgenden Ausführungen wird die *Human Resource*-Theorie sehr stark auf den Ansatz der *Corporate Universities* bezogen.[372] Corporate Universities erscheinen zumindest in großen Konzernen und erst recht bei multinationaler Verflechtung für die Umsetzung des Wissensmanagement-Ansatzes prädestiniert zu sein.

---

372 vgl. Makrosystemzugang in Kapitel 2.1. Dieser und die beiden nachfolgenden Kapitel befinden sich wie der Wissensmanagement-Ansatz auf dem Mikro-Level, d. h. auf der einzelwirtschaftlichen Ebene.

Allein diese Gründe sollen genügen, um nachfolgend das Konzept der Corporate University zu skizzieren und den Bezug zum Wissensmanagement herzustellen.

4.1 Begriff und Bedeutung der *Human-Resource-Theorie*

Bereits in früheren Kapiteln wurden Diskrepanzen hinsichtlich der sozialen Kompetenzen aus Sicht der Führungskräfte einerseits und der Mitarbeiter andererseits angesprochen. Aus dem Führenden, der sich durch einen Vorsprung an Fachkompetenz[373] auszeichnet, wird mehr und mehr der Koordinator von Spezialisten, die in ihrer Fachkompetenz dem Vorgesetzten meist überlegen sind. In dieser Koordinatorenrolle werden statt Fachkompetenzen mehr und mehr Sozialkompetenzen zum Prüf- bzw. zum Stolperstein.[374]

Die ursprünglich als *Personalwirtschaftslehre* bezeichnete Disziplin Human Resource Management umfasst neben der *Personalverwaltung* als Voraussetzung betrieblicher Personalarbeit (beispielsweise Führen der Personalakte) die *Personalpolitik*. Letztere legt fest, nach welchen Zielen und Methoden der betriebliche Personalbereich zu verfahren hat. Dabei sind sowohl die Unternehmens- als auch die Mitarbeiterbedürfnisse zu berücksichtigen.[375] Die Aufgabenbereiche der Personalwirtschaft werden in der nachfolgenden Tabelle überblicksartig dargestellt. Ohne nun im Einzelnen auf die jeweiligen Bereiche einzugehen, steht hier der in der Tabelle 9 hervorgehobene Bereich der Personalentwicklung im Vordergrund.[376]

	Einzelbereiche
1. Personelle Leistungsbereitstellung	• Personalbedarfsplanung • Personalbeschaffung • Personaleinsatz • Personalentwicklung • Personalfreisetzung

---

373 Traditionell der Meister eines Betriebes.
374 Rosenstiel 1992, S. 145
375 Stopp 1975, S. 18 und Jung 1995, S. 4
376 Jung 1995, S. 4-6

2. Leistungserhalt- und förderung	• Personalführung
	• Personalentlohnung
3. Informationssysteme der Personalwirtschaft	• Personalbeurteilung
	• Personalverwaltung

Tabelle 9: Hauptaufgabenbereiche der Personalwirtschaft[377]

Unter „Personalwesen" versteht man allgemein die Summe aller Vorgänge und Maßnahmen, welche die menschlichen Tätigkeiten und Beziehungen in einem sachlichen Zweckverband (beispielsweise innerhalb eines Unternehmens) betreffen. Diese können unter drei Aspekten gesehen werden: Unter dem Aspekt der betrieblichen Aufgabenstellung, unter menschlich-sozialen Gesichtspunkten und unter dem rechtlichen Aspekt.[378] Die nachfolgenden Ausführungen beziehen sich auf die beiden erstgenannten Punkte.

Moderne Unternehmen haben erkannt, dass „Humanressourcen" das wichtigste Kapital darstellen.[379]

> Die strategische Ausrichtung der Personalarbeit muss bereits bei den Funktionen „Personalbedarfsplanung", „Personalbeschaffung" und „Personaleinsatzplanung" ansetzen. Außerdem spielt die Entwicklung des Personals im Sinne einer zukunftsorientierten Weiterbildung eine entscheidende Rolle.[380]

Der soeben genannte Aspekt der strategischen Ausrichtung der Personalarbeit und die Personalentwicklung stehen nun in den folgenden Kapiteln im Vordergrund und werden am Beispiel der Corporate Universities weiterentwickelt.[381]

---

377 vgl. Jung 1995, S. 4
378 Wistinghausen 1975, Sp. 1721
379 Kuhnle/Schmid 2004; Schmid 2004. Eine gewisse Relativierung erscheint hier erforderlich, denn bereits die Marke, der Kunde und der wissensbasierte Wettbewerbsvorteil wurden als das wichtigste Kapital angesehen. Die Erläuterung der Interdependenzen zwischen den theoretischen Zugängen erfolgt in Kapitel 7 und 8 im systemtheoretischen Lichte.
380 Jung 1995, S. 1
381 Wie bereits an früherer Stelle betont wurde, steht der Wissensmanagement-Ansatz in enger Beziehung zur lernenden Organisation. An dieser Stelle werden nun am Beispiel der Corporate Universities die Besonderheiten des organisationalen Lernens und seine Prädestination für das Wissensmanagement erläutert.

Jung subsumiert unter Personalentwicklung alle

> Maßnahmen, die sich mit der Förderung sowie der Aus-, Fort- und Weiterbildung von Mitarbeitern im Unternehmen beschäftigen. Dazu ermittelt sie (die Personalentwicklung; Anm. d. Verf.) zunächst die Differenz zwischen den Anforderungen eines Arbeitsplatzes und den Fähigkeiten des Stelleninhabers (Schulungs- und Entwicklungsbedarf), um dann im Rahmen von Entwicklungsmaßnahmen eine Anpassung der Fähigkeiten an die Anforderungen vorzunehmen.[382]

In den nachfolgenden Ausführungen wird aufgezeigt, wie die Corporate Universities diese eher individuumszentrierte Personalentwicklung auf organisationale Lernprozesse ausdehnen. Insofern liegt es nahe, von einer vierten Stufe des bisher dreistufigen Phasenschemas der betrieblichen Personalwirtschaft (vgl. Tabelle 10) zu sprechen, denn die Integrationsphase kam in der Vergangenheit kaum und nur selten über das Stadium eines Postulates hinaus.

Phase	*Einzelbereiche*
1. Phase der Verwaltung (bis etwa 1950)	• Beschaffung, Einstellung, Entlassung von Personal. • Lohn- und Gehaltsabrechnung.
2. Phase der Anerkennung (1950-1970)	• Anerkennung des Schlüsselfaktors „Personal" für den Unternehmenserfolg. • Anerkennung der gestaltenden Rolle des Personalbereichs.
3. Phase der Integration (seit 1970)	• Alle unternehmenspolitischen Überlegungen gehen von der Betrachtung des arbeitenden Menschen aus. • Hierarchisch zunehmend höhere Verankerung des Personalwesens.

Tabelle 10: Entwicklungsphasen der betrieblichen Personalwirtschaft[383]

---

382 Jung 1995, S. 5
383 Jung 1995, S. 3

Unter *Human Capital* bzw. Arbeitsvermögen versteht man den Wert der zur Erzielung von Einkommen einsetzbaren menschlichen Fähigkeiten eines Individuums, einer Personengruppe bzw. die Summe aller Leistungspotenziale (Summe aus Leistungsfähigkeit und Leistungsbereitschaft multipliziert mit dem Arbeitszeitraum), die einem Unternehmen durch ihre Organisationsmitglieder zur Verfügung gestellt werden.[384] Zur Humankapitaltheorie,[385] in der die Frage der Rentabilität von Bildungsinvestitionen im Vordergrund steht,[386] schreibt Albach:

> Das Humankapital eines Unternehmens gilt seit Gary Becker als ein Produktionsfaktor. Im Gegensatz zu Erich Gutenberg, bei dem die Menschen nur mit den Leistungen, die sie innerhalb der betrachteten Produktionsperiode erbringen, in die Produktionsfunktion eingehen, betont die Humankapitaltheorie den Gebrauchsgutcharakter der Mitarbeiter. Die Einstellung von Mitarbeitern und die Ausgaben für ihre Ausbildung sind Investitionen in Humankapital [...]. Besonders wichtig sind diejenigen Komponenten des Humankapitals im Unternehmen, die nicht nur an die einzelne Person gebunden sind, sondern „Organisationswissen" darstellen.[387]

Hier sind die unternehmens- und gesellschaftsbezogenen Komponenten gemeint.[388] Diese Überlegungen haben nachhaltige Auswirkungen auf die erforderliche Reorganisation des Personalwesens, insbesondere auf die der Personalentwicklung. Insofern treten die Unternehmen aufgrund der anerkannten und favorisierten Mehrwert-Erzeugung durch Human-Kapital in einen Wettbewerb, „indem sie ihre Leistungen nicht nur als Ausdruck technischer und kommunikativer Produktivität verstehen, sondern ihre Leistungen den Kunden als Bildungsgut anbieten."[389]

4.2 Das klassische Personalwesen im Wandel

Human Resource Management (HRM) moderner Prägung übernimmt einen immer größeren Anteil an der Wertschöpfung. Ulrich formuliert es so: „HR should not be defined by what it does but by what it delivers - results that enrich the

---

384 Woll 1996, S. 37 in Verbindung mit Gabler 1997, S. 1795f.
385 Dichtl et al. 1993, S. 929f. und sehr ausführlich bei Gabler 1997 zur Humankapitaltheorie (S. 644-646) sowie zur Kritik an derselben (S. 646-648).
386 Schmid 2004; Kuhnle/Schmid 2004
387 Willke 2002, S. 17-24
388 Albach 1998, S. 4f.
389 Jendrowiak 2002, S. 211

organization's value to customers, investors, and employees."[390] Das Schicksal von Unternehmen im wissensintensiven Hyperwettbewerb hängt dabei immer stärker davon ab, wie effizient und effektiv im Unternehmen maßgeschneiderte Kompetenzen entwickelt[391] werden, um diesen Herausforderungen Paroli zu bieten. Ulrich nennt vier Aufgaben, bei denen modernes Human Resource Management zeigen kann, wie wichtig es für den Unternehmenserfolg ist:[392]

In seiner neuen Rolle sollte das Human Resource Management *erstens* gleichberechtigter Partner bei der Umsetzung der Unternehmensstrategie sein,[393] d. h. es ist mitverantwortlich für die Organisationsarchitektur, weil es künftig auch an ihrem Wertbeitrag für den Unternehmenserfolg gemessen wird (vgl. zweiter Punkt).[394] Freilich muss die Personalabteilung dabei selbst ihre Fähigkeiten ausbauen, beispielsweise durch Weiterbildung ihrer eigenen Mitarbeiter oder durch Auswertung von Erfahrungen aus vergangenen Reorganisationsprozessen.

Zweitens sollte die Personalabteilung den tradierten Verwalterstatus ablegen und zum modernen Dienstleister werden. Das schließt auch die Nutzung moderner Informations- und Kommunikationstechnologien mit ein, beispielsweise die Einführung eines benutzerfreundlichen Computerprogrammes betriebliche Sozialleistungen einzuführen. Während in der ersten Aufgabe die Erhöhung der gesamten Effizienz und Effektivität im Unternehmen dominierte, geht es in dieser zweiten Aufgabe um die Erhöhung derselben, allerdings abteilungsintern im Personalwesen selbst. Das Personalwesen muss dann selbst Wissensmanagement betreiben, wenn es darum geht, Kompetenzzentren einzurichten. Von diesen erwarten alle Ratsuchenden dann wichtige Informationen über Markttrends oder betriebliche Abläufe. Die Personalabteilung ist aufgefordert, selbst Wissen zu sammeln, aufzubereiten und in umsetzbarer Form in die Organisation einzubringen. Neben diesen unternehmensexternen Informationen muss die Personalabteilung zusätzlich unternehmensinternes Wissen transparent machen, beispielsweise können ressortübergreifende Vergleiche über Krankenstand eine Art Frühwarnfunktion für Führungskräfte haben. Oftmals kennen die Führungskräfte

---

390 Ulrich 1998, S. 124

391 Dies setzt zum einen die Fähigkeit voraus, simultan Neues zu lernen, Bewährtes zu bewahren und Überholtes zu verlernen und das so erworbene Wissen umzusetzen.

392 Ulrich 1998, S. 127-132

393 Götz/Schmid 2004. Beispielsweise auch hinsichtlich des Aufbaus und der Umsetzung einer Innovationsstrategie, bei der die Mitarbeiter nicht nur aufgerufen werden, Ideen abzugeben, sondern auch in den Entwicklungsprozess integriert werden, und wenn schon nicht ihre Person, dann wenigstens ihre Idee. Ausführlicher am Beispiel der Corporate Universities im nächsten Abschnitt.

394 Hilse 2001, S. 177f. sowie Gensch 1997, S. 599

das Leistungsangebot des Personalwesens gar nicht: Eigenmarketing wird erforderlich.[395]

Drittens sollte das Personalwesen ein Verfechter von Mitarbeiter-Anliegen werden, denn engagierte Mitarbeiter tauschen Ideen aus, arbeiten härter und pflegen bessere Kontakte zu den Kunden. In der Vergangenheit wurde versucht, diese Anforderung durch Eingehen auf Gemeinschaftsbedürfnisse zu erfüllen (beispielsweise Firmenfeste u. a.). Künftig muss die Personalabteilung in Diskussionen mit dem Management Sprachrohr der Beschäftigten sein und gleichzeitig den Linienmanagern Unterstützung geben, wenn diese die Arbeitsmoral in ihrem Bereich verbessern möchten. Der Personalbereich mutiert mehr und mehr zum modernen Dienstleister im Unternehmen.[396] *Viertens* muss das Personalwesen zum *Change Agent* werden, d. h. es muss den Wandel nicht nur fördern, sondern auch steuern und initiieren. Das Personalwesen entscheidet dabei weniger über die Art der Veränderung als vielmehr darüber, wie man diese der Belegschaft explizit machen kann.[397]

Damit die Personalabteilung diese neuen Herausforderungen in Angriff nehmen kann, empfiehlt Ulrich eine Aufwertung der Personalverantwortlichen, indem diese selbst weiter qualifiziert werden, um so das gewaltige Potenzial im Personalwesen voll ausschöpfen zu können. In welcher Weise dies durch die Corporate Universities erreicht werden soll, ist Gegenstand des nachfolgenden Kapitels.

4.3 Corporate Universities im Wissenszeitalter

Corporate Universities entstehen als Konsequenz aus einem modernen Human Resource Management. Das Personalwesen wird zum proaktiven Dienstleister,

---

395 Meyer 1998, S. 22-24 und Hollender 1997, S. 623

396 Olesch 1997, S. 85. Ulrich empfiehlt hier Mitarbeiterbefragungen, Berichte und Workshops. Hier sollte ergänzt werden, dass diese Instrumente sicher sinnvoll sind, aber einer Ergänzung bedürfen: Es geht darum, mit diesen oder anderen Instrumenten nicht nur zu beginnen, sondern sie auch am Laufen zu halten, indem beispielsweise Ursachenforschung statt Symptomtherapie bei neuralgischen Themen betrieben wird.

397 Hollender 1997, S. 625; Wilbs 1997, S. 48 sowie Sulanke 1997, S. 204. Hier ist bei kritischer und konsequenter Betrachtung eine Spur von Inkonsistenz in einer ansonsten logisch aufgebauten Argumentation zur Reorganisation des Personalwesens auszumachen. Mit anderen Worten: *Human Resource Management* moderner Prägung hat durchaus Anteil und Verantwortung über die Art der Veränderung. Andere Behauptungen schwächen die neuartige Gesinnung ab und lähmen letztendlich die Umsetzung einer lernenden Organisation und damit die Umsetzung des Erfolgspotenzials von Wissensmanagement.

entwickelt selbst neue Ideen und streift seinen starren Richtliniencharakter ab. Letzteren hat es im Zuge der skizzierten Entwicklung erworben, als ihm mit zunehmender Arbeitsteilung immer mehr Aufgaben zugeführt wurden - Bürokratie und Ordnungsfunktion mit einem eher hoheitlichen als unternehmerischen Charakter waren die logische, aber traurige Konsequenz. Über das Personalwesen wurde Politik gemacht, indem beispielsweise geregelt wurde, wer Karriere macht. Im Zuge des gesellschaftlichen Wertewandels[398] entstanden ein neues Bild des Mitarbeiters und damit auch neue Anforderungen an ein modernes Human Resource Management.[399] Mit den Corporate Universities soll das Personalwesen bereits frühzeitig in die konzeptionelle Phase von Reorganisationsprozessen integriert werden. Systemtheoretisch gesprochen soll das Personalwesen nicht nur innerhalb des Systems Anpassungen vornehmen können, sondern auch stärker am System arbeiten und selbst initiativ werden.[400]

Corporate Universities sind das am schnellsten wachsende Segment im Bereich höherer Bildung, mehr als 1000 solcher Institutionen gibt es bereits, in den letzten fünf Jahren sind in den USA hunderte neu hinzugekommen. Allein 1992 stieg in den USA die Anzahl der Teilnehmer an betrieblichen Bildungsprogrammen um vier Millionen Mitarbeiter, die im Schnitt 31,5 Stunden in Seminaren verbrachten.[401] Die Groß- und Altmeister *General Electric* und *Motorola* geben jährlich 500 Millionen Dollar für Lerninitiativen aus und ihre Programme sind in vielen Bereichen *Benchmarks* für Unternehmen wie für Universitäten. Deiser nennt zwei wesentliche Gründe für die vermehrte Entstehung von Corporate Universities in Europa:[402] Die ansteigende Bedeutung von organisationalem Lernen und das Management von Wissen zum einen sowie die rigiden und praxisfernen Curricula traditioneller „Business Schools" zum anderen.[403] Eine unübersehbare Öffnung der deutschen Hochschulen in Richtung Existenzgründung und Praxisori-

---

398 Kapitel 1 zum Soziologie-Zugang.
399 Ausführungen im vorangegangenen Kapitel.
400 Pastowsky et al. 1997, S. 635. Ein noch immer unverständliches Phänomen ist die Tatsache, dass nicht wenige Mitarbeiter nach wie vor Stellen besetzen, für die sie weder ausgebildet wurden, deren Tätigkeit sie sich selbst niemals wünschten und, was am schlimmsten ist: Eine Identifikation mit der Aufgabe, auch nicht ex post im Sinne einer wertvollen Erweiterung des eigenen Erfahrungshorizonts und damit ein Fortschritt im Sinne eines Beitrags zur lernenden Organisation bleibt aus.
401 Traub 1997, S. 114ff. und Davis 1994
402 außerdem Neumann 1999, S. 30
403 Deiser 1998, S. 38. Auf die Corporate Universities von *General Electric* und *Motorola* wird in unserem Band „Praxis des Wissensmanagements" näher eingegangen.

entierung[404] markiert eine Konvergenz zwischen Universitäten und Unternehmen, da letztere mit den Corporate Universities offensichtlich selbst ihre Weiterbildungsaktivitäten auf einen stärker akademischen Sockel stellen möchten, indem sie mit renommierten Business Schools und Professoren kooperieren.[405]

Lernen -insbesondere organisationales Lernen- ist sehr eng mit dem Anliegen der Corporate Universities verbunden; die Unternehmensführung selbst muss das Design von Lernarchitekturen und die Verknüpfung derselben mit den Geschäftsprozessen und der Strategie vornehmen (vgl. nachfolgende Abbildung 17).[406]

---

404 Schwertfeger 2002, S. 49. In einem Public-Private-Partnership mit den Universitäten Hohenheim, Stuttgart und Tübingen entstand zusammen durch die Förderung von *DaimlerChrysler, Bosch, BASF, Siemens, Trumpf* und *HP* auf dem Campus der Universität Hohenheim das *Stuttgart Institute of Management and Technology (SIMT)*. Dort existiert außerdem schon länger die *Akademie für Weiterbildung (Prof. Dr. H. Kuhnle)* für Praktiker aus den Unternehmen. *SIMT* begann im Herbst 1999 mit seinen *MBA-* und *M.Sc.-* Studiengängen *International Management, Finance & Investment, Technology & Innovation Management* sowie *Management Information SystemS*. SIMT-Präsident Prof. Tümmers spricht vom größten MBA-Vollzeitprogramm in Deutschland und damit von einem der zehn größten in Europa. Vgl. außerdem Lindemann et al. 1998, S. 72f. sowie unter www.uni-simt.de

405 DaimlerChrysler kooperiert beispielsweise mit dem Management Zentrum St. Gallen, dem International Institute for Management Development (IMD) in Lausanne, dem European Institute of Business Administration (INSEAD) in Fontainebleau, der Harvard Business School in Cambridge/Boston u. a.

406 Senge 1990

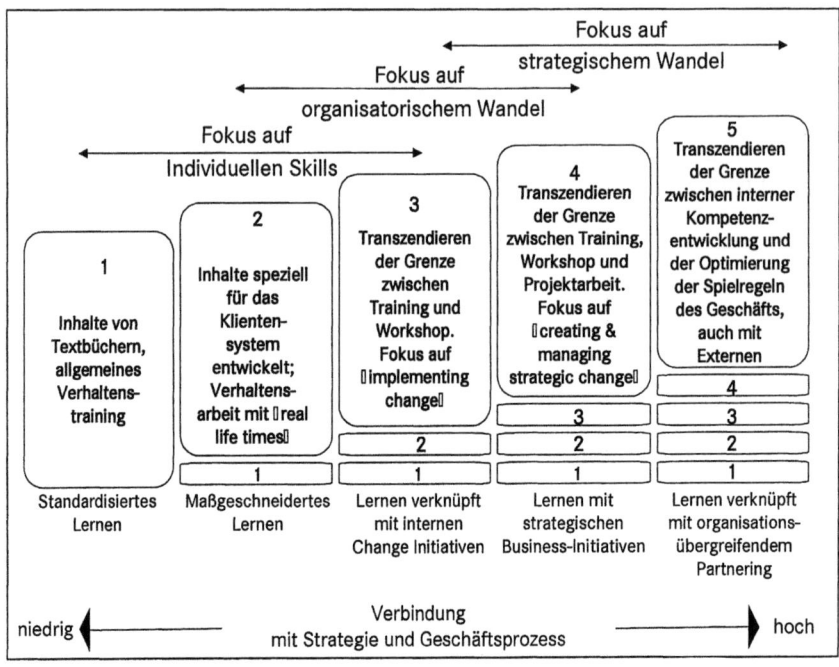

Abbildung 17: Ausmaß der Verbindung von Lernen mit der Strategie und dem Geschäftsprozess[407]

Es war Senge, der das organisationale Lernen salonfähig gemacht hat und es bleibt festzuhalten, dass es insbesondere dem immer populärer werdenden Ansatz des Wissensmanagements zu verdanken ist und damit den Autoren,[408] die diesen Ansatz mit wertvollen Beiträgen weiterentwickeln und verbreiten, dass so

---

407 Deiser 1998, S. 46

408 An dieser Stelle ist an vorderster Stelle Polanyi zu nennen, der bereits 1966 sich mit dem besonders wichtigen Thema des impliziten Wissens auseinandergesetzt hat (Polanyi 1966, S. 13ff.). Aber auch Willke, der innerhalb der inzwischen großen Anzahl von Experten des Wissensmanagements stets den wichtigen systemtheoretischen Bezug im Auge hat (Willke 1998 und 1998b, bes. S. 231-334). Letzteres erscheint wichtig, sodass im Rahmen dieses Buches insbesondere in den Kapiteln 7 und 8 die Notwendigkeit der systemtheoretischen Betrachtung am Beispiel der hier ausgewählten theoretischen Zugänge die Bedeutung und die Interdisziplinarität von Wissensmanagement unterstrichen wird.

die ursprünglich aus Sicht der Praxis eher „tönernen Säulen" der *Lernenden Organisation* durch ein stabiles Fundament ersetzt werden können.

Vor diesem Hintergrund sei darauf hingewiesen, dass die Pionierzeit beim Aufbau moderner Corporate Universities mit einer allzu stark IT-lastigen Infrastruktur längst überwunden war: Im Gegensatz zu einer einseitig auf Datenbanken fokussierten Sichtweise hat man längst erkannt, dass es für ein erfolgreiches Wissensmanagement nicht ausreicht, von PC zu PC zu denken, sondern es muss von Kopf zu Kopf bzw. in Dimensionen eines kollektiven Gedächtnisses gedacht werden. Indirekte Kommunikation und digitaler Datenaustausch werden überhaupt erst dann „sinnvoll" möglich, wenn über direkte kommunikative Prozesse die entsprechende kognitiv-motivationale Basis gelegt worden ist.[409]

Standardisiertes Lernen (Stufe 1) hat dabei reinen Seminarcharakter, d. h. es spielt keine Rolle, ob das Seminar unternehmensintern oder außerbetrieblich stattfindet. Hier steht individuelles Lernen allgemeingültiger Themen im Vordergrund. Maßgeschneidertes Lernen (Stufe 2) ist speziell auf die Bedürfnisse der Organisation abgestimmt. Verhaltenslernen erfolgt hier in realen Teams, etwa mit bestehenden Abteilungen oder Projektgruppen. Eine Verknüpfung mit internen Change-Initiativen (Stufe 3) schließt bereits organisationales Lernen mit ein, d. h. die in Workshopserien entwickelten Erfahrungen und Einsichten werden auch aktiv zurückgekoppelt.[410]

Lernprozesse in Form von Projekten finden durch die Verknüpfung mit strategischen Geschäftsinitiativen (Stufe 4) statt. Hier soll im Gegensatz zum „normalen" Projektmanagement nicht nur der Projekt-Output erhöht werden, sondern die Wettbewerbsfähigkeit des gesamten Unternehmens.[411] Und letztlich liegt die

---

409 Hilse 2001, S. 170f. und die dort aufgezeigte Unterscheidung zwischen Trivialmodell (Pionierzeit) und Systemmodell (zweite Phase des Wissensmanagements); vgl. ders. 2001, S. 173f.

410 Hier muss allerdings aus unseren Erfahrungen dringend darauf hingewiesen werden, dass selbst nach der hier erwähnten Rückkopplung unerwünschte Nebeneffekt eines gut gemeinten *„Circulus virtuosus"* einen unbeabsichtigten *„Circulus vitiosus"* in Gang setzen können. Letzteres beispielsweise allein schon durch die zusätzliche Arbeitsbelastung, die durch die Übernahme von Zuständigkeiten am Ende einer solchen Workshop-Reihe entsteht. Der mit Eifer begonnene Prozess entwickelt sich dann zum Full-Time-Job für gutmütige und arbeitswillige Promotoren, die aus der Sicht der anderen mit ihrer regulären Arbeit offenbar nicht ausgelastet sind.

411 Kritisch anzumerken ist hier, dass die Erhöhung der Wettbewerbsfähigkeit doch im Sinne der in Kapitel 2 vorgestellten intellektuellen Wertschöpfungskette durch jede Aktivität und damit durch jedes Projekt, wenn auch nur als mehr oder wenig großer pars pro toto bewerkstelligt werden soll. Im Gegenteil, die Identifizierung und Eliminierung aller anderen nicht oder mit einem negativen Saldo realisierten Wertschöpfungselemente haben höchste Priorität. Allerdings ist gerade im Innovationsmanagement von einer all-

Verknüpfung mit organisationsübergreifendem Partnering (Stufe 5) dann vor, wenn es nicht nur um die unternehmensinterne Kompetenzentwicklung, sondern um das strategische Management der Branchenspielregeln[412] unter Einbindung aller *Stakeholder* geht.

Deiser bezeichnet hierfür *GE's Work-Out III* als das am besten dokumentierte Beispiel für diese fünfte und anspruchsvollste Stufe eines umgesetzten Lernmodells. Auf dieser Stufe dominiert nicht so sehr die Verknüpfung von Lernen und Tun sondern vielmehr die genaue Bestimmung der Themen, die in die unternehmensübergreifende Architektur eingespeist werden sollen sowie im „Partnering" mit nicht hierarchisch kontrollierbaren Systemen. Die hier genannten fünf Stufen bauen aufeinander auf, denn die nachfolgende enthält immer auch Elemente der vorangegangenen. Deiser betont, dass organisationales Lernen erst ab Stufe 3 beginnt.[413]

Auch wenn inzwischen sowohl den Corporate Universities wie dem Wissensmanagement selbst eine Art Modetrend von manchen Praktikern vorgeworfen wird, so ist tatsächlich Etikettenschwindel in beiden Fällen nicht auszuschließen.[414] Gerade die Abhängigkeit eines gut funktionierenden Innovationsmanagements von den Corporate Universities ist als sehr hoch einzuschätzen.[415] Echte Corporate Universities übernehmen viele Aufgaben und haben auch viele Gesichter[416] - sie sind aber immer das Zentrum und der Anker der Lernarchitektur (siehe Abbildung 17). Deiser vermißt einen konzeptionellen Rahmen zur Systematisierung

---

zu nüchternen eindimensionalen Kosten-Nutzen-Analyse dringend abzuraten. Es sei hier nur an den ausführlich beschriebenen Markenpotenzial-Gedanken in Kapitel 3 zum marketingtheoretischen Zugang erinnert.

412 vgl. Kapitel 2 zum wettbewerbstheoretischen Zugang.

413 Deiser 1998, S. 44-46

414 Beispielsweise wenn eine kleine Weiterbildungsabteilung lediglich Seminare für Einzelpersonen anbietet, verdient sie den Namen *Corporate University* genauso wenig, wie wenn moderne I&K-Technologien so schlecht und benutzerunfreundlich in der Alltagsarbeit integriert werden, dass der elektronische *Workflow* teurer, langsamer und mit schlechterer Qualität arbeitet als der ursprüngliche, vermeintlich veraltete. Ein vierter Nachteil besteht dann zwangsläufig in der sinkenden Arbeitsmotivation der per se so wertvollen Wissensarbeiter, wobei der organisationale Lernprozess dann erst recht auf der Strecke bleibt. Auch dies hat freilich nichts mehr mit dem Anspruch von Wissensmanagement zu tun.

415 vgl. Kapitel 6 zum innovationstheoretischen Zugang: Wie gut ein vom Vorstand auf Hochglanzpapier konzipiertes Innovationsmanagement in praxi umgesetzt wird, hängt entscheidend davon ab, wie gut der Prozess alle Beteiligten einbezieht und wie gut er überwacht wird. Genau hier setzen echte Corporate Universities an.

416 Kraemer 2000, S. 111-118, insbesondere zur Typologisierung von Corporate Universities nach Lernszenarien.

von Corporate Universities, entwickelt aber neben dem in obiger Abbildung gezeigten Stufenmodell folgende Funktionslogik von Corporate Universities:[417]

Aus den bereits dargestellten fünf Lernformen resultiert als erste und elementare Funktion die Qualifikation von Mitarbeitern. In Anbetracht der immer kürzer werdenden Halbwertszeit des Wissens muss dieses Wissen immer wieder permanent auf die neuen Herausforderungen am Arbeitsplatz zugeschnitten sein.[418] Eine weitere, zweite Funktion liegt in der Kulturbildung bzw. Systemintegration. Dieses ganzheitliche Verständnis und das Zugehörigkeitsgefühl, als Mitarbeiter vom Unternehmen ernst genommen zu werden, spiegelt sich in den Wertesystemen und Spielregeln des Umgangs miteinander wider. Eine dritte Aufgabe besteht in der Notwendigkeit der Implementierung von strategischen Initiativen. Die vierte Funktion klingt bereits in der dritten implizit an: Die Nutzung bereichsübergreifender Synergien durch den Abbau horizontaler und vertikaler Grenzen.[419] Die fünfte Funktion manifestiert sich in der Standardisierung von *Core Practices*, also der konzernweiten Durch- und Umsetzung von etablierten und bewährten Prozessen und Methoden.

Dabei handelt es sich auch um ein fundamentales Anliegen des Wissensmanagement-Ansatzes. Als sechstes und letztes Merkmal nennt Deiser die Corporate University als eigenständiges Geschäftsfeld. Hier betont der Autor allerdings die dann nicht mehr mögliche Etablierung einer integrierten Lernarchitektur im Sinne des oben beschriebenen 5-Stufen-Modells. Diese Art von Corporate University bietet dann ihre Leistungen auch außerhalb des Unternehmens an, um so seinem *Profitcenter*-Anspruch gerecht zu werden.

Der letztgenannte Aspekt ist zugleich ein erster Erfolgsfaktor von echten Corporate Universities im oben verstandenen Sinne des 5-Stufen-Modells. Die Organisation als *Cost Center* mit einem klaren budgetären Bekenntnis (beispielsweise wendet General Electric 500 Mio. Dollar per anno auf). Der zweite Erfolgsfaktor ist auch schon bereits angeklungen: Der Leiter der Corporate University ist idealerweise Mitglied des Gesamtvorstands. Als dritten Faktor nennt Deiser *Policies* und Unterstützungsmechanismen: Jack Welch hat bei *General Electric (GE)*

---

417 Deiser 1998, S. 42-44
418 Neumann 1999, S. 21
419 Rein hypothetisch existieren hier noch neben den *horizontalen und vertikalen Barrieren* rein *personeninduzierte Barrieren*, die sich beispielsweise durch die so beliebten Neustrukturierungen und den dadurch bedingten Führungskräftewechsel ergeben (letzterer reicht per se freilich auch schon aus). Denkbar ist in solchen Fällen beispielsweise ein Identifikationsproblem der neuen Führungskräfte mit einer alten, bereits existierenden aber nicht von ihnen aufgebauten Abteilung. Im Innovationsmanagement spricht man hier meist vom sog. „*Not-Invented-Here-Syndrom*" (vgl. Kapitel 6 zum innovationstheoretischen Zugang).

festgelegt, dass Ideen aus dem *Work-Out-Prozess* nur bei Vorliegen gravierender Gründe vom Linienmanagement abgelehnt werden können. *"Bei-uns-geht-das-nicht"*-Bedenkenträger sollen dadurch abgeschreckt werden. Ein zweites Instrument bezeichnet *GE* als *Roadblock Busters* : Hier stehen hochrangige Manager mit Einfluss und Seniorität den Projektbasisgruppen machtvoll zur Seite, um sie vor den Stolpersteinen der Mittelmanager zu beschützen.[420]

4.4 Der Wissensarbeiter im Wissenszeitalter

Wie in den bisherigen Ausführungen zum Ausdruck kommen sollte, handelt es sich bei Wissensmanagement um einen entscheidenden Erfolgsfaktor für Unternehmen. Dies soll im Weiteren am Beispiel der neuen Position des Wissensarbeiters und dem damit verbundenen neuen Karriereverständnis verständlich gemacht werden. Zuvor sollte aber der Begriff „Wissensarbeit" konkretisiert werden.[421]

WAS IST EIGENTLICH WISSENSARBEIT?

„Tätigkeiten (Kommunikationen, Transaktionen, Interaktionen), die dadurch gekennzeichnet sind, dass das erforderliche Wissen nicht einmal im Leben durch Erfahrung, Initiation, Lehre, Fachausbildung oder Professionalisierung erworben und dann angewendet wird. Vielmehr erfordert Wissensarbeit im hier gemeinten Sinn, dass das relevante Wissen (1) kontinuierlich revidiert, (2) permanent als verbesserungsfähig angesehen, (3) prinzipiell nicht als Wahrheit, sondern als Ressource betrachtet wird und (4) untrennbar mit Nichtwissen gekoppelt ist, so dass mit Wissensarbeit spezifische Risiken verbunden sind. Organisierte Wissensarbeit nutzt den Prozess des Organisierens, um Wissen zu einer Produktivkraft zu entfalten [...] und sie wird zu einem organisationssoziologischen Thema, weil sie im Kontext der Wissensgesellschaft von einer personengebundenen Tätigkeit zu einer Aktivität wird, die auf einem elaborierten Zusammenspiel personaler und organisationaler Momente der Wissensbasierung beruht. Sie diffundiert von den Praxen und Labors in die Werkhallen und Büros."

---

420 Götz/Schmid 2004
421 Willke 1998c, S. 161.

In dieser neuen Epoche des Wissenszeitalters geht es nicht mehr nur um den Erwerb von Titeln,[422] größeren Büros und Schreibtischen, mehr Untergebenen, sondern um die Fähigkeit, sich immer stärker und überzeugender in den Wertschöpfungsprozess des Unternehmens einzubringen. Die neuen Erfolgs- bzw. Karriereindikatoren unterscheiden sich diametral von den soeben genannten. Der Einzelne merkt es daran, dass man ihn/ihm

- fragt,

- um Rat bittet,

- Informationen gibt und seine Informationen abruft,

- traut und viel zutraut,

- viel Spielraum lässt,

- viel Verantwortung überträgt.

„An die Stelle des Klettergeschicks auf der Karriereleiter ist die Entwicklung von Fähigkeiten getreten, eine Know-how-Karriere zu machen."[423] Aus der vertikalen Karriereleiter ist die horizontale Flächenabdeckung im persönlichen Kompetenzportfolio und seine Kohärenz für den Wertbeitrag des Unternehmenserfolges geworden. Im Wissenszeitalter korrespondiert Information immer noch mit Macht – der Unterschied liegt aber darin, dass die Macht nicht mehr durch Zurückhaltung von Informationen, sondern durch die Bereitschaft entsteht, Informationen zur Verfügung zu stellen und dauernd neues Wissen durch kontinuierliches Lernen zu erwerben, um es dann wieder zur Verfügung zu stellen usw. Dies erfordert freilich auch die Bereitschaft und die Fähigkeit des Unternehmens, den Mitarbeiter über zukunftsträchtige Qualifikationen zu informieren und ihn dabei zu unterstützen, diese zu erwerben. Damit hat der Mitarbeiter eine

---

422 In amerikanischen Konzernen wie *Procter & Gamble* sind beispielsweise Doktortitel bereits seit über 10 Jahren passé, d. h. sie sind nicht unerwünscht, wenn daraus die Qualifikation des Mitarbeiters und seines Wertbeitrags für das Unternehmen gesteigert werden kann. Aber der Titel per se, ob nun auf Visitenkarte, Türschild, Briefkopf und Anrede ist als solcher längst verschwunden. Mit anderen Worten: Karriere macht dort nicht mehr der Titel, sondern die Person und ihr Wertbeitrag für den Unternehmenserfolg. So gesehen müßten sich die Zeiten für *Ghostwriter* eigentlich verschlechtern, denn die Wahl des Themas und die intrinsische Motivation durch das selbstgewählte Thema seine eigene Qualifikation für die Praxis zu steigern, werden damit immer ausschlaggebender. Doch dies scheint (noch) nicht der Fall zu sein. Vgl. Vowinkel 2003, S. 13.

423 Fuchs 1998, S. 84

längere „Vorwarnzeit" zur Weiterqualifikation und das Unternehmen die Sicherheit, sein Wissenskapital „just-in-time" zur Verfügung zu haben.[424] Damit schließt sich der Kreis, wenn man nun die neuen Anforderungen an das Human Resource Management im vorletzten Abschnitt Revue passieren lässt. Im Wissenszeitalter bedeutet „Führen" nicht mehr „Personalverantwortung" zu haben, sondern selbst Verantwortung für die eigene Personalentwicklung zu übernehmen. Dies geht sogar so weit bzw. impliziert das Erlernen mehrerer Berufe: Aus „Lifelong Employment" wird „Lifelong Employability".

Der favorisierte Potenzialgedanke kommt zum Tragen, wenn man allein an die theoretische Grundlegung zum *Human Capital* und an das Erfolgspotenzial der Corporate Universities denkt. Die Praxisrelevanz neuer Unternehmenskonzepte und die Notwendigkeit zur Selbsterneuerung dokumentierte Zetsche als damaliger Vertriebsvorstand von *DaimlerChrysler* bereits in einer Zeit, in der Corporate Universities zumindest in Deutschland noch relativ unbekannt waren. Er erinnerte an das bekannte Zitat von Bleicher:[425]

> Mit Professor Knut Bleicher war die Hochschule St. Gallen und damit die Schweiz in der glücklichen Lage, über einen der originellsten Köpfe auf diesem Gebiet zu verfügen. Von ihm stammt ein provokativer Ausspruch, der die Problematik, vor der wir heute in vielen Unternehmen stehen, eindringlich vor Augen führt: „Wir arbeiten in Strukturen von gestern mit Methoden von heute an Strategien für morgen überwiegend mit Menschen, die in den Kulturen von vorgestern die Strukturen von gestern gebaut haben und das Übermorgen innerhalb der Unternehmung nicht mehr erleben werden".

Die *Unternehmensberatung Mercuri International* befragte 692 Topmanager, von denen mehr als zwei Drittel bestätigten, dass das Gros strategischer Entscheidungen schlecht bzw. gar nicht zur Umsetzung gelangt. Wesentliche Ursachen identifiziert diese Studie im oftmals unzureichenden Informationsaustausch, der in einer zu spät und zu selten erfolgenden Information der Mitarbeiter über angestrebte Ziele seinen Ursprung hat. Nur 35 Prozent der Entscheider messen der Information der Mitarbeiter eine hohe Bedeutung bei. Insofern kann in vielen Fällen von einer unangemessenen oder gar fehlenden Anpassung moderner Anreiz- und Berichtssysteme gesprochen werden.[426] Insofern liegt Simon

---

424 Fuchs 1998, S. 85; vgl. außerdem die Hinweise auf die immer wichtiger werdenden „*soft skills*" am Ende des Kapitels 1. Dieses Modell kommt ebenfalls bei *Porsche* in der Fertigung zum Einsatz: Das Kompetenzprogramm sieht dort eine Abkehr vom Spezialistentum vor, d. h. ein Mitarbeiter erlernt innerhalb von zwei Jahren beispielsweise den kompletten Zusammenbau eines Motors; ausführlicher bei Fuchs 1998, S. 83-91.
425 Zetsche 1996, S. 32
426 o. V. 1999, S. 122

richtig, wenn er trotz der aktuellen Hochkonjunktur des Themas Wissensmanagement in deutschen Unternehmen einen nach wie vor ausgeprägten Nachholbedarf feststellt:

> Deutsche Unternehmen unterschätzen noch immer die Bedeutung des Wissenskapitals als Bestandteil des Firmenvermögens. Dabei wiege der Verlust des Wissenskapitals oft schwerer als der Verlust des materiellen Vermögens [...] Wissen tut sich schwer bei der Wanderung entlang der Wertkette bis hin zum Kundennutzen.[427]

Alarmierend stimmen in diesem Zusammenhang allerdings die bereits auf den ersten Seiten dieses Buches genannten Befunde zur eher passiven Weiterbildungsbereitschaft in Deutschland (vgl. Managermagazin-Agenda) und was nicht minder schwer wiegt: Deutschland engagiert sich in der betrieblichen Weiterbildung weniger stark als andere Länder Europas und liegt damit hinter allen skandinavischen Ländern sowie, Großbritannien, Frankreich, Niederlande, Österreich.[428] Während in Deutschland neuere Formen der Weiterbildung (beispielsweise selbstgesteuertes Lernen, Lern- und Qualitätszirkel, „Job Rotation") eher selten zum Einsatz kommen, dominieren offenbar die klassischen Lehrveranstaltungen zum Thema EDV und Computer.[429] In einer anderen deutschen Studie hat man festgestellt, dass das gesamte Thema Personalentwicklung aus Sicht der 75 befragten Manager im eigenen Unternehmen nur in 40 Prozent der Fälle ein ausgeklügeltes System darstellt. Als Gründe gaben die Befragten an, dass es an Zeit zur Etablierung einer schlagkräftigen Personalentwicklung mangelt und dass letztendlich deren Nutzen niemals transparent gemacht werden könne.[430]

Zudem wurde in einer europaweiten Umfrage zur beruflichen Weiterbildung, die von der EU-Kommission in Auftrag gegeben und in 26 Ländern durchgeführt wurde, Folgendes festgestellt:

> Nur 24 Prozent[431] analysieren systematisch den zukünftigen Qualifikationsbedarf, der sich aus den veränderten Marktentwicklungen und Umfeldbedingungen ergibt. Lediglich 22 Prozent der Befragten erstellen Weiterbildungspläne, und nur 17 Prozent haben spezielle Budgets für die Weiterbildung [...]. Im Durchschnitt gaben die befragten Betriebe für interne und externe Lehrveranstaltungen im Rahmen der Weiterbildung 1723 Euro pro Teilnehmer inklusive der kalkulatorischen Lohn- und Gehaltskosten aus [...] Danach hat jede dritte Person in den Unternehmen (pro

---

427 o. V. 1998j, S. 29
428 o. V. 2003, S. V1/13
429 o. V. 2002d, S. 14. Die Studie kann kostenlos per E-Mail angefordert werden: cvts@destatis.de
430 o. V. 2002e, S. 12
431 Es wurden 3184 Unternehmen mit mindestens 10 Beschäftigten befragt.

Jahr, Anmerkung der Verfasser) eine Lehrveranstaltung zur Weiterbildung wahrgenommen.[432]

Umso interessanter ist das Studienergebnis der *HR Garden Deutschland GmbH* (ehemals *EMDS Consulting*) in Zusammenarbeit mit *Ipsos Opinion*, dass unter 5211 europäischen *Early Career Professionals (ECPs)*[433] insbesondere die Deutschen in nur 31 Prozent der Fälle ihre Karriere um jeden Preis verfolgen. Ganz im Gegensatz dazu sind die Niederländer in 81 Prozent der Fälle wesentlich kompromissbereiter: Sie ordnen das Ansehen ihres Jobs und ihre Neigungen ganz eindeutig dem eigenen Karriereziel unter.[434]

Bedenklich stimmen die empirisch ermittelten Erkenntnisse, dass Frust und fehlende Anreize im Job immer häufiger zu Diebstahl bis hin zur Sabotage führen können.[435] Langeweile, Unterforderung, zu wenig Entscheidungskompetenzen, also schlicht geringe Arbeitsanforderungen im Job führen sogar zu einem statistisch um 43 bis 50 Prozent höheren Risiko eines vorzeitigen Todes, so das Ergebnis einer aktuellen Studie der University of Texas.[436]

Vor diesem Hintergrund stellt sich schon fast die Frage, ob man vor der Etablierung von Corporate Universities erst einmal adäquate Grundlagen für eine proaktive Lernkultur schaffen sollte. Insofern erscheint es zum gegenwärtigen Zeitpunkt durchaus angemessen, dass dem zwar als wichtig anerkannten Thema Bildung künftig viel mehr Aufmerksamkeit gewidmet wird, denn ganz offenbar driften Anspruch und Wirklichkeit noch viel zu weit auseinander:

Während Bundesbildungsministerin Bulmahn seit Juli 2002 über eine neue Abteilung der *Stiftung Warentest*, sog. *Stiftung Bildungstest*, Kursangebote im Bereich der beruflichen Weiterbildung untersuchen lässt, um so das Qualitätsbewusstsein bei den Seminar-Anbietern zu erhöhen,[437] lehnen die Spitzenverbände der deutschen Wirtschaft dieses Vorgehen u. a. aus folgenden Gründen ab:[438] Keine seriöse und transparente Messung und zu unterschiedliche Seminarange-

---

432 o. V. 2002b, S. 14

433 ECPs sind Absolventen der besten internationalen (Privat-)Hochschulen. Sie sprechen mindestens zwei Sprachen flüssig, bringen ein bis acht Jahre Berufserfahrung mit und haben nach dem Studium in bis zu drei Unternehmen gearbeitet.

434 o. V. 2002g, S. 14. Die Studie kann kostenlos per E-Mail angefordert werden: acakmak@hr-gardens.com.

435 o. V. 2002c, S. 30

436 o. V. 2002f, S. 14

437 o. V. 2002i, S. 28; vgl. auch im Internet unter: www.bmbf.de

438 o. V. 2002k, S. 28; vgl. auch im Internet unter: www.kwb-berufsbildung.de

bote durch Zielgruppenorientierung. Im Übrigen führe die Wirtschaft selbst längst solche Überprüfungen durch.

Die beiden nächsten Kapitel befinden sich ebenfalls auf der Mikro-Ebene unseres System-Bezugs. Sie konkretisieren ein Stück weit, warum gerade dem Human Resource Management eine ganz besonders wichtige Bedeutung zukommt.[439]

---

[439] vgl. außerdem die in diesem Kapitel gemachten Feststellungen mit denen in Kapitel 1 zu den neuen Anforderungen an die künftige Managergeneration.

*Die Schwierigkeit besteht nicht so sehr darin,
neue Ideen zu entwickeln,
sondern alten zu entkommen.*

JOHN MAYNARD KEYNES

5 Fünfter Zugang: Kreativität

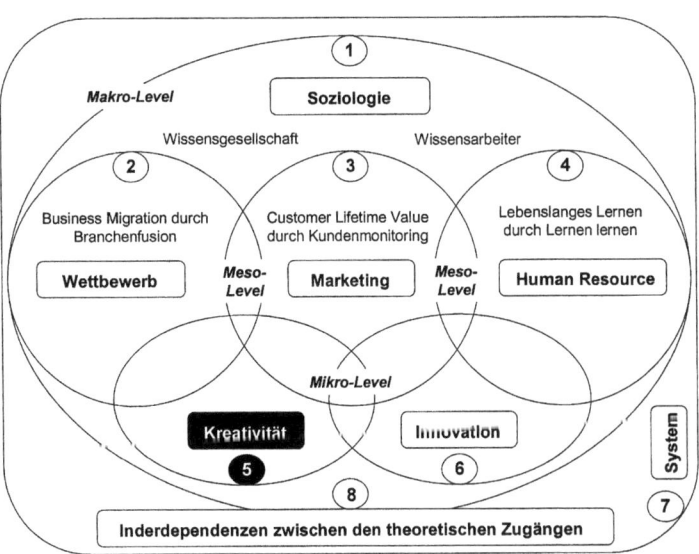

Abbildung 18: Der Zugang über die Kreativitätstheorien

Während die zuvor behandelte Human Resource-Sichtweise die generelle Bedeutung und Relevanz des Wissensmanagement-Ansatzes verdeutlicht hat, geht es auf der Mikro-Ebene in den beiden nachfolgenden und letzten theoretischen Zugängen um die weitere inhaltliche Ausfüllung des Human Resource-Ansatzes – am Beispiel der Phänomene Kreativität und Innovation. „Wenn Unternehmen als lernende und sich selbst organisierende komplexe dynamische Wissenssysteme verstanden werden, dann bedarf es anderer Mitarbeiter als in starren mechanischen Apparaten mit festen Funktionsbeschreibungen. Ihre Kreativitätspotenziale zu finden, ist Aufgabe einer Personalarbeit der Zukunft."[440]

Der in der Untersuchung im Vordergrund stehende Innovationsprozess wird nun zunächst am Beispiel kreativitätstheoretischer Grundlagen und deren Nähe zum Phänomen der Intelligenz erklärt. Anschließend wird die Wissensintensität des Kreativitätsprozesses erläutert und im Kapitel 6 zum Innovationsmanagement fortgeführt bzw. dort integriert.

5.1 Begriff und Bedeutung der Kreativitätstheorie

Kreativität umfasst ein weites Gebiet von der praktischen Kreativität im Alltag bis hin zur künstlerischen Kreativität in der Malerei, Musik oder Ähnlichem. Die Mehrzahl der Wissenschaftler ist der Ansicht, dass Kreativität für jedermann und damit auch für ‚Unkreative' erlernbar ist (sog. gemäßigte Interpretation), ein großes Erfolgspotenzial in sich birgt[441] und damit zum einen eine wichtige Fähigkeit im Innovationsprozess und zum anderen eine fundamentale Kompetenz im Rahmen der lernenden Organisation darstellt. Letzteres unterstellt freilich gruppendynamische Kreativitätsprozesse.

Von Hentig versucht eine Beschreibung des Phänomens Kreativität:

> Den Zustand der Menschen erkennt man an ihren Heilswörtern [...]. Wenn ein Wort genannt werden sollte, das eine solche Erwartung der heutigen Menschen ausdrückt und bestimmt, es hieße, glaube ich, „Kreativität"[...]. Es steckt noch voller Versprechungen. Jeder weiß es zu nutzen, keiner mag es entbehren, keiner kritisiert es. Es ist gleichermaßen beliebt bei Technikern und Umweltschützern, Wirtschaftsführern und Pädagogen, den schwarzen, roten, grünen und blaugelben Parteien.[442]

---

440 Mainzer 2002, S. 22

441 beispielsweise Delhees 1998, S. 17 und Herrmann 1997, S. 260 sowie Kolb et al. 1998, S. 8 und Mehlhorn 1998, S. 41f. zur These 1 des *Darmstädter Kreises für Kreativität* (vgl. Ausführungen weiter unten). Als empirisch bestätigt gilt inzwischen, dass auch bei Senioren Kreativitätstraining erfolgreich durchgeführt werden kann: Mehlhorn 1998, S. 42 und Kolb et al. 1996, S. 12

Die beiden anderen Auffassungen über Kreativität gehen zum einen pessimistisch davon aus, dass Kreativität im Sinne von Genialität nur wenigen Menschen vorbehalten ist (Einstein, Leonardo da Vinci etc.) und zum anderen in jedem Menschen vorhanden ist, aber geweckt werden muss (sog. optimistische Interpretation).

442 von Hentig 1998, S. 9f.; außerdem Joas 1996, S. 108 und Matussek 1974, S. 7

Unter dem Begriff der **„Kreativität"** (lat. creare: (er-)schaffen) versteht man *schöpferisches Denken* und damit die Fähigkeit, *originelle neue Lösungsmöglichkeiten* und ungewöhnliche, aber sinnvolle *Ideen*[443] in verschiedenen Lebensbereichen, wie beispielsweise der Technik, zu produzieren. Kreative Lösungen sind keine Zufallsprodukte, sondern basieren auf Erfahrungen, zuvor gelernten Informationen und vor allem auf der Fähigkeit, Probleme zu erkennen. Das selbstständige Finden eines Problems ist typisch für kreatives Denken und unterscheidet sich damit wesentlich von sonstigen Problemlösetechniken (beispielsweise konvergentes Denken, Intelligenz). Kreative Menschen zeichnen sich dadurch aus, dass sie auf den ersten Blick nicht zueinander gehörende Zusammenhänge verbinden und in der Zeit des Probierens, in der keine offensichtlichen Fortschritte gemacht werden, nicht aufzugeben (Frustrationstoleranz).[444] Was die erweiterte Perspektive des kreativen Menschen und insbesondere das im nächsten Kapitel beschriebene divergente Denken angeht, liegt eine offensichtliche Nähe zur Systemtheorie vor.[445]

Joas empfiehlt eine dringende Ergänzung der primär soziologisch geprägten Handlungstheorie und verweist auf einen weiteren,[446] bisher vernachlässigten Handlungstypus, der den kreativen Charakter des menschlichen Handelns einbezieht:

> Die Verankerung der Kreativität im Handeln erlaubt es, Kreativität gerade als Freisetzung für neue Handlungen aufzufassen [...] Es geht also nicht um eine bloße Erweiterung, sondern um eine fundamentale Umstellung der Grundlagen verbreiteter Handlungstheorie.[447]

Joas erklärt das Fehlen einer „bruchlosen Integration"[448] kreativitätstheoretischer Befunde bei den von Parsons behandelten Denkern u. a. in der unzurei-

---

443 Eine Idee ist zum einen eine Vorstellung, ein Begriff von etwas auf einem hohen Abstraktionsniveau. Zum anderen handelt es sich dabei um einen (schöpferischen) Gedanken, eine Vorstellung oder ein Leitbild, das jemanden in seinem Denken und Handeln bestimmt. Duden 1990, S. 330 und Brockhaus 1992, S. 372f.

444 Michel et al. 1975, S. 191

445 ausführlicher in Kapitel 7

446 Joas versteht unter den anderen beiden Handlungsmodellen das *Modell der rationalen Wirtschaftssubjekte* in der Ökonomie und das *Modell des normativ orientierten Handelns* in der Psychologie und Soziologie.

447 Joas 1996, S. 196 und 213

448 Joas betont in seinem Vorwurf, dass es nicht so ist, dass die Kreativität des Handelns gar nicht vorkommt, sondern nicht konsistent in die gesamte Handlungstheorie integriert ist.

chenden Klarheit über die Kreativitätstheorie selbst.[449] Während Joas fünf besonders ernstzunehmende Vorwürfe, die gegen den Pragmatismus vorgebracht werden, zitiert, lehnt er sich bei seinem favorisierten Kreativitätsverständnis an Maslow[450] an:[451] Es handelt sich dabei um die sog. integrierte Kreativität, die die Offenheit der Selbstartikulation und Phantasie (sog. primäre Kreativität) mit der rationalen Produktion von Neuem und damit der Verantwortung der Selbstkontrolle (sog. sekundäre Kreativität) zusammenbringt.[452]

Um den Rahmen nicht zu sprengen, erscheint aus den fünf von Joas zitierten Vorwürfen insbesondere der erste besonders bemerkenswert:

> Ein erster Einwand richtete sich auf den augenblicksgebundenen Charakter des Bewusstseins im Handlungsmodell des Pragmatismus [...]. Die kreativ entwickelten Lösungen eines Handlungsproblems werden eben nicht in einem Bewusstsein gespeichert, sondern sie sind selbst zur neuen Handlungsweise - einem neuen „habit"- geworden. Die Lösung eines Problems führt damit zu einem Handeln, das am selben Problem nicht wieder scheitern wird oder das eine eigene Routine der Problembewältigung enthält. *Nicht das Wissen des Handelnden über sein Handeln nimmt durch die Lösung von Problemen zu, sondern die Adäquanz des Handelnden selbst* (Hervorhebung d. Verf.).[453]

Relativierend kommt hinzu, dass Joas selbst gewisse Fortschritte des Pragmatismus nicht übersieht und daher den einen oder anderen Vorwurf inzwischen als nicht mehr ganz zeitgemäß beurteilt.

Die so verstandene integrierte Kreativität wird unten weiter ausgearbeitet, wobei der Mensch als Urquell jeder Kreativität dann mehr in den Mittelpunkt rückt. Zuvor soll das kreative Produkt konkretisiert werden:

- Das kreative Produkt muss
- neu sein und anders als das bisher Übliche und Gewohnte,

---

449 Joas 1996, S. 15 und 105-108. Nun könnte man freilich zu bedenken geben, dass die Stellung der Kreativitätstheorie in der Handlungstheorie der Soziologie für den hier im Vordergrund stehenden Wissensmanagement-Ansatz von nur geringer Relevanz ist. An dieser Stelle muss aber festgehalten werden, dass bereits im Soziologie-Zugang ausführlich betont wurde, dass diese Disziplin in besonderer Weise für den Wissensmanagement-Ansatz prädestiniert erscheint.

450 Maslow 1986

451 Jaos 1996, S. 372f. und darüber hinaus auch von Hentig 1998, S. 12

452 Der Verzicht auf die soeben dargestellte Synthese zwischen primärer und sekundärer Kreativität führt nach Joas zur Krise des Fortschrittsglaubens (im Falle einseitiger Orientierung an sekundärer Kreativität) oder zum Irrationalismus (im Falle einseitiger Favorisierung der primären Kreativität).

453 Joas 1996, S. 191

- überraschend sein und im Widerspruch zum ursprünglich Erwarteten stehen und
- eine große Bedeutung haben, wobei vor allem die Anerkennung durch andere zählt.[454]

Vor diesem Hintergrund erscheint es sinnvoll, den Zusammenhang und die Unterschiede zwischen *Kreativität* und *Intelligenz* zu untersuchen, denn der Wissensmanagement-Ansatz strebt den Aufbau einer lernenden, zunehmend intelligenten Organisation an.[455]

Von Hentig unterscheidet zwischen dem Intelligenten, der sich in seinem Tun an die Vorlage hält und genau das tut, was er soll, und dem Kreativen, der die Vorlage verlässt, sie zum Vorwand für die Entfaltung seiner eigenen Vorlieben nimmt und genau das tut, was er will. Trotz der Unterschiede stößt die Operationalisierung beider Konstrukte auf Schwierigkeiten.[456] Bezüglich des Zusammenhangs formuliert Delhees folgende fünf intellektuellen Eigenschaften, die den Kreativen auszeichnen:[457]

- Kreative Personen können problemlos zwischen verschiedenen Vorstellungen wechseln,

- Kreative Personen sind bereit, alte und bequeme Denkweisen aufzugeben und sogar erfahrungsorientiertes, implizites Wissen in Frage zu stellen,

- Kreativen Personen ist insbesondere die Neukombination verschiedener, ursprünglich voneinander losgelöster, Wissenselemente vertraut.

- Letztgenannte Fähigkeit kann sogar den Gedankenstrom ins scheinbar Unlogische führen, abgekoppelt von der funktionellen Gebundenheit.[458]

- Kreative verfügen über ein hohes Maß an Elaboration, um alle notwendigen Details, die für die Realisierung neuer Ideen erforderlich sind, auszuarbeiten;

Darüber hinaus nennt Delhees folgende vier nicht-intellektuelle Eigenschaften, die den Kreativen auszeichnen:[459]

---

454 Kolb et. al. 1998, S. 9
455 Ausführlicher in Götz/Schmid 2004 zu den lerntheoretischen Implikationen.
456 von Hentig 1998, S. 20 und 22f.
457 Delhees 1998, S. 18-20
458 Delhees spricht hier von der Neudefinierungsfähigkeit und nennt als Beispiel Albert Einsteins Relativitätstheorie.
459 Delhees 1998, S. 20-23

- Kreative haben eine Vorliebe für Komplexität, Mehrdeutigkeit und den Mangel an Geschlossenheit und sie widerstehen vorschnellen Urteilen,

- Kreative verfügen über „Verspieltheit", d. h. sie können problemlos hin- und herwechseln zwischen Phantasie (sog. Primärprozess) und kritischer Prüfung (sog. Sekundärprozess),

- Kreative weisen eine hohe Unabhängigkeit von anderen in ihrer Urteilsbildung auf, denn Kritik durch andere beeinträchtigt ihre Motivation, die eigenen kreativen Potenziale auszuschöpfen,[460]

- Kreative sind trotz der soeben genannten Eigenschaft keineswegs kritikfeindlich. Sie akzeptieren in der Regel andere Lösungen, wenn diese überlegen sind, denn es besteht eine hohe Risikobereitschaft, Fehler zu machen und diese zu akzeptieren, solange darin ein persönlicher Lerneffekt gesehen wird. Der Unkreative ist hingegen mit dem gerade Erreichten zufrieden und hält starr an seiner Meinung fest, auch wenn sie schlechter ist als eine andere.

Für beide Konstrukte, also für organisationale Kreativität und Intelligenz wurden bereits Methoden zur Operationalisierung entwickelt: Mit sog. *creativity cards* misst das Fraunhofer Institut für Arbeitswirtschaft und Organisation (IAO) die Unternehmenskreativität[461] via Diagnose. Aus der Diagnose folgt die Entwicklung von Zielsetzungen und Maßnahmen zur Förderung der Kreativität. Seit 2002 sollten die Karten elektronisch umgesetzt und in ein breiter angelegtes Kreativitäts- und Wissensmanagement-Tool integriert worden sein.[462]

Zweifellos wird der Begriff der intelligenten Organisation sehr oft überstrapaziert, denn leider bleibt das, was eine Organisation tatsächlich intelligent macht, allzu oft im Dunkeln. Dies verwundert umso mehr, wenn man die fünf zentralen Merkmale einer intelligenten Organisation skizziert:[463]

Neben dem schnellen und adäquaten Erkennen und Reagieren auf relevante Umweltentwicklungen ist es natürlich die eigene Lernfähigkeit, Probleme beim zweiten oder dritten Anlauf effektiver zu bewältigen. Als drittes Merkmal spielt

---

460 Hier resultiert für Führungskräfte oder Arbeitskollegen mit einer weniger kreativen Arbeit oft das Problem des Umgangs mit beispielsweise kreativen Designern in interdisziplinärer Projektarbeit zum einen und in deren Führung und Motivation zum anderen. Vgl. hierzu den Textkasten am Anfang des nächsten Unterkapitels.

461 Indikatoren sind beispielsweise die Bereitschaft, kreative Impulse aufzunehmen, der permanente Strom kreativer Ideen, die Möglichkeit, diese Ideen umzusetzen und das Vermögen, die eigenen Kunden mit kreativen Leistungen zu überzeugen.

462 o. V. 2001a, S. 10

463 North/Pöschl 2002, S. 57

der Grad der Vernetzung zur Entwicklung höherwertiger Lösungen eine Rolle.[464] Die beiden letzten Faktoren lauten Erinnerungsvermögen, um aus Vergleichen zwischen heute und früher Nutzen zu ziehen und letztlich spielt auch die emotionale Intelligenz eine große Rolle. Nun wird der kritische Leser schnell geneigt sein, insbesondere das letztgenannte Kriterium genauso zu hinterfragen wie die organisationale Intelligenz. Insofern kann in diesem Rahmen neben der umfangreichen Literatur[465] nur angedeutet werden, dass hierunter insbesondere die Qualität und Intensität einer Wertegemeinschaft zwischen Unternehmen und Mitarbeiter, zwischen Mitarbeiter und Kunden sowie zwischen Unternehmen und Branchenvereinigungen zu verstehen sind. In der zu ermittelnden Intelligenzmatrix werden für jedes der hier genannten fünf Kriterien Fragen auf folgenden fünf Ebenen gestellt: Märkte/Konkurrenten, Kunden, Produkte, Prozesse, Mitarbeiter. Im Feld Erinnerungsvermögen und Mitarbeiter lautet eine typische Frage: „Wird Wissen systematisch über Mitarbeitergenerationen weitergegeben?". Für die Ermittlung des organisationalen Intelligenzquotienten (OIQ) hat sich folgende Vorgehensweise bewährt:[466]

1. Abgrenzung des Bezugsobjektes (Abteilung, Produktbereich etc.),

2. Normierung (Festlegung von Branchendurchschnitten für jedes Kompetenzfeld),

3. Beurteilung der Leitfragen für jedes Kompetenzfeld (individuell oder in der Gruppe),

4. Einbeziehen der Sicht von Externen, Spiegelung mit der Selbsteinschätzung,

5. Ermittlung der Punktzahl pro Kompetenzfeld sowie in der Summe den OIQ,

6. Aufdeckung der Schwachstellen, Fixierung von Zielen und Ableitung von konkreten Maßnahmen.

Mit diesen Ausführungen soll deutlich werden, dass Kreativität und selbstverständlich auch Intelligenz im Innovationsprozess eine entscheidende Rolle spielen und letztendlich genau wie Wissen Ressourcen sind, die sich bei Gebrauch

---

464 vgl. hierzu insbesondere die beiden nachfolgenden Untersuchungen im innovations- und im systemtheoretischen Teil (Kapitel 6 und 7).
465 Cooper 1997
466 North/Pöschl 2002, S. 59

nicht verbrauchen, sondern vermehren.[467] Im nachfolgenden Abschnitt wird dies innerhalb des Kreativitätsprozesses dargestellt.

5.2 Die Wissensrelevanz im Kreativitätsprozess

Nun sollen mit einem kurzen, aber durchaus authentischen Beispiel aus der Praxis des Innovationsmanagements die soeben beschriebenen Kreativitätsfaktoren die Bedeutung einer gemeinsamen Wissensbasis im Kreativitätsprozess veranschaulichen.[468]

DIE NOTWENDIGKEIT EINER GEMEINSAMEN WISSENSBASIS IM KREATIVITÄTSPROZESS
Eine authentische Episode aus der Praxis des Innovationsmanagements

„Von Managern vernehmen wir oftmals die Klage, dass sie mit Designern nicht gut kommunizieren können, dass sie zur Umsetzung von Marketingzielen nicht in Teams arbeiten können, dass sie ihre Designer nicht dazu bewegen können, dass 'große' strategische Bild zu sehen und dass sie vor allem davor zurückscheuen, die kreative Freiheit zu beschneiden, die Designer ihrer Ansicht nach brauchen. Designer erzählen uns dagegen eine andere Geschichte. Sie fühlen sich bei der Schaffung eines Designs oftmals allein gelassen. Sie würden es begrüßen, wenn man ihnen nützliche Anweisungen an die Hand gäbe, erhalten jedoch häufig nur allgemeine Leitlinien, die alles oder gar nichts heißen können. Außerdem beklagen sich Designer darüber, dass Manager Design als 'Kunst' betrachten. Dies bedeutet im besten Fall, dass Intuition und Geschick von großer Wichtigkeit sind; schlimmstenfalls heißt es jedoch, dass ausschließlich Intuition und angeborene Talente zählen. Wie uns Designer schon oft berichtet haben, betrachten Manager den Designer nicht als Mitglied des strategischen Teams oder als strategischen Akteur.

Diese Situation vermag nicht zu überraschen. Marketingmanager und Strategen absolvieren in der Regel eine betriebswirtschaftliche, ingenieurwissenschaftliche oder juristische Ausbildung. Sie haben einen ausgeprägten analytischen Hang, der der Welt des Designs oder Kunst häufig nur wenig oder gar keinen Platz lässt. Die genannten Personen fühlen sich meist nicht wohl, wenn sie Designfragen behandeln sollen - dieses Unwohlsein wird durch die typischen Unterschiede in Persönlichkeit und Stil von Managern und Kreativpersonal noch verstärkt. Topmanager ignorieren oder umgehen ästhetische Aspekte ihrer Strategien nur zu gern, um sich vertrauteren Terrains wie der traditionellen Marketingsegmentierung, Positionierung und Planung zuzuwenden.

---

[467] Mehlhorn 1998, S. 41 und 50 zur These 12 des *Darmstädter Kreises für Kreativität* (vgl. Ausführungen weiter unten).
[468] Schmitt et al. 1998, S. 77; vgl. außerdem Anderson 1980

> Von den Managern, die wir kontaktiert haben, fügte sich die überwältigende Mehrheit dem kreativen Urteil ihrer Designer. Dies liegt nicht daran, dass sie dieses Vorgehen für empfehlenswert halten, sondern vielmehr daran, dass es ihnen auf dem entsprechenden Gebiet an Schulung und Wissen mangelt. Es bleiben ihnen daher nur zwei Möglichkeiten - sich äußern und fürchten, sich bloßzustellen, oder den Mund halten und sich der Expertise der Designer beugen. Ein solches Verhalten bringt ein Unternehmen heute jedoch nicht mehr zum Ziel. Marketingmanager sehen sich einer Umgebung ausgesetzt, in der eine vollständige sensorische Planung und ein hohes Maß an Interaktion mit Designprofis gefordert sind."

Schmitt & Simonson zitieren als Beispiel Zaccai, dem Präsidenten von *Design Continuum*:[469]

Wir gleichen einem wohlklingenden Orchester, wenn wir gut mit einem Klienten zusammenarbeiten. Wir wissen, ob der Kunde exzellente Geiger hat oder ob dieser Bereich durch unsere Violinisten ergänzt werden muss. Es ist für eine fruchtbare Zusammenarbeit unerlässlich, dass unsere Kunden und wir unsere eigenen Kernkompetenzen und die des Anderen kennen. Diese gemeinsame Wissensbasis entsteht im Laufe einer langfristigen Beziehung.

Kreativitätsprozesse sind kognitiver Art, da sie auf schöpferischer Intuition, Assoziationsfähigkeit und ähnlichen Fähigkeiten aufbauen. Neben diesen Faktoren spielen Fragen der Prozessorganisation und der Gruppendynamik eine wichtige Rolle. Der kreative Prozess selbst kann als eine Synthese aus konvergentem und divergentem Denken aufgefasst werden.

Konvergentes Denken ist analytisch-logischer Natur: Es ist dann erforderlich, wenn neue Informationen und vorhandenes Wissen zusammenlaufen und in Richtung auf die einzige korrekte Lösung für ein bestimmtes Problem zielen. Wer allerdings nur logisch denkt, wird kreative Ideen bereits im Keim ersticken.

Für den kreativen Prozess ist daher *divergentes Denken* ebenso erforderlich: Dieses intuitiv-phantasievolle Denken ermöglicht verzweigtes Denken, um ungewöhnliche, aber angemessene Antworten auf Probleme zu finden. Dabei handelt es sich um die Ursubstanz kreativen Denkens, weil hier möglichst viele unterschiedliche Vorstellungen einbezogen werden und so zu einer Vielzahl neuer Ideen führen.[470] Abbildung 19 veranschaulicht den vierstufigen Kreativitätsprozess, wobei die erste und letzte Phase (Vorbereitung und Anwendung) dem konvergenten Denken zuzuordnen ist, die zweite und dritte Phase divergentes Den-

---

469 Schmitt et al. 1998, S. 107
470 Kolb et al. 1998, S. 15f.

ken symbolisiert (Inkubation und Illumination). Anwendung und Interesse gehören nicht zum klassischen, sondern zum erweiterten Kreativitätsprozess im Sinne von Herrmann.[471]

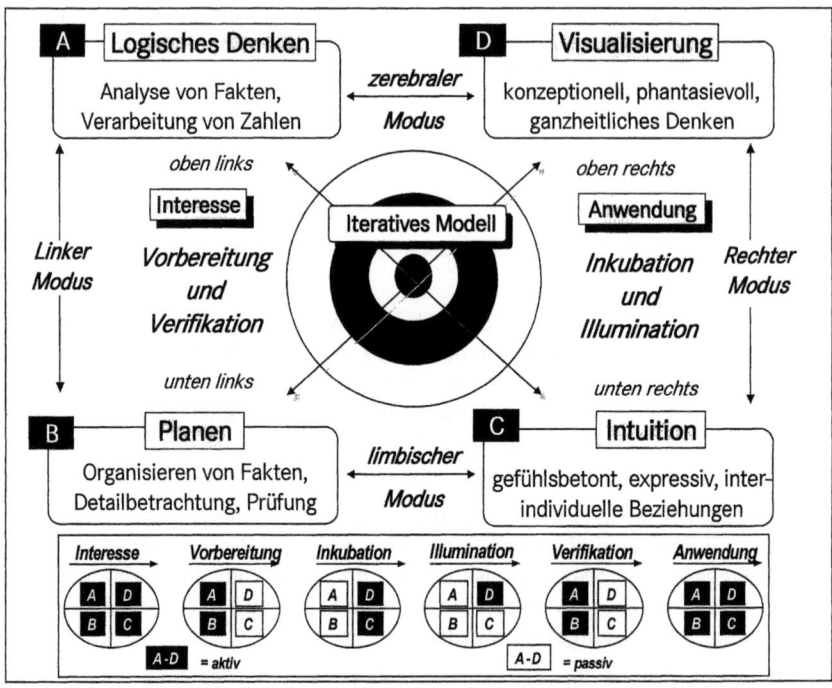

Abbildung 19: Der kreative Prozess im Vier-Quadranten-Modell[472]

Das Modell stellt eine Synthese aus dem bekannten Modell von Sperry, nach dem zwischen linker und rechter Gehirnhälfte unterschieden wird (vgl. Ausführungen weiter oben) und aus dem weniger bekannten Modell von MacLeans, nach dem zwischen den beiden Hälften des limbischen Systems unterschieden wird. Trotz der weiter unten erwähnten klinischen Lücken bei der Erforschung

---

471 *Ned Herrmann* hat bereits 1977 das sog. *Herrmann Dominanz Instrument (HDI)* entwickelt und 1981 während seiner Tätigkeit bei *GE* fertiggestellt. Mit diesem Instrument lässt sich feststellen, wie stark eine Person eine der vier Denkweisen bevorzugt. Nähere Ausführungen bei Herrmann 1997, S. 22ff.
472 in Anlehnung an Herrmann 1997, S. 255f.

des Gehirns ermöglicht das metaphorische Modell von Herrman eine Umsetzung des Wissens über die Gehirnfunktionen.

Kreativität wird meistens als ein Prozess der rechten Gehirnhälfte beschrieben. In der rechten Gehirnhemisphäre werden die räumlichen, ganzheitlichen, intuitiv-kreativen Fähigkeiten gesteuert, in der linken Gehirnhälfte befindet sich das Sprachzentrum (inkl. Lesen, Schreiben) und die logisch-mathematischen Funktionen. Beide werden durch einen sog. Balken miteinander verbunden. Dieses Verbindungsstück bzw. die Qualität der Verbindung ist ausschlaggebend für die menschliche Denkleistung, d. h. es kommt auf beide Gehirnhälften an bzw. darauf, wie gut beide miteinander „kommunizieren". In einer längst überholten Sicht dominierte lange Zeit die linke Hemisphäre. Das hier unterstellte Modell der angewandten Kreativität und Innovation von Herrmann greift weiter. Der untere Teil der Abbildung 19 zeigt, dass im Verlaufe des kreativen Prozesses die speziellen Modi des Gehirns (oberer Teil der Abbildung) in Abhängigkeit von der Phase des Prozesses in unterschiedlichem Ausmaß und verschiedener Kombination genutzt werden. Nachfolgend sollen kurz die einzelnen Phasen erläutert werden:[473]

Persönliches Interesse setzt den Kreativitätsprozess in Gang und fungiert so als conditio sine qua non für alle weiteren Phasen. Die konvergente Vorbereitung (Modus A und B) kann eine sehr arbeitsintensive Phase sein. Sie umfasst das Sammeln und Analysieren von Informationen, deren Ordnung und die daraus zu formulierende Problemdefinition. Die nächste Phase ist die divergente Inkubation (Modus C und D): Hier wird explizites mit implizitem Wissen zusammengebracht, d. h. problembezogenes Material wird mit dem eigenen Erfahrungshorizont in Verbindung gebracht und neu kombiniert. Es entsteht eine unbewusste oder systematische Hypothesenbildung - meist handelt es sich dabei um ein geistiges Bild, weil explizites neues Wissen internalisiert wird. Die Phase der divergenten Illumination (Modus D) umschreibt das „Aha-Erlebnis". Durch die Synthese und Neukombination aller bisherigen Informationen entstehen neue Einfälle und Lösungsansätze. Die Phase der konvergenten Verifikation (zunächst Modus A, anschließend B) kann als eine knallharte, objektive Revision der möglichen Lösungsansätze gewertet werden. Die letzte Phase (die Anwendung) gewährleistet, dass die Ideen nicht frei im Raum schweben, sondern auch umgesetzt werden, um reale Probleme zu lösen.[474]

---

473 Herrmann 1997, S. 255-263 und zum klassischen vierstufigen Prozess: Kolb et al. 1998, S. 9f.

474 und um letztendlich die Motivation der Beteiligten zu erhöhen, zu einem späteren Zeitpunkt einmal dasselbe Problem oder ein neues mit Interesse und Enthusiasmus zu beginnen. Im Sinne der lernenden Organisation speichert die Organisation gemachte Erfahrungen in Kreativitätsprozessen und damit das Erfolgspotenzial künftiger Prozesse.

Herrmann kommt zu dem Schluss, dass alle Quadranten am Kreativitätsprozess beteiligt sind,

> und das Ausmaß, mit dem das ganze Gehirn zum Prozess beiträgt, bestimmt das Ausmaß des Erfolges. Wenn man einen entscheidenden Schritt oder einen wesentlichen mentalen Prozess auslässt, wirkt sich das nachteilig auf die Brauchbarkeit [...] der Idee aus [...]. Unsere Erfahrungen haben gezeigt, dass Teams, in denen alle vier Denkweisen vertreten sind (heterogene Teams), gegenüber Teams mit ähnlichen Denkweisen (homogene Teams) eindeutig im Vorteil sind [...] Ein rascher Konsens kann von Vorteil sein, aber nicht im Hinblick auf Kreativität und Innovation. Das Fehlen von ständiger Interaktion (und damit Kombination heterogener Wissenselemente: Anm. der Verf.) führt zu verpassten Gelegenheiten.[475]

Peters stellt in Großunternehmen fest, dass zuviel Wert auf ordnungsgemäße Abwicklung gelegt wird, weil im Zeitalter der Wissensgesellschaft nicht das Lernen, sondern das Vergessen die höchste Kunst ist. Peters geht sogar soweit, dass er sagt, Unternehmen, die nicht vergessen können, würden erstarren und sterben. Er plädiert deshalb für einen *Chief Destruction Officer* auf Vorstandsebene.[476] Diese Empfehlung deckt sich mit der empirischen Feststellung über Kreativität bei Kindern: Danach sind Kinder nicht aufgrund größerer Phantasie kreativer, sondern weil sie nicht auf die bewährten Lebensmuster fixiert sind. Mehlhorn[477] bestätigt diese Feststellung: Während in der Kindheit die Kreativität am größten ist, wird diese mit zunehmendem Alter durch die von der Umwelt verursachten immer deutlicheren Denkrillen vermindert (These 2).[478] Anderer-

---

Vgl. zum Motivationsaspekt auch Delhees 1998, S. 18 und Bullinger et al. 1997a, S. 15f.

475 Herrmann 1997, S. 259

476 Peters 1999, S. 6. Bei genauer Betrachtung ist dieser Aspekt bereits in den Wissensmanagement-Ansatz integriert und zweifellos wichtig, wenn man an die in der Literatur genannten Innovationsbarrieren bzw. die damit verbundenen Wissenspathologien denkt. Trotzdem sollte nicht übersehen werden, dass ein Übermaß an Verlernen zur Wissensverarmung führt bzw. keine automatische Wissensaufnahme garantiert.

477 Mehlhorn 1998, S. 40-50. Prof. Dr. Mehlhorn (FH Mainz) ist wie Prof. Dr. Geschka ein Vertreter des 1995 gegründeten Darmstädter Kreises - Initiative für angewandte Kreativität. Die von diesem Kreis formulierten zwölf Thesen stammen aus seiner früheren langjährigen Tätigkeit im Batelle Institut in Frankfurt in den 70er Jahren. Um den Rahmen nicht zu sprengen, werden hier nur die Thesen 1, 2, 3, 6, 7, 11 und 12 aufgrund ihrer besonderen Relevanz für das Wissensmanagement beschrieben, wobei These 1 und 12 bereits an anderer Stelle enthalten sind (vgl. Hinweise dort). Die Thesen bauen so aufeinander auf, dass der Bogen sich vom Individuum in These 1 bis hin zur gesellschaftlichen und ökonomischen Relevanz in These 12 aufspannt.

478 Latusseck 2002, S. 14. Hat man als Kind einmal mit dem Spracherwerb angefangen, dann beginnt man auch in sprachlichen Begriffen zu denken, d. h. das nicht-verbale Ge-

seits steigt mit zunehmendem Wissen die problemlösende Kreativität, während die kindliche, freiere Kreativität sinkt (These 3). Aus der Auseinandersetzung mit anderen Wissens- und Erfahrungsfeldern entstehen meist originellere und weiterführende Ansätze als durch weitere fachliche Vertiefung im engen Problemfeld (These 6).[479] Kreative Fähigkeiten werden nicht nur durch inter- und intrapersonelle Heterogenität gefördert, sondern zusätzlich in einer konstruktiven Gruppe ohne Hierarchiegefälle noch verstärkt (These 7).[480] Kreativität ist die Quelle aller Innovationen. Letztere bedürfen aber der Akzeptanz in der Gesellschaft oder zumindest einflussreicher Teile der Gesellschaft, d. h. Innovationsmanagement ist in hohem Grade sozial determiniert (These 11).[481]

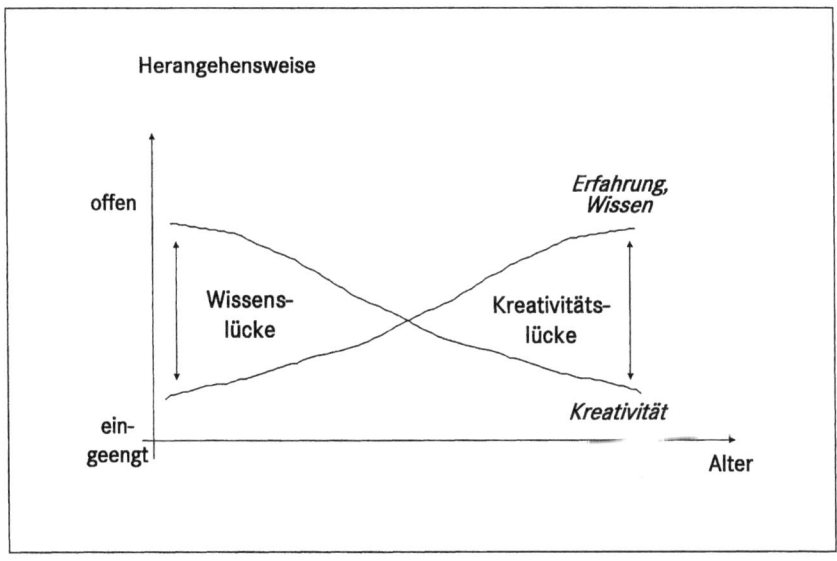

Abbildung 20: Wissens- und Kreativitätslücken im Lebenslauf[482]

---

dächtnis tritt mehr und mehr in den Hintergrund. Dies erklärt auch, warum wir uns als Erwachsener an die ganz frühe Kindheit nicht mehr erinnern können.

479 Darunter muss nicht unbedingt die weiter unten beschriebene heterogene Gruppe verstanden werden. Gerade in der Wissensgesellschaft schließt die Devise „*Lebenslanges Lernen*" das Erlernen mehrerer Berufe nicht aus - ganz im Gegenteil.

480 vgl. hierzu Kapitel 4, in dem im Zusammenhang mit der Wissensarbeit von der Substitution des vertikalen Hierarchiedenkens durch horizontale Kompetenzerweiterung die Rede ist.

481 vgl. Kapitel 6 zum innovationstheoretischen Zugang.

482 Mehlhorn 1998, S. 43

Die Entscheidung, nicht den klassischen vierstufigen Kreativitätsprozess darzustellen, sondern den erweiterten von Herrmann (sog. Modell der angewandten Kreativität und Innovation) hängt nicht nur mit seiner differenzierteren Ausgestaltung zusammen, sondern steht auch in direkter Beziehung zum Ansatz des Wissensmanagements. Darüber hinaus ist dieser Ansatz empirisch fundiert, wie Leonard bestätigt:[483]

> Manager, die so vertrauenswürdige Instrumente wie das [...] Herrmann Brain Dominance Instrument (HBDI) einsetzen, stellen fest, dass ihre Mitarbeiter die Testergebnisse akzeptieren und dazu benutzen, ihre Denk- und Handlungsweisen zu verbessern.

Zum einen wird durch die erste Phase des Interesses klar, dass Kreativität keineswegs auf Zuruf funktioniert. Ein persönliches Interesse und damit eine entsprechende Motivation ist unabdingbar. Wie bereits im Human Resource-Zugang aufgezeigt wurde, ist dieser Faktor elementar wichtig. Die letzte Phase, die der Anwendung, hängt freilich mit der ersten Phase und deshalb auch mit dem Wissensmanagement-Ansatz ebenso eng zusammen, denn die Umsetzung von Wissen ist eines der größten Anliegen und Erfolgspotenziale des Wissensmanagement-Ansatzes überhaupt.[484] Der hier im Vordergrund stehende Faktor der Kreativität markiert in dem Modell der vier Wissensebenen von Quinn[485] die Spitze: Aufbauend auf *„Know what"*, *„Know how"* und *„Know why"* stellt *„Care why"* die Krönung der vier Wissensebenen dar. Sie umfasst die Kreativität aus eigenem Antrieb und die daraus resultierende intrinsische Leistungsmotivation in Verbindung mit dem Gespür für Erfolg. Erst Wissen auf dieser höchsten Ebene trägt den veränderten Bedingungen Rechnung und lässt bisherige Erkenntnisse und Fertigkeiten veralten.

Matussek warnt allerdings vor einer allzu großen Kreativitätseuphorie und spricht die Empfehlung aus, vor der Etablierung von Kreativitätskampagnen erst einmal eine gründliche Analyse darüber durchzuführen, was Kreativität bisher

---

483 Leonard et al. 1998, S. 29

484 Erfahrungen bestätigen die Erkenntnis, dass gerade Kreativitätsprozesse oftmals viel zu geplant und starr begonnen werden (Fehlerkomplex Nr. 1) und anschließend in einer Wolkenphase hängen bleiben (Fehlerkomplex Nr. 2). Letzteres kann viele Gründe haben, beispielsweise weil wichtige Entscheidungsträger oder/und Fachexperten fehlen oder weil keine Verantwortung bzw. Zuständigkeiten für eine Fortsetzung mit neuen Terminen übernommen wurden oder weil keine Person bereit ist, die übernommenen Zuständigkeiten zu kontrollieren.

485 Quinn et al. 1996, S. 96 und Bullinger et al. 1997a, S. 14-16 sowie ausführlicher in Band 2.

verhindert hat, denn diese Barrieren verschwinden nicht einfach und schnell und schon gar nicht automatisch.[486] Oder mit den Worten von Bullinger:

> Für einen im Wettbewerb stehenden Lerndienstleister liegt es auf der Hand, dass Kreativität und Wissen zentrale Erfolgsfaktoren darstellen. Nach unserer Auffassung genügt es nicht, alleine auf die Kreativität ausgewählter Personen zu vertrauen oder in Kreativitätsworkshops nach der revolutionären Idee zu suchen. Es müssen vielmehr Strukturen geschaffen werden, die Kreativität zu einem immer wieder stattfindenden „natürlichen" Ereignis werden zu lassen [...] Sie (die Unternehmen: Anm. d. Verf.) sind bereit und fähig, in neuen Beziehungsmustern zu denken und zu handeln und sie wenden diese Fähigkeit gleichermaßen auf ihre Produkte, interne Ressourcen sowie Netzwerke an, in denen sie agieren.

Abbildung 21 veranschaulicht denkbare Schritte auf dem Weg zum kreativen Unternehmen.

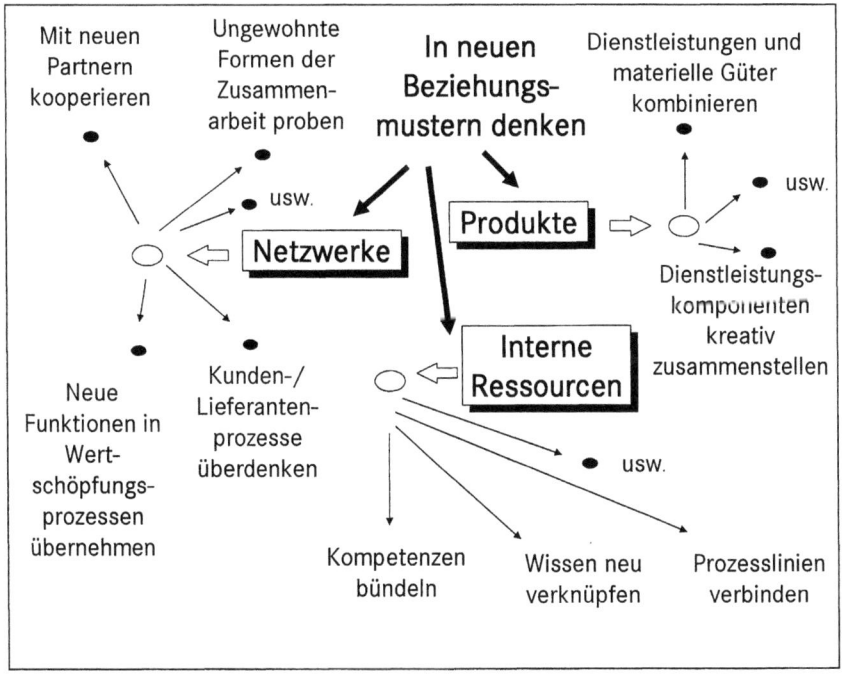

Abbildung 21: Schritte auf dem Weg zum kreativen Unternehmen[487]

---

486 Matussek 1974, S. 89ff. und 290 und von Hentig 1998, S. 72

Kreativität besitzt also eine große Wissensrelevanz. Ein Individuum mit einer ausgeprägten kreativen Veranlagung, aber ohne Erfahrungswissen kann ähnlich wenig aus seinem Potenzial machen wie eine weniger kreative Person mit viel Erfahrungswissen.

Csikszentmihalyi macht dies besonders deutlich, wenn er Kreativität aus der Interaktion von

- einer Kultur, die symbolische Regeln umfasst,

- einem Individuum, das etwas Neues in diese symbolische Domäne einbringt und

- einem Feld von Experten, das dieses Neue anerkennt,

versteht.[488] Er weist damit darauf hin, wie wichtig das Einbeziehen der organisationalen Seite und damit deren Lernfähigkeit und Kreativitätsfähigkeit ist.

In der neueren Gehirnforschung wird insbesondere dem bei Herrmann einbezogenen limbischen System mehr und mehr Einfluss auf die eigene Handlungssteuerung zugesprochen.[489] Dabei spielen vor allem die drei limbischen Instruktionen bzw. Motive „Stimulanz/Risikolust", „Dominanz/Machtstreben" und „Balance/Sicherheit" eine ganz besondere Rolle. Diese liegen bei jedem Menschen in einer spezifischen Ausprägung bzw. Gewichtung vor und mit zunehmendem Alter verschieben sich die drei Instruktionen bzw. Motive meist zugunsten der Balance/Sicherheit. Die wichtigsten Gesetze des limbischen Systems lauten:[490]

- Die limbischen Motive steuern den Menschen unbewusst und sind von ihm selbst auf Dauer nur schwer zu beeinflussen.

- Durch die aktive Rolle des limbischen Systems lösen folglich diejenigen Umweltreize beim Menschen immer dann besondere Aufmerksamkeit und Verhaltensreaktionen aus, wenn sie seiner individuellen Ausprägung der drei limbischen Motive besonders gut entsprechen.

- Dabei gehorchen die limbischen Motive keiner Hierarchie. Ihr Prinzip lautet: „Möglichst viel von allem und möglichst alles zugleich."

---

487 Bullinger et al. 1997, S. 13
488 Csikszentmihalyi 1996, S. 14ff.
489 Im Gegensatz zum Großhirn übernimmt das limbische System die Rolle eines „Kanzlers", das Großhirn „spielt" allenfalls den 'Kanzlerberater'.
490 Häusel 2000, S. 15

- Die limbischen Motive werden fast nie isoliert voneinander wirksam, sondern meist im Verbund.
- Über die limbischen Motive hinaus gibt es keine weiteren wirksamen Motive. Alle anderen vermeintlichen Motive wie Leistung, Sinn oder Selbstverwirklichung lassen sich den drei oben beschriebenen Instruktionen/Motiven zuordnen.

Für die Führung von Mitarbeitern hat dies natürlich unmittelbare, praktische Konsequenzen:[491]

- Wie sieht die individuelle Konstellation bezüglich der drei Motivlagen des limbischen Systems bei der Person aus, die ich beeinflussen will. Ist sie macht-, sicherheits- oder risikoorientiert?
- Das limbische System zensiert wie folgt: Bilder wirken stärker als Worte, Emotion sticht Ratio,[492] Konkretes dominiert gegenüber Abstraktem.
- Geld bzw. monetäre Anreize fungieren nur als Tauschmittel für Sicherheit, Macht und Lust.
- Das limbische System sucht immer nach einer bestmöglichen Befriedigung seiner drei individuell ausgeprägten Motivstrukturen.

Selbstverständlich fördert damit die Berücksichtigung der drei Motivlagen im limbischen System auch das Ausmaß an kreativer Leistung.

Abschließend bleibt festzuhalten, dass Kreativität per se noch keinen Wert stiftet (beispielsweise wenn sie nicht umgesetzt wird, also das Workshop-Stadium niemals überwunden wird) und auch nicht um jeden Preis und mit aller Gewalt aufgezwungen werden sollte (beispielsweise nach dem Motto: „Heute sind wir alle mal so richtig kreativ, weil es so auf der Tagesordnung steht"). Ex-*DaimlerChrysler* Forschungsvorstand Vöhringer stellt hierzu folgendes fest:[493]

> Die Angelsachsen sprechen hier von „Serendipity, nach dem Märchen „The Three Princes of Serendip" des englischen Romanciers und Essayisten Horace Walpole. Dessen Helden besitzen die märchenhafte Fähigkeit, unaufhörlich durch puren Zufall nützliche Entdeckungen zu machen. Die glücklichsten Einfälle haben oft Mitarbeiter, die in der Firma für das Erfinden eigentlich gar nicht zuständig sind. Ihr Potenzial sollte jedes Unternehmen systematisch erschließen. Überhaupt ist es eine der wichtigsten Aufgaben der Forschungsmanager in Unternehmen, systema-

---

491 Häusel 2000, S. 18
492 hierzu auch Mainzer 2002, S. 23f.
493 Vöhringer 1998

tisch Freiräume und Verknüpfungen zu schaffen, um der Kreativität. Möglichkeiten zur Entfaltung zu geben.

Vöhringer spricht hier von Verknüpfungen und er meint damit die Verknüpfung von Wissen. Daraus resultiert eine Mehrzahl von Wissensträgern, deren Wissen verknüpft werden sollte und das bedeutet, den von Güldenberg zitierten Wissensmanagement-Ansatz von Willke zu verwirklichen:[494] Die Intelligenz (vgl. Ausführungen weiter oben) einer Organisation korrespondiert direkt mit der Fähigkeit, die organisationale Wissensbasis zu nutzen, also letztendlich mit der Qualität des Wissensmanagements. Dies berücksichtigt die Tatsache, dass komplexe (beispielsweise lernfähige Produkte) und damit zunehmend wissensbasierte Leistungsangebote nur noch von komplexen Organisationen entwickelt werden können, denn diese „sind heute [...] intelligenter als jeder Mensch."[495]

Auch ist Kreativität oftmals auch gar nicht erforderlich, wenn man bedenkt, dass nach Expertenschätzung bis zu 30 Prozent aller F&E-Aufwendungen bei konsequenter Inanspruchnahme des zugänglichen, also bereits vorhandenen technischen Wissens eingespart werden könnten.[496] Die aus dieser „Miss-Wissensmanagement" resultierende rein ökonomische Konsequenz lautet, dass zwar im Sinne von Staudt einerseits auf diese Weise die Effizienz gesteigert werden kann, auf der anderen Seite aber im Sinne des hier favorisierten Potenzialansatzes Mittel und andere Ressourcen frei werden, um wirklich neues Wissen zu schöpfen und so beispielsweise das Mitarbeiterpotenzial, (vgl. Kapitel 4), das Markenpotenzial (vgl. Kapitel 3), das Differenzierungspotenzial gegenüber dem Wettbewerb (vgl. Kapitel 2) konsequent auszunutzen und so der immer anspruchsvoller werdenden Wissensgesellschaft (vgl. Kapitel 1) wirklich innovative Problemlösungen (vgl. Kapitel 6) anbieten zu können.

---

494 Güldenberg 1999, S. 533f. über Willke, außerdem Willke 1998b, S. 288 und 294
495 Willke 1998b, S. 297
496 Staudt et al. 1991, S. 17

*Menschen und Dinge verlangen verschiedene Perspektiven.
Es gibt manche, die man aus der Nähe sehen muss, um sie richtig zu beurteilen,
und andere, die man nie richtiger beurteilt,
als wenn man sie aus der Ferne sieht.*

FRANCOIS DE LA ROCHEFOUCAULD

6 Sechster Zugang: Innovation

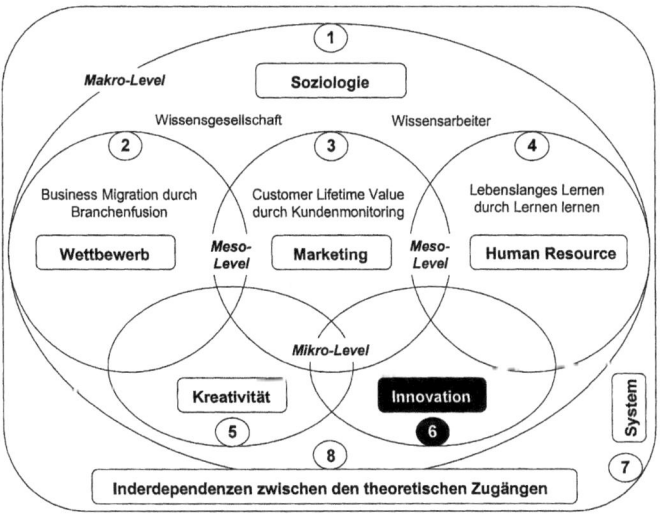

Abbildung 22: Der Zugang über die Innovationstheorien

Nachfolgende Ausführungen haben wie alle anderen theoretischen Zugänge die Aufgabe, ausgehend von begrifflichen Grundlagen den spezifischen Management-Ansatz herauszuarbeiten. Auf dieser Grundlage wird der Ursprung aller Innovationstheorien anhand der Schumpeter'schen Wachstumslehre dargestellt. Am Beispiel des idealtypischen Innovationsprozesses wird dieser theoretische Zugang beschrieben und mit dem Wissensmanagement in Verbindung gebracht. Letzteres geschieht am Beispiel der Identifikation von Wissen. Dabei geben ausgewählte empirische Studien aus der Innovationsforschung u. a. Aufschluss über die Relevanz von Wissen im Innovationsmanagement.

6.1 Begriff und Bedeutung der Innovationstheorie

Die herausragende Bedeutung von Innovationen als Erfolgsparameter - insbesondere in hochentwickelten Ländern[497]- wurde bereits in den vergangenen theoretischen Zugängen, insbesondere aber im wettbewerbstheoretischen Zugang, dargestellt. Man spricht daher auch vom Innovationswettbewerb, der sogar so weit gehen kann, dass durch Innovationen im Hyperwettbewerbsgeschehen nicht nur ursprüngliche Branchengrenzen verschwinden *(Business Migration)*, sondern auch neue Branchen entstehen und alte schrumpfen bzw. verschwinden.[498]

Jedes Unternehmen, das im Wettbewerb bestehen und neue Märkte erschließen will, muss seine Wertschöpfung bewusst und systematisch erneuern. Dies scheint von den Unternehmen mittlerweile erkannt worden zu sein. Schon empirische Untersuchungen von vor 10 Jahren belegen, dass 90 Prozent der befragten Top-Manager davon ausgehen, dass Innovationen für ihr Unternehmen in den nächsten Jahren eine größere bzw. sehr viel größere Rolle spielen werden. Das Thema und die Diskussion um Innovationen ist offenbar nach wie vor hochaktuell.[499] Mit dem Begriff der Innovation ist es ähnlich wie mit dem der Kreativität - in beiden Fällen handelt es sich gleichermaßen für die einen um attraktive Modevokabeln, für die anderen um längst überstrapazierte Reizwörter. Schon aus diesem Grund erscheint es zweckmäßig, zunächst begriffliche Abgrenzungen vorzunehmen.[500]

Der Begriff der *Innovation* (lat. innovare = erneuern) wurde durch Vertreter unterschiedlicher Fachrichtungen untersucht, was letztlich den etymologisch eindeutigen Wortursprung ausdifferenziert hat. Das Wesen der Innovation ist histo-

---

497 Strehl et al. 1980, S. 24
498 Heuskel 1999, S. 32ff. sowie Specht 1992, S. 548
499 Corsten 1989, S. 44. Bemerkenswerterweise zeigt sich hier, dass die Innovationsforschung teilweise immer wieder mit denselben Fragestellungen zu denselben Ergebnissen gekommen ist, auch wenn sich die Zeitepochen sehr stark voneinander unterscheiden.
500 Staudt 1985, S. 486. Es besteht in der Fachwelt bis heute keine Einigkeit darüber, was „neu" bedeutet.

risch aufs Engste verbunden mit der Person Schumpeter.[501] Dieser ordnet dem Begriff all das zu, was mit der Herstellung neuer Produkte verbunden ist und zu einer „schöpferischen Zerstörung" überkommener Strukturen beiträgt.[502] Aus dieser Sichtweise resultierten zwei Interpretationen von Innovation. Der prozessuale Innovationsbegriff umfasst das Geschehen der Erneuerung von der Idee bis zur Markteinführung (Schumpeter-Sicht).[503] Der objektbezogene Innovationsbegriff hingegen hebt auf den Gegenstand der Neuerung (eine neue Idee, ein neues Produkt, ein neues Verfahren oder eine neue soziale Verhaltensweise) ab. Die Vertreter dieser Sichtweise verweisen häufig auf den US-amerikanischen Innovationsforscher Rogers, nach dem „innovation an idea, practice, or object that is perceived as new by an individual or other unit of adoption." ist.[504] Ähnlich versteht Barnett jeden neuen Gedanken, jedes neue Verhalten und Ding, das sich qualitativ vom Bestehenden unterscheidet, als Innovation.[505] Die wichtigsten Wesensmerkmale von Innovationen sind folgende:

- Der subjektive Neuigkeitsgrad, d. h. aus der Sicht des Anbieters, nicht des Nachfragers,[506]

- die Neuigkeit wird in eine ökonomische Nutzungsanwendung/Verwertung übergeführt,[507]

- der Komplexitätsgrad ist nicht begriffsbestimmend, d. h. nicht nur die viel zu seltenen revolutionären, sondern auch die viel häufigeren evolutionären Neuerungen sind Innovationen ex definitione,[508]

---

501 Jordan/Lenz 1995, S. 168f. Joseph A. Schumpeter (1883-1950), österreichisch-amerikanischer Nationalökonom und späterer Harvard-Professor. Er erklärte Konjunkturzyklen im Kapitalismus nicht durch äußere Faktoren (beispielsweise Missernten, Naturkatastrophen), sondern durch technologische Neuerungen und unternehmerisches Kapital. Unter „Innovation" verstand er jede denkbare Veränderung durch neue Produkte, Produktions-/Vertriebsmethoden oder Absatzmärkte. Der Erfolg hängt von der Durchsetzbarkeit am Markt ab, wobei der Wettbewerb zu Anschlussinnovationen veranlasst werden kann (beispielsweise Erfindung des Motors). In seinem Verständnis verfüge ein echter Unternehmer über schöpferische Kraft gepaart mit Mut, Neuland zu betreten. Aus der zunehmenden Bürokratisierung des Kapitalismus heraus prognostizierte er den unausweichlichen Übergang zum planwirtschaftlichen Sozialismus, in dem bezahlte Manager von Wirtschaftsgiganten Kleinunternehmer verdrängen.

502 Schumpeter 1950, S. 137f.
503 Schwer 1985, S. 5
504 Rogers 1983, S. 11 sowie Hörschgen 1993, S. 193f.
505 Barnett 1953, S. 7
506 Hinterhuber 1975
507 Thomas 1989, S. 82

- die Unsicherheit bezüglich Kosten, Zeit, Ergebnis, Nützlichkeit,[509]
- die Neuerung muss auf gezieltem F&E-Management aufbauen.[510]

Bereits ein Vergleich zwischen dem modernen und dem früheren Innovationsverständnis unterstreicht die Bedeutung eines konsequenten Wissensmanagements (vgl. Tabelle 11). Das traditionelle Verständnis, in dem radikal-revolutionäre Veränderungen dominierten, hat sich in der modernen Interpretation dahingehend geändert, dass auch inkremental-evolutionäre Neuerungen von Bedeutung sind. Dieses Verständnis trägt auch der Anforderung Rechnung, immer engere Beziehungen zum Konsumenten im Sinne eines Prosumenten aufzubauen, also der „Verschmelzung" von Konsument und Produzent.

Merkmal	Innovationsverständnis „alter Art"	Innovationsverständnis „neuer Art"
Effekt	Kurzfristig und dramatisch	Langfristig und andauernd, aber undramatisch
Tempo	Große Schritte	Kleine und große Schritte
Protagonisten	Wenige Auserwählte (Geschäftsleitung und Stabsstellen)	Jeder Firmenangestellte, funktionsübergreifende Organisation
Vorgehensweise	Individuelle Ideen und Anstrengungen, „Ellbogenverfahren"	Teamgeist, Gruppenarbeit und systematisches Vorgehen
Devise	Abbruch und Neuaufbau	Erhaltung, Verbesserung und Neuaufbau
Art der Mitarbeiter	Spezialisten	Generalisten

---

508 Boehme 1986, S. 12
509 Corsten 1989, S. 3
510 Albach 1991a, S. 46. Hier stellt sich allerdings die berechtigte Frage auf, ob heute die Innovationen vieler KMU's tatsächlich auf einer etablierten F&E-Abteilung beruhen oder ob es sich hier mehr um kreativ-intuitiv und zufällig ausgewählte Ideen handelt. Auf der anderen Seite fördert diese Auffassung auch die Etablierung eines systematischen Innovationsmanagements in KMU's.

Feedback	Eingeschränkt	Umfassend und intensiv
Wissensaustausch	*Geheim und intern*	*Öffentlich und gemeinsam*

Tabelle 11: Altes und neues Innovationsverständnis[511]

Eine „Invention" ist von der oben definierten Innovation zu unterscheiden. Invention[512] beschränkt sich auf den Prozess der Wissensfindung bzw. der erstmaligen technischen Realisierung, ohne welche die umfassendere Innovation, die eine erstmalige wirtschaftliche Anwendung beinhaltet, freilich nicht möglich ist.[513] Die Unterscheidung ist insofern bedeutsam, als das betriebswirtschaftliche im Gegensatz zum ingenieurwissenschaftlichen Interesse nicht nur auf die Verbesserung der Wissensgenerierung, sondern auch auf die Optimierung der Wissensverwertung gerichtet sein muss.[514]

Speziell im Produktinnovationsprozess kommt es darauf an, Kundenwissen, Erfahrungswissen, Branchenwissen, Produktwissen und natürlich Wettbewerbswissen möglichst effektiv und effizient miteinander zu verknüpfen und vor allen Dingen umzusetzen, sprich auf den Markt zu bringen.[515] Servatius bestätigt, dass ...

> Wissen der einzige Produktionsfaktor ist, der sich bei Gebrauch vermehrt. Wenn beispielsweise ein Beratungsunternehmen Wissen publiziert, so ist dies immer auch ein Angebot an potenzielle Klienten." Weiter gibt Servatius zu bedenken, dass es im internationalen Wettbewerb immer schwieriger wird, nennenswerte Qualitätsvorteile dauerhaft zu erhalten. Der Wissensaustausch innerhalb der Unternehmen und zwischen den Partnern hingegen ist eine Innovationsquelle, die nie versiegt. Leider hat man in der Vergangenheit häufig die Bedeutung der individuellen Kreativität des einzelnen Mitarbeiters, Kunden oder Lieferanten unterschätzt. Die Summe dieses Wissens bildet ein ungeheures Potenzial. Und dieses Potenzial müssen wir systematischer nutzen als bislang.[516]

Was nun die qualitative Ausprägung der *Innovationsarten* angeht, so hat sich die Unterscheidung in Produkt-, Prozess-, Sozial- und Strukturinnovationen eingebürgert:

---

511 In Anlehnung an Bullinger 1994, S. 37
512 hierzu insbesondere Kapitel 5 zum kreativitätstheoretischen Zugang.
513 Vahs et al. 1999, S. 42
514 Leder 1989, S. 6 und Schmidt 1991, S. 4
515 Ohlhausen et al. 2002, S. 36
516 Servatius 1998, S. 9

Bei der *Produktinnovation*[517] steht das Leistungsprogramm eines Unternehmens im Vordergrund. Daraus resultiert eine Veränderung des Sachziels nach der Art, der Menge oder/und dem Zeitpunkt der einzuführenden Produkte/Dienstleistungen. Im Mittelpunkt von Produktinnovationen stehen häufig technologische Neuerungen, weshalb inhaltsgleich auch von technologischen Innovationen gesprochen wird. Produktinnovationen können zu einer Neugestaltung des Wettbewerbs beitragen (sog. Innovationswettbewerb).

Unter *Prozessinnovationen*[518] versteht man Verfahrensinnovationen, die auf eine Änderung des Arbeitsprozesses zielen, was auf eine Neukombination der Produktionsfaktoren hinausläuft. Denkbar sind beispielsweise neue Arbeitsplatz-Bewertungs- und Personal-Beurteilungsmethoden oder die Installation eines rechnergestützten Berichtsystemes. Ziel ist meist eine Erhöhung der Produktivität durch rationalisierte Produktionsabläufe oder eine Steigerung der Produktqualität (beispielsweise *Total Quality Management*).

Mit *Sozialinnovationen*[519] korrespondieren Veränderungen im Humanbereich, beispielsweise Maßnahmen der Personalentwicklung (Aus-, Weiter-, Fortbildung und Förderung von Mitarbeitern über Anreizsysteme u. ä.). Prozess- und Sozialinnovationen sind nicht immer sauber voneinander abzugrenzen.

Strukturinnovationen[520] beinhalten Änderungen in der Zuordnung der Teilaufgaben auf Aufgabenträger sowie Änderungen in den Autoritätsbeziehungen. Daran wird deutlich, dass Strukturinnovationen zumindest mit Prozess- und Sozialinnovationen, wenn nicht sogar mit jedweder Form von Innovation einhergehen.

In den Wirtschaftswissenschaften beschäftigt man sich bereits seit über sechs Jahrzehnten mit der Entwicklung von vielen Theoriesystemen des technologischen Wandels und der Innovation.[521] Im Vordergrund steht dabei die ökonomische Nutzung technischer Erfindungen. Nachfolgend soll „nur" auf die besonders wichtige Innovationstheorie nach Schumpeter[522] eingegangen werden, weil zum einen er als der eigentliche Pionier auf dem Gebiet der Innovationstheorie gilt und weil seine Theorie spätestens seit dem Umdenken in der Managementtheorie in Richtung *Entrepreneurship* seine Renaissance erfährt:

Im Zentrum früherer Arbeiten steht die Innovationstheorie Schumpeters, die richtungsweisend für die Theorie des Unternehmertums und des kapitalistischen

---

517 Gümbel 1980, S. 53 und Zahn 1986, S. 19
518 Thom 1980, S. 35
519 Gaugler 1974, S. 53 und außerdem Kapitel 4 zum Human Resource-Zugang.
520 Knight 1967, S. 482
521 vgl. Schumpeter 1050, Gaugler 1974, Hinterhuber 1975, Thomas 1989
522 Schumpeter 1950, S. 136ff.

Entwicklungsprozesses gelten kann. Die Erarbeitung und Durchsetzung von Neuerungen wird als zentrale Aufgabe des Unternehmers angesehen, denn Innovationen bieten die Chance, Wettbewerbsvorsprünge in Verbindung mit Monopolgewinnen und der Abschöpfung von Konsumentenrenten zu realisieren. Letztere basiert u. a. auf der geringeren Preiselastizität der Nachfrage, wenn alternative Angebote fehlen. In dieser Theorie geht man im Gegensatz zum Hyperwettbewerb[523] noch vom allmählichen Aufkommen von kostengünstigeren Nachahmer-Unternehmen aus. Schumpeter erkennt aber schon damals die Notwendigkeit, dass Pionierunternehmen frühzeitig wieder mit neuen Produkten auf den Markt kommen müssen, da früher oder später Nachahmer aufgrund attraktiver Gewinnaussichten auf den Plan gerufen werden. Innovationen fungieren in diesem Verständnis als der eigentliche Motor der wirtschaftlichen Entwicklung.

Es bleibt festzuhalten, dass dieser Ansatz zwar die volkswirtschaftliche Entwicklung gut beschreiben kann, hingegen aber die Innovationsprozesse im realen Unternehmen nur unvollständig nachzeichnet. Nicht das Zustandekommen, sondern die Auswirkungen von Innovationen werden thematisiert. Dieser Mangel war ein Grund für die Weiterentwicklung der modernen Innovationstheorie. Trotzdem kann momentan von einer Renaissance der Ideen Schumpeters gesprochen werden.[524]

Der Ruf des meistzitierten Ökonomen Schumpeter kann nicht darüber hinwegtäuschen, dass der Österreicher in Folge der Weltwirtschaftskrise ab 1929 zunächst wenig Beachtung fand. Insbesondere Keynes[525] mit seiner *„Theory of Employment, interest and money"* fand in dieser Zeit rasch Anhänger. Doch seitdem die keynesianische Nachfragesteuerung ihren Glanz verloren hat und der Frust über die gängigen Theorien zunahm, steht die Wachstumslehre von

---

523 vgl. Kapitel 2 zum Hyperwettbewerb um temporäre Wettbewerbsvorteile.

524 Dunkel 1998, S. 29f. sowie die Ausführungen über Schumpeter.

525 Jordan/Lenz 1995, S. 118f., ferner S. 64, 83, 165. John Maynard Keynes (1883-1946); englischer Volkswirtschaftler. Er brach mit dem Postulat der klassischen Nationalökonomie (vgl. Kapitel 2), die die Wirtschaft ausschließlich dem Markt überlassen wollte. Keynes forderte bei Arbeitslosigkeit staatliche Maßnahmen, um die Wirtschaft wieder anzukurbeln. Mit seinem epochalen Werk *„General Theory of Employment, Interest and Money"* (1936) revolutionierte er das ökonomische Denken des 20. Jahrhunderts. Ausgangspunkt seiner Analyse des Zusammenhangs zwischen Sparen, Investieren und Beschäftigung war die andauernde Arbeitslosigkeit in Großbritannien. Keynes sah die Ursache des Produktionsrückgangs in der zu geringen Nachfrage, die durch zusätzliche Staatsnachfrage (*defecit spending*) kompensiert werden soll, um so Einkommen und Beschäftigung wieder zu steigern. Damit wandte er sich gegen die sog. *„invisible hand"* der klassischen Nationalökonomen und damit auch gegen die *„Theorie der schöpferischen Zerstörung"* nach Schumpeter.

Schumpeter wieder hoch im Kurs. Mit dem Hinweis auf seine Theorie, temporäre Krisen als Teil der „schöpferischen Zerstörung"[526] des kapitalistischen Systems zu betrachten, prophezeite bereits Giersch[527] vor fast 15 Jahren ihn als Ökonom der 90er Jahre.

1986 wurde die *International Josef A. Schumpeter Society* mit 100 Volkswirten gegründet. Ihr Forschungsfeld lautet „evolutionäre Ökonomik" - alle zwei Jahre trifft sich der Expertenkreis, der inzwischen auf 418 Mitglieder aus 37 Ländern angewachsen ist. Über 60 renommierte Wissenschaftler und Nachwuchsökonomen stellen ihre Forschungsergebnisse vor. Zentrale Fragen lauten beispielsweise: „Sind Demokratie und Kapitalismus auf Dauer vereinbar", „welche Rolle sollte der Staat im nächsten Jahrhundert spielen" und „wie harmonieren Globalisierung, Fusionierung und Wettbewerb miteinander?"

Die inhärente Entwicklungsdynamik moderner Gesellschaften[528] kam in der neoklassischen Modellwelt überhaupt nicht vor, denn dort streben die Märkte stets einem allgemeinen Gleichgewicht[529] entgegen. Die Erkenntnis von Schumpeter, den technischen Fortschritt als Motor des Kapitalismus zu bezeichnen, erklärt aber noch nicht seine Entstehung.[530] Nach Meinung der selbsternannten *Neoschumpeterianer* hängt das Wohl der Gesellschaft von einzelnen kreativen Köpfen ab, die trotz aller Risiken die Lust an schöpferischer Tätigkeit nicht aufgeben. Wie nachhaltig und lebendig Schumpeters Pionierarbeiten aus den dreißiger Jahren für die unterschiedlichsten Forschungsrichtungen sind, zeigen die beiden Arbeiten der diesjährigen Schumpeter-Preisträger:

Der US-Ökonom Lichtenberg[531] beschreibt am Beispiel von Medikamenten die Zerstörungs- und Schöpfungskraft des dynamischen Wettbewerbs. Er untersucht für die USA, wie rasch neue Medikamente alte verdrängen, wie diese die Lebenserwartung verlängern und das Wachstum der Gesellschaft stimulieren. Den Wohlfahrtsgewinn dieser Innovationen taxiert Lichtenberg auf über 26 Milliarden Dollar - wenn jedes zusätzliche Lebensjahr eines Menschen der Gesellschaft 16217 Dollar wert ist. In seinen weiteren Arbeiten befasst sich Lichtenberg mit der Wirkung von neuen Technologien und untersucht, wie F&E die Produktivität von Firmen, Branchen und Volkswirtschaften verändert.

---

526 Schumpeter 1950, S. 134ff. und ders. 1987, S. 100
527 Herbert Giersch war zu dieser Zeit Präsident des *Kieler Instituts für Weltwirtschaft*.
528 vgl. Kapitel 1
529 vgl. Kapitel 2
530 vgl. vorangegangene Ausführungen zum Thema „*Schumpetersche Innovationstheorie*".
531 Frank Lichtenberg ist Professor für Betriebswirtschaftslehre an der *Columbia University*.

Der Japaner Aoki[532] enträtselt, wie Institutionen entstehen und sich verändern. Dabei stützt er sich vor allem auf die Spieltheorie:[533] Institutionen als Arrangements einer Gesellschaft. Ändert sich eine Spielregel,[534] bewegt sich die Volkswirtschaft von einem Gleichgewicht zu einem neuen - ähnlich dem Schumpeter'schen Evolutionsgedanken. Wie entscheidend die Wahl der Institutionen ist, führt Aoki am Beispiel der Asienkrise an. Ein anderes Untersuchungsthema von Aoki ist derzeit die Untersuchung von *Silicon Valley*. Können andere Länder, die Zugang zu den gleichen Technologien haben, *Silicon Valley* einfach kopieren?

Der Präsident der *Schumpeter-Gesellschaft*, Dennis Müller, räsonniert, dass eine Gesellschaft bereit sein muss, Personen wie Bill Gates ihren Reichtum zu gönnen (...).

6.2 Der Innovationsprozess aus der Wissensperspektive

Im Rahmen der Untersuchung wird von einem ganzheitlichen Innovationsverständnis ausgegangen, wie es *DaimlerChrysler*-Vorstand Zetsche am Beispiel der Etablierung des Ideenhaus-Ansatzes bereits 1995 ausführlich erläuterte:

> Innovation wurde lange nur als Neulancierung von Produkten und Technologien angesehen. Diese Interpretation greift zu kurz [...] Nur mit ganzheitlichem Innovationsmanagement lassen sich die Herausforderungen der Zukunft meistern.[535]

Abbildung 23 zeigt, dass Forschung und Entwicklung (F&E) und Technologiemanagement nur einen Teil des Innovationsmanagementprozesses darstellen. Der „vor-marktliche" Bereich einschließlich der Produktion ist nicht enthalten.

---

532 Masahiko Aoki ist Professor für Volkswirtschaftslehre an der *Stanford University*.
533 vgl. beispielsweise Friedman 1989. Die Spieltheorie stammt aus der Volkswirtschaftslehre und basiert auf der konstruierten Situation, wie sich zwei Gefangene, die gemeinsam ein Delikt begangen haben, beim anstehenden Verhör verhalten (Tat gestehen, Tat leugnen) sollen. Das Problem dabei ist, dass beide sich nicht vorher absprechen können, d. h. beide müssen die Entscheidung des anderen antizipieren bzw. ihre Entscheidung unter Risiko fällen. Das sog. *„Prisoner's Dilemma"* der Spieltheorie wurde inzwischen in seiner Konzeption und in seinen Anwendungen immer wieder erweitert, (beispielsweise Übertragung auf das Börsenwesen, auf die Evaluation von Preiskalkülen, auf die ordnungspolitische Kollusionsstabilität).
534 vgl. Kapitel 2
535 Zetsche 1996, S. 33

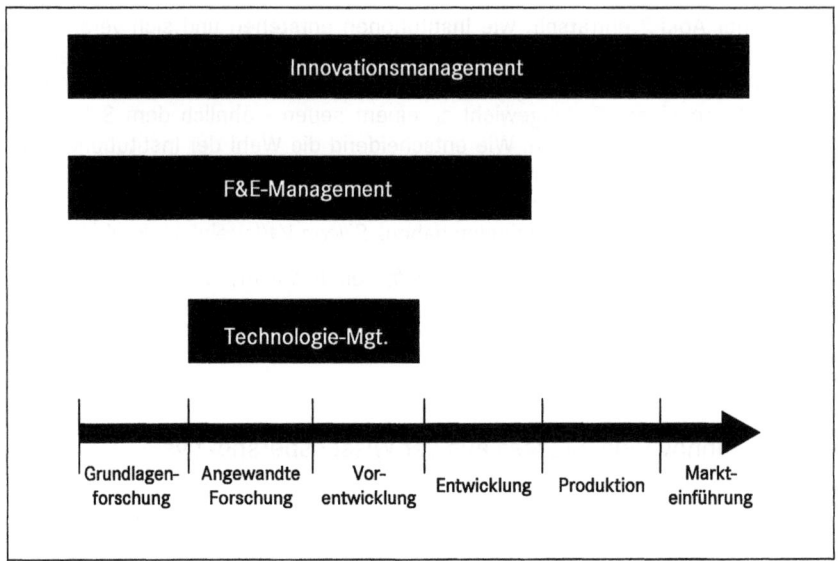

Abbildung 23: Reichweite des Innovationsmanagements[536]

Im Gegensatz zu Routineprozessen zeichnen sich Innovationsprozesse hinsichtlich ihrer Komplexität, ihrer Unsicherheit, ihres Neuigkeitsgrades und Konfliktgehalts aus.[537] Diese Tatsache steht in besonderem Maße mit der Wissensintensität im Innovationsprozess in Zusammenhang. Unter *Wissen* versteht Vahs die Fähigkeit, „die relevanten Handlungs- und Sachzusammenhänge zu erkennen und auftretende Probleme effizient und effektiv zu lösen."[538]

Abbildung 24 veranschaulicht, dass die „Halbwertszeit des Wissens", deutlich kürzer wird (Wissenswettbewerb).[539] Während das in der Schule erworbene Wissen erst nach etwa 20 Jahren zur Hälfte veraltet ist, sind EDV-Kenntnisse bereits nach zwei Jahren zur Hälfe obsolet und überholt.

---

536 Macharzina 1995, S. 600
537 Vahs et al. 1999, S. 49-55. Vgl. außerdem Kapitel 8 bezüglich der Interdependenzen zwischen Innovations- und Systemtheorie.
538 Vahs et al. 1999, S. 10; vgl. außerdem sehr viel ausführlicher in Götz/Schmid 2004 zum Phänomen Wissen und den Gestaltungsempfehlungen wissensintensiver Prozesse, außerdem den Band über die Wissensmanagement-Ansätze erfolgreicher Unternehmen.
539 Braun 1996, S. 73

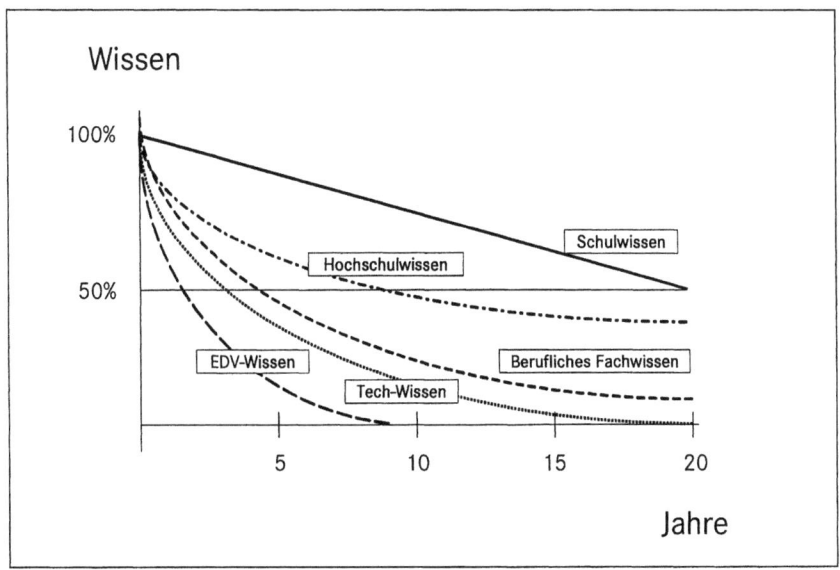

Abbildung 24: Halbwertszeiten des Wissens[540]

Die Besonderheiten der Wissensintensität haben freilich Auswirkungen auf den Innovationsprozess. Am Beispiel der Wissensidentifikation, einer der ersten Aufgaben zu Beginn eines Innovationsprozesses, soll hier kurz veranschaulicht werden, dass bereits die einseitige Konzentration auf Prozesse der Wissensentwicklung die wahren Ursachen vieler Innovationsprobleme, bedingt durch Wissensintransparenz in Großunternehmen im internen wie externen Umfeld, vernachlässigen.

Die echte Herausforderung besteht oft weniger in der Wissensgenerierung für die Neuentwicklung von Produkten als vielmehr in der Sichtung und Bewertung bereits vorhandener Problemlösungen innerhalb und außerhalb der organisationalen Wissensbasis. Unter letzterer versteht Romhardt

> sämtliche Wissensbestandteile, über die eine Organisation zur Lösung ihrer vielfältigen Aufgaben verfügt. Daten, Informationen und (stark kontext- oder personengebundenes) Wissen und Fähigkeiten müssen hierbei in ihren Verknüpfungen

---

540 Braun 1996, S. 74

betrachtet werden. Fähigkeiten können auf unterschiedlichen Emergenzebenen (Individuum, Gruppe, Gesamtorganisation) vorliegen und gestaltet werden.[541]

Innovation im Sinne von Wissensmanagement reduziert sich nicht in der Entwicklung neuer Produkte und Prozesse, sondern muss häufig auch die zielgerichtete und effiziente Identifikation bereits vorhandener Lösungen einbeziehen.

Dezentralisierung, Globalisierung, *Lean Management*, *Reengineering* und Fluktuation haben zweifellos die interne Wissensintransparenz besonders in Großunternehmen noch weiter erhöht. In diesem Zusammenhang spielen sog. Wissensnetzwerke eine ganz besonders elementare Rolle, denn dadurch begegnet man erfolgreich der Problematik verteilter Kompetenzen. In einem solchen Netzwerk sind die Rahmenbedingungen zwar klar festgelegt (beispielsweise Start, Zielsetzung, Teilnehmerauswahl, Ergebnis) – die Ausgestaltung der Zusammenarbeit wird aber innerhalb des Netzwerks festgelegt. Je nach Vorgehensweise kann es sich dabei um lockere Interessenverbände bis hin zu projektähnlichen Expertennetzwerken mit einem klaren Termin- und Ergebnisfokus handeln.[542] Ein wesentliches Element der Wissensidentifikation und des Wissenstransfers ist die Nutzung von Wissens-, Kompetenz- und Technologienetzwerken. Diese Netzwerke „können die Struktur verändern, sie in Unternehmenseinheiten aufteilen und die Verantwortungsbereiche verändern, aber das einzige, was ein Unternehmen zusammenhalten wird, sind seine Netzwerke", sagt David Jenkins: „Sie sind wesentlich für das Funktionieren des Unternehmens."[543]

Abbildung 25 veranschaulicht, dass die Identifikation von Fähigkeitsdefiziten und Wissenslücken den Ausgangspunkt für Maßnahmen des Wissenserwerbs und der Wissensentwicklung darstellt.[544] Die erfolgreiche Etablierung und Beherrschung des Innovationsprozesses wird teilweise auch als hinreichende Bedingung[545] für den Innovationserfolg dargestellt. Haller weist hier zurecht darauf hin, dass es nicht ausreicht, Mitarbeiter zur Entwicklung und Externalisierung impliziten Wissens, beispielsweise in Form von kreativen Ideen, aufzufordern, sondern dass im Interesse der immer wichtiger werdenden Unternehmenskultur ein Gefühl dafür erzeugt werden muss, dass das eigene Wissen an anderer Stelle auch wirklich gebraucht und weiterentwickelt wird.

---

541 Romhardt 1998, S. 108
542 Ohlhausen et al. 2002, S. 37f.
543 Jonash/Sommerlatte 2000, S. 127. Die Rede ist hier vom Unternehmen BP.
544 Romhardt 1998, S. 129
545 Haller 1997, S. 20. Als notwendige Bedingung für den Innovationserfolg werden hier kreative, am Kundennutzen orientierte Ideen genannt.

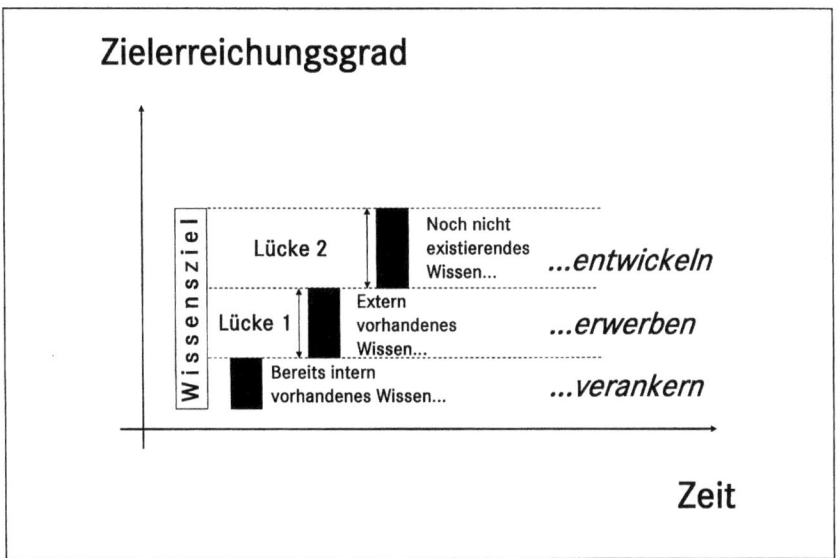

Abbildung 25: Maßnahmen zur Wissensidentifikation (Wissenstransparenz)[546]

Die oben beschriebene Wissensidentifikation steht am Beginn des Innovationsprozesses. Hierbei handelt es sich um eine Kombination mehrerer Ansätze einschließlich der Integration der Wissensperspektive.

---

546 Romhardt 1998, S. 129

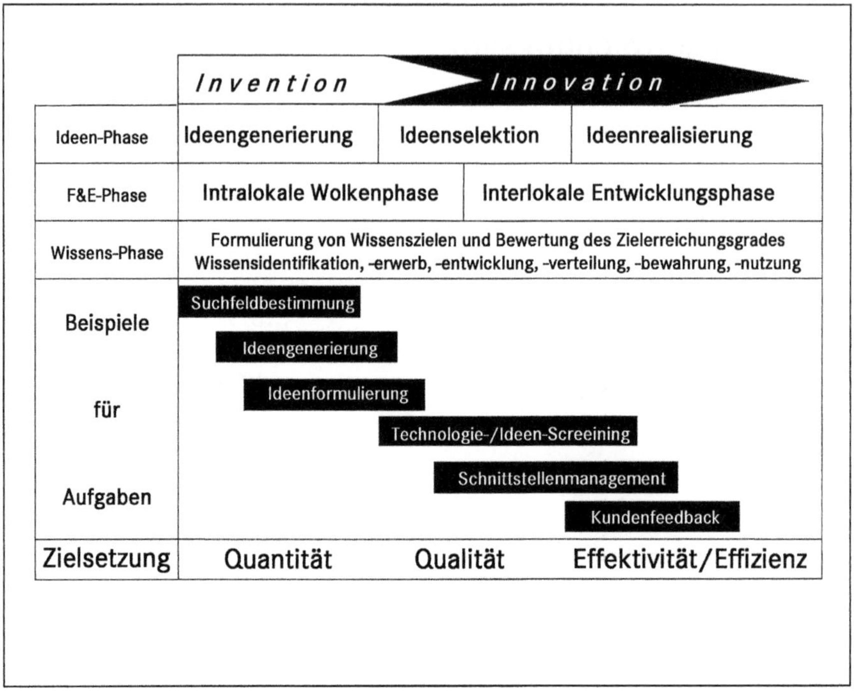

	Invention		Innovation
Ideen-Phase	Ideengenerierung	Ideenselektion	Ideenrealisierung
F&E-Phase	Intralokale Wolkenphase		Interlokale Entwicklungsphase
Wissens-Phase	Formulierung von Wissenszielen und Bewertung des Zielerreichungsgrades Wissensidentifikation, -erwerb, -entwicklung, -verteilung, -bewahrung, -nutzung		
Beispiele für Aufgaben	Suchfeldbestimmung Ideengenerierung Ideenformulierung	Technologie-/Ideen-Screeining Schnittstellenmanagement	Kundenfeedback
Zielsetzung	Quantität	Qualität	Effektivität/Effizienz

Abbildung 26: Der idealtypische Innovationsprozess im Lichte von Wissen[547]

Der Innovationsprozess wird in diesem Kapitel im idealtypischen Sinne dargestellt, weil im Rahmen der Innovationsforschung immer wieder bestätigt wurde, dass selbst für Unternehmen derselben Branche sehr unterschiedliche Phasenmodelle zur Anwendung kommen.[548] Darum folgert Vahs: „Je allgemeiner ein Innovationsprozess dargestellt wird, desto eher ist er auf die realen Gegebenheit übertragbar."[549]

---

547 In Anlehnung an Gassmann 1997, S. 27, Romhardt 1998, S. 107, Thom 1980, S. 53
548 Vahs et al. 1999, S. 82. Ganz davon abgesehen gehören unternehmensspezifische Innovationsprozesse en datail zu einem gutbehüteten Geheimnis jedes Unternehmens.
549 Thom 1980, S. 391ff.

6.3 Ausgewählte Ergebnisse aus der Innovationsforschung

Abbildung 27 veranschaulicht noch einmal die Bedeutung des bereits am Beispiel des Hyperwettbewerbsgeschehens dargestellten Zeitwettbewerbs und der oben geschilderten Abnahme der Halbwertszeit des Wissens. So hat beispielsweise die Entwicklungszeit einen erheblichen Einfluss auf den Ertrag eines Produkts. Wie die Abbildung 27 zeigt, ist die Ertragseinbuße bei einer Überschreitung der Entwicklungs- und Produktionskosten deutlich geringer als bei einer Verlängerung der Entwicklungsphase. Demzufolge können „*first-to-market-Unternehmen*" laut Sommerlatte über vier Jahre hinweg mit einer durchschnittlichen Kapitalrendite von 22,8 Prozent rechnen, während „*later-market-Unternehmen*" sich mit 17 Prozent begnügen müssen.[550]

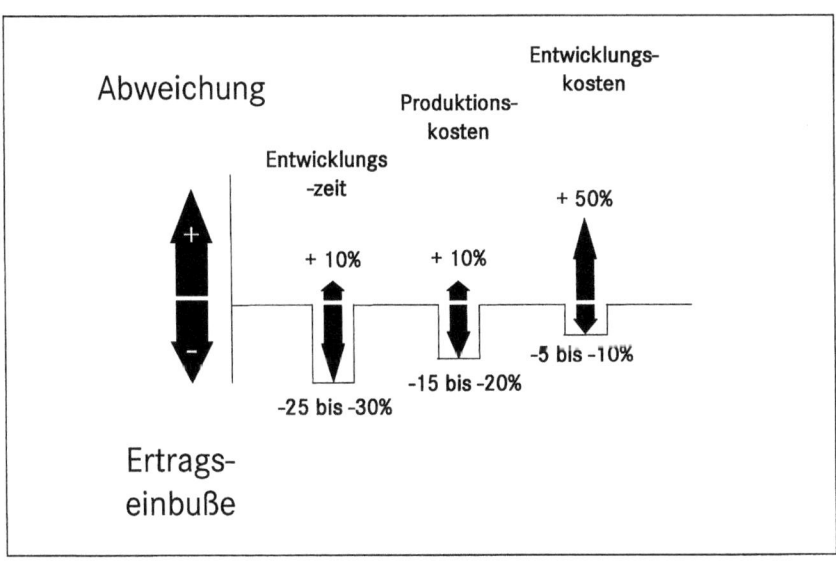

Abbildung 27: Entwicklungszeit als Haupteinflussgröße des Ertrags[551]

---

550 Sommerlatte 1991, S. 14. Bedenkt man, dass der Ertrag eines Produkts das Budget für Folgeinvestitionen mitbestimmt, so wird schnell klar, dass kurze Innovationszeiten einen wesentlichen Beitrag zum Fortbestand eines Unternehmens leisten.
551 Sommerlatte 1991, S. 13

Allerdings bedeutet die hier dargestellte Vorteilhaftigkeit für Pionierunternehmen nicht, dass die „first-to-market-Strategie" zwangsläufig zum Erfolg führen muss. Eine Studie[552] der *University of Southern California,* die in Zusammenarbeit mit der *New York University* erstellt wurde, bestätigt, dass so erfolgreiche Marktrenner wie *Nintendo, Fischer-Dübel, Ferrero* u. a. „nicht die Regel, sondern die Ausnahme sind. Meist sind die Pioniere arme Schlucker. Nicht die ersten am Markt und die Innovativsten gewinnen demnach, sondern die zweite Reihe."[553]

Auch wenn es hier um andere Branchen geht, so können gerade in der Automobilindustrie viele Beispiele genannt werden, die mit ähnlichen Problemen zu tun haben, beispielsweise wenn es um die Entscheidung geht, ein technisch machbares Produktmerkmal anzubieten, für das aber noch keine Kundenresonanz vorliegt, weil auch die Wettbewerber bisher damit gezögert haben. Fasst der eine Anbieter dann Mut, dann sind plötzlich ganz schnell sehr viele Wettbewerber auf den Plan gerufen und die spielen dann die Rolle des *„Fast Followers"* par excellence.

Ohne Zweifel bestätigen alle Unternehmen unisono den hohen und noch immer steigenden Stellenwert erfolgreicher Innovationen für den eigenen Wettbewerbserfolg. Ebenso zweifellos gibt es aber viel mehr als nur einen Weg zur Entwicklung und Vermarktung überdurchschnittlicher Innovationsleistungen.

Abschließend werden anhand der Ergebnisse aus der internationalen Innovationsforschung am Beispiel der viel beachteten, weltweit bei 669 Unternehmen durchgeführten Studie von *Arthur D. Little* besonders für den Innovationserfolg neuralgische Einflussfaktoren genannt. Die vier Haupterkenntnisse dieser umfassenden Studie lauten:[554]

1. Unternehmen räumen Innovationsleistungen einen hohen strategischen Stellenwert ein, aber nur wenige sind der Ansicht, derzeit effektive Innovatoren zu sein.

---

552 Die beiden Professoren Gerard Tellis *(University of Southern California)* und Peter Golder *(New York University)* warnen davor, in der Pionierrolle eine automatische Garantie für Erfolg zu sehen. Die verbreitete Angst, alte Märkte zu kannibalisieren, hält die eigentlichen Pioniere oft davon ab, neue Märkte zu erschließen. Erfinder Konrad Zuse hat sich den Computer von *IBM* wegnehmen lassen, u. a. weil er die völlig falschen Kunden angesprochen hat. Ähnlich ist es dem Telefax-Erfinder Hell mit *Siemens* gegangen: Auch dort zögerte man, weil man das eigene Geschäft mit Fernschreibern nicht angreifen wollte – dies war die Chance für die Japaner, in die Presche zu springen und das Fax weltweit zu verbreiten.
553 Hoffritz 1996, S. 128f.
554 Jonash/Sommerlatte 2000, S. 153f.

2. Die zwei auffälligsten Hindernisse, die heute Innovationen im Wege stehen, sind die fehlende Ausrichtung innovativer Aktivitäten an der Unternehmensstrategie und die Ineffektivität der Innovationsprozesse.
3. Sechs Erfolgsfaktoren sind für die Verbesserung der innovativen Leistung am wichtigsten.
4. Innovative Leistungen sind messbar und Unternehmen, die sie einer Bewertung unterziehen, erreichen das höchste Maß an Wertschöpfung.

Ein weiterer interessanter Aspekt der Studie ist der Vergleich zur bereits 1991 von *Arthur D. Little* durchgeführten Studie, da es teilweise zu Schwerpunktverlagerungen gekommen ist. Nachfolgend werden die vier Hauptkenntnisse mit Einzelergebnissen unterlegt:[555]

1. Das größte Problem besteht in der effektiven Beschaffung der benötigten Informationen und des erforderlichen Wissens, Entscheidungen über neue Ideen zu treffen (47 Prozent der Nennungen).
2. Die Analyse von Ideen, um zu identifizieren, welche am vielversprechendsten sind und damit Ressourcen für die Innovation mit der höchsten Priorität bereitzuhalten.
3. Sicherstellen, dass innovative Aktivitäten deutlich innerhalb der strategischen Visionen des Unternehmens ausgeübt werden.
4. Das Management von Produkt-, Dienstleistungs- und Prozessentwicklungsprojekten im Rahmen der gegebenen Zeit- und Budgetvorgabe und das Ganze mit hoher Qualität.
5. Das Aufspüren und Hervorbringen neuer Ideen aus Produkten, Dienstleistungen, Prozessen oder neuen Wegen, um Geschäfte zu tätigen.

Es fällt auf den ersten Blick auf, dass gerade die mit der höchsten Problematik versehenen Innovationshürden eine besonders hohe Wissensbasierung aufweisen und von daher das erfolgreiche Management von Wissen hohe Relevanz aufweist.

Bezüglich der dritten Erkenntnis werden nachfolgend die sechs von *Arthur D. Little* identifizierten Erfolgsfaktoren genannt und kurz erläutert:[556]

---

555 Jonash/Sommerlatte 2000, S. 163ff.
556 Jonash/Sommerlatte 2000, S. 169ff.

1. Die klare Unterstützung seitens des Topmanagements, d. h. breiter und über die Hierarchien abgestimmter Konsens über langfristige Investitionen in ausgewählte und favorisierte Technologie-Projekte: *Kurze Leine statt lange.*

2. Die Position des auf Topmanagement-Niveau angesiedelten F&E-Entscheiders, d. h. Favorisieren von auf Geschäftsbereichen basierenden Entwicklungszentren: *Dezentralisierung vor Zentralisierung.*

3. Erfahrene Manager und Führungskräfte, d. h. eine klare Absage an die in den letzten Jahren immer beliebter gewordene Verjüngung des Managements, oft in Begleitung von Frühpensionierungen: *Erfahrungswissen statt schneller Karriere-Aufstieg.*

4. Räumliche Nähe der Marketing- und der technischen Abteilungen, d. h. enger und intensiver Wissenstransfer zwischen den Leuten, die wissen, was möglich ist und denjenigen, die wissen, was nötig ist: *Kommunikation statt Konfrontation.*

5. Nahtlose und ertragsorientierte Innovationsprozesse, damit Informationen und Wissen reibungslos und wertorientiert zwischen einzelnen Funktionen, Gruppen und Ebenen fließen können: *Teamleistung statt Abteilungsdenken.*

6. Vorgehensweisen für die Erzeugung von Visionen und Ideen, d. h. konsequente Annäherung an und Konkretisierung von Innovationschancen: *Viele Wege – ein Ziel.*

Bei der vierten und der letztgenannten Haupterkenntnis muss an dieser Stelle auf die Literatur verwiesen werden, denn es gibt eine ganze Reihe von Verfahren zur Innovationserfolgsmessung.[557] Umso frappierender ist es, dass weniger als 50 Prozent der Befragten weltweit Messverfahren zur Beurteilung von Innovationsleistungen einsetzen, denn diejenigen Unternehmen, die solche Verfahren einsetzen, haben „größere Chancen, zu der Gruppe zu gehören, die keine oder nur geringe Dienstleistungs- oder Produktinnovationslücken aufweist."[558]

Zur Überwindung von Erfolgshürden bzw. zur Realisierung der soeben genannten Erfolgsfaktoren empfiehlt die Innovationsforschung u. a. folgende Methoden:[559]

---

557 Jonash/Sommerlatte 2000, S. 174-183
558 Jonash/Sommerlatte 2000, S. 174
559 Specht et al. 2002, S. 3

- Kreativitätstechniken (Brainstorming, morphologischer Kasten etc.)
- Prognosetechniken (Delphi-Methode, Szenariotechnik etc.)
- Koordinationstechniken (Netzpläne, interfunktionale Teams etc.)
- Analyse-, Planungs- und Kontrolltechniken (Audits, Reviews etc.)
- Führungstechniken („Management by objectives" etc.)
- Informationstechniken (E-Mail, Datenbanken etc.)
- Bewertungstechniken (Punktbewertungsverfahren, Portfolio etc.)
- Konstruktionstechniken (CAD, Finite Elemente etc.)
- Prüftechniken (Fehleranalysen, Simulationen etc.)

Mit diesen Ausführungen rückte nun die besondere Wissensrelevanz des Innovationsprozesses in den Vordergrund. Dieser Nachweis wurde insbesondere im Zuge der Modernisierung des Innovationsverständnisses, des idealtypischen Innovationsprozesses und am Beispiel der Wissensidentifikation erbracht.

In einem Exkurs wird ein in der Wissensmanagement- und Innovationsmanagement-Literatur weniger häufig untersuchtes Phänomen in übersichtlicher Form dargestellt. Das Thema Technologietransfer und die Umsetzung von Patentwissen wurde bereits in der Status quo-Analyse im Rahmen der Managermagazin-Agenda angesprochen: Unabhängig davon sollte aber in einem *Knowledge Management Tool Guide* für den Innovationsprozess das Thema Patentmanagement schon deshalb auf keinen Fall fehlen, weil hier in der Unternehmenspraxis noch erheblicher Nachholbedarf besteht und gerade Wissensmanagement hier sehr wertvolle Optimierungspotenziale bereitstellen kann.

6.4 Exkurs: Anwendung von Wissensmanagement bei Patenten

Die Bedeutung geistigen Kapitals wurde bereits im Rahmen der Erörterung über intellektuelles Kapital hervorgehoben. Nachfolgend soll nun am Beispiel des strategischen Patentmanagements ein typischer Anwendungsfall praktizierten Wissensmanagements in der frühen Phase des Innovationsprozesses vorgestellt werden. Generell gibt ein Patent seinem Inhaber die zeitlich und räumlich begrenzte Möglichkeit, eine Erfindung alleine zu verwerten. Um ihre Marktmacht zu vergrößern, unterhalten Unternehmen nicht selten hunderte oder sogar tausende von Patentportfolios. Nach § 1 des deutschen Patentgesetzes werden

Patente für Erfindungen erteilt, die neu sind, auf einer erfinderischen Tätigkeit beruhen und gewerblich anwendbar sind.[560]

Zunächst aber einige Daten und Fakten zur volkswirtschaftlichen und strategischen Bedeutung von Patenten als Wissensquelle für künftige Innovationen und damit als Ansatzpunkt für Wissensmanagement:[561]

- Weltweit existieren zur Zeit etwa 50 bis 60 Millionen veröffentlichte Patente, jeden Tag kommen einige Tausend neue hinzu,

- 80 Prozent aller publizierten technischen Resultate erscheinen nur in Patentform,

- das deutsche Patentamt schätzt, dass die deutsche Wirtschaft Jahr für Jahr einen zweistelligen Milliardenbetrag ausgibt, um Lösungen zu entwickeln, die prinzipiell bereits – etwa aus der Patentliteratur – bekannt gewesen sind,

- Viele moderne Produkte (beispielsweise aus dem Multimedia- und e-commerce-Bereich) enthalten eine Vielzahl sehr unterschiedlicher Technologien. Im Falle von Multimedia ist das beispielsweise PC-Technologie, Übertragungstechnik und Unterhaltungselektronik. Erfolgreiche Unternehmen, die in einem solchen Markt aktiv sind, müssen daher oftmals notwendigerweise aktuelles Wissen extern beschaffen.

Spätestens nach diesen Fakten stellt sich die berechtigte Frage, ob denn Wissensmanagement geeignete Ansätze und Instrumente anbieten kann, die den effektiven und effizienten Umgang mit dieser ganz offensichtlich wertvollen Wissensquelle unterstützen.

Einige Indizien bestätigen schon seit längerem die Missstände bzw. Diskrepanzen zwischen der Erkenntnis, dass Patentmanagement einerseits wichtig ist, andererseits aber in der Realität ein viel zu wenig systematisches Management von Patentwissen erfolgt:[562]

- in Europa nutzen die Unternehmen aktiv vor allem die Schutzfunktion von Patenten; hingegen setzt man Patente als Informationsquelle, beispielsweise außerhalb von Pharmazie und Chemie, kaum ein,

- kleine und mittlere Unternehmen nutzen Patente kaum als Wissensquelle, obwohl doch viele öffentliche Initiativen und Institutionen einen relativ einfachen und raschen Zugriff auf externes, praktisch nutzbares Wissen erlauben,

---

560 Faix 2000, S. 45
561 Faix 2000, S. 44ff.
562 Faix 2000, S. 44ff.

- nicht einmal beim Kauf eines Unternehmens wird seine Patentsituation genauer unter die Lupe genommen.

Um die Argumentation für den Einsatz von Wissensmanagement zur Umsetzung von Patenten möglichst perfekt zu machen, folgt eine kleine Auswahl von Vorteilen, die sich aus einer systematischen Patentnutzung ergeben:

- Patentcluster zeigen Aktivitätsschwerpunkte von Firmen und erlauben Rückschlüsse auf Technologiestrategien,

- Analysen und Erfinderdaten zeigen rasch die wichtigsten Know-how-Träger von Unternehmen; Informationen, die etwa bei M&A Aktivitäten verhindern, dass man Assets kauft und die aktivsten Forscher doch nicht übernehmen kann,

- Hinweise auf den Stand der Technik zeigen die Ursprünge und die Führerschaft in einer Technologie,

- Einfache Eintritts-/Austritts-Graphiken in spezifischen Gebieten geben Aufschluss über die Aktualität einer Technologie und erleichtern dadurch „Make-or-Buy"-Überlegungen,

- Die sinnvolle und systematische Spiegelung von Aufgabenstellungen, Herausforderungen (Problemwissen) der etablierten kleinen, mittleren und großen Unternehmen mit dem Erfinder- und Patentwissen (Lösungswissen) könnte in der Vielzahl von Fällen auch zu einer Förderung von Existenzgründern führen und würde eine wohltuende Abkehr vom beliebten Venture-Capital-Gießkannenprinzip darstellen.

Der Aufbau von Patentdokumenten ähnelt sehr der Struktur einer wissenschaftlichen Arbeit:[563] Nach einer allgemeinen Themenformulierung folgt die Darstellung des Status quo. Der Nachweis einer wissenschaftlichen Lücke wird mit der Kritik am Status quo erreicht. Damit kann das Problem formuliert werden. Anschließend wird die Lösung dargestellt und meist anhand von mindestens einer Fallstudie überprüft. Insofern lassen sich die generischen Strukturkomponenten eines Patents durchaus als Träger spezieller technischer Wissenskomponenten betrachten.

---

563 Boutellier et al. 2000, S. 349 ff.

Aufgaben- und Lösungsnennung	Technische Lösung für technisches Problem
Strukturkomponente des Patentdokuments	Technischer Informationsgehalt
Darstellung des Technikstandes	Welche bisherigen Lösungen gibt es? Wie machen es die Wettbewerber?
Würdigung des Standes der Technik	Welche Probleme hat die Technologie?
Patentansprüche (spezieller Hauptanspruch)	Generelle technologische Anregungen, Ideen
Unteransprüche, Beschreibungsteil	Anwendungsgebiete, Einsatzbereiche, Alternativen der Technologie
Beschreibung der Ausführungsbeispiele und Figuren (Gesamt- bzw. Teilansichten)	Wie geht es genau? Details, konkreter Aufbau, Wirkungsweise der Technologie

Tabelle 12: Beispiele für technisches Wissen in Komponenten eines Patentdokuments[564]

Vor diesem Hintergrund bildet die öffentlich zugängliche Patentliteratur durch ihren gesetzlich vorgesehenen Informationszweck einen einzigartigen Fundus an technischem Wissen. Da aber der Verfasser einer Patentschrift (beispielsweise Patentanwalt) primär den Schutzaspekt bei der Beschreibung verfolgt, erscheint der nutzbare, technische Wissensgehalt oft versteckt hinter einer juristisch geprägten Sprache und ist gerade für Nicht-Patentfachleute schwer verständlich. Die wesentlichen Informationen befinden sich meist zwischen den Zeilen bzw. liegen latent vor.

Hinzu kommt die Tatsache, dass Verfasser bzw. Erfinder sowie Leser einer Patentschrift sich meist nicht kennen – oft stammen sie sogar aus verschiedenen Kulturkreisen und verfolgen fast immer völlig verschiedene Zielsetzungen bzw. ihre Motive liegen denkbar weit auseinander: Der Patentinhaber will sein Wissen schützen, der Patentleser möchte sein Wissen erweitern. Akzeptanzprobleme des Mediums „Patentdokument" sind die Folge. Boutellier stellt hierzu Folgen-

---

564 Boutellier et al. 2000, S. 358

des fest: „Erstaunlicherweise wissen selbst F&E-Mitarbeiter oft nicht, wie man eine Patentschrift zeitsparend und dennoch nutzbringend liest. Technische Fakten genügen nicht, Erfahrungshintergrund, subjektive Erwartungen und damit zusammenhängende Wertvorstellungen eines Lesers schaffen erst die Basis für Verständnis."[565] Insofern erscheint es unter dem Aspekt effizienten Wissensmanagements nicht nur vernünftig, sondern auch notwendig, verschiedene Patentlesestrategien zu entwickeln, um so die persönlichen Hemmschwellen abzubauen und die Akzeptanz für Patente und deren Bedeutung als wertvolle Wissensträger zu erhöhen.

Mit den Patentlesestrategien korrespondieren spezielle Informationsinteressen zum einen und Persönlichkeitsmerkmale des Lesetyps zum anderen (richtet sich nach Berufserfahrung und Ausbildungsniveau). Dieser Lesetyp sollte bestimmend für das zu erwartende Verständnis des Interessenten bezogen auf den technischen Inhalt des Dokuments sein, um so seinen eigenen Informationsnutzen zu optimieren. Zu diesem Zweck kann auf geeignete Strukturkomponenten des Patentdokuments selektiv zugegriffen werden.

Strategie	*Ziel/Interesse*	*Vorgehen beim Lesen*
Einstieg verkürzt	geringer Zeitaufwand	Titel und Betreff, dann Studium des ersten Ausführungsbeispiels, dann Stand der Technik mit Würdigung
Einstieg normal	schneller Einstieg in Technologie	Titel, Betreff Erstes Ausführungsbeispiel in Beschreibung (mit Figur) Stand der Technik, Problem, Aufgabe, Lösung (Abbruch möglich) Beschreibung, weiterlesen für weitere Lösungen/Alternativen
Hintergrund	Überblick über Stand der Technik	Titel/Abstract Hauptanspruch Patentdokument von Anfang an, Betreff, Stand der Technik, Würdigung, Aufgabe, Lösung (Abbruch möglich) Bei Interesse noch Ausführungsbeispiel(e)

---

565 Boutellier et al. 2000, S. 360

Anregung (verkürzt)	Bei nur begrenztem Verständnis für Technologie	studieren, ggf. punktuell anhand der Figuren ausgewählt
		Titel, Abstract, dann Durchsicht der Ausführungsbeispiele anhand der Figuren, bei konkretem Interesse punktuelles Nachlesen der jeweils zugehörigen Beschreibung.
Anregung	Gewinnung von Ideen für ähnliche Problemstellungen	Titel, Abstract
		Stand der Technik, Würdigung, Aufgabe
		Lösung (Hauptanspruch) mit Diskussion der Vorteile in der Beschreibung
		Kurze Durchsicht der Ausführungsbeispiele anhand der Figuren, bei konkretem Interesse punktuelles Nachlesen der jeweils zugehörigen Beschreibung
Lösungsidentifikation	Erhalten einer konkreten Lösung für eine spezielle Aufgabe	Titel, Betreff, Abstract
		Stand der Technik mit Würdigung kurz überfliegen
		Aufgabe mit Lösung (Hauptanspruch) gründlich studieren, ggf. zugehöriges Ausführungsbeispiel zum besseren Verständnis heranziehen
		Bei konkretem Interesse nachfolgende Unteransprüche studieren
Umsetzung	Informationen über konkrete praktische Vorgehensweisen bei der Realisierung einer technischen Lösung	Titel und Abstract
		Beschreibung der Ausführungsbeispiele im Detail
		anhand der Figuren und der zugehörigen Beschreibung studieren, ggf. vorherige Auswahl geleitet durch Abfolge der Figuren

Tabelle 13: *Lesestrategien zum effizienten Erschließen eines Patentdokuments*[566]

---

566 Boutellier et al. 2000, S. 367

Nach dem hier erfolgten Nachweis zur Wissensbasierung von Patenten einerseits und der unübersehbaren Komplexität bei der Nutzung von Patentwissen andererseits erscheint es sinnvoll, einen praktischen Ansatz zur Patentanalyse und -bewertung zu erläutern.

Eine ganzheitliche Patentportfolio-Analyse verfolgt das Ziel eines sinnvollen Umgangs mit Patentwissen. Das Verfahren hierzu betrachtet Patente als Objekte, die den Unternehmenserfolg

- direkt, aufgrund des Schutzes von Innovationen und/oder
- indirekt, beispielsweise aufgrund der Absatzförderung, die mit dem Verweis auf Patente in der Werbung für ein Produkt möglich ist

fördern können. Das Patentportfolio dient einem Unternehmen als Entscheidungshilfe, ob und wie patentpolitisch am besten vorzugehen ist. Der Ablauf umfasst generell folgende drei Schritte:[567]

(1) Erfassung der Patente bzw. Patentfelder des Unternehmens

Die Dokumentation der erteilten wie auch der erst angemeldeten Patente wird bei einer größeren Anzahl am besten durch Patentcluster bzw. Patentfelder erfasst. Ein Patentfeld kann sich beispielsweise auf eine bestimmte Erfindung beziehen oder alle Patente umfassen, welche die Erfindungen für ein bestimmtes Produkt des Unternehmens sichern.

(2) Ermittlung der Ist-Positionen durch Bewertung und Portfolio-Darstellung

Die Hauptkriterien der Bewertung sind folgende:

Attraktivität des Patentes, d. h. der inhaltliche Bezug (die Erfindung) steht hier im Vordergrund. Zuverlässige Indikatoren können beispielsweise folgende sein:

- Anzahl von Patentzitaten: Als Basispatente von hoher Bedeutung gelten Schriften, die einer Vielzahl anderer Patentanmeldungen im Rahmen der Patentprüfung entgegengehalten werden können.
- Die Abschätzung der Erträge im Zeitablauf (beispielsweise mit dem Ertragswertverfahren),
- Die Anzahl der Klassifikationssymbole: Lässt sich ein Patent in zahlreichen Sektoren anwenden, zeigt sich dies in einer größeren Vielfalt zugeordneter Patentklassen;

---

[567] Faix 2000, S. 45

Stärke des Patents, d. h. der rechtliche Bezug (das Schutzrecht) dient hier als Anknüpfungspunkt. Die Anzahl der im Patent enthaltenen Ansprüche bestimmen den Umfang des Patents, beispielsweise wenn eine wirksame Sperrfunktion gegenüber Konkurrenten realisiert werden kann. Während die Patentanmeldung bis zur Offenlegung (die nach spätestens 18 Monaten erfolgt) ungeschützt ist, genießt sie danach als unerteiltes Patent einstweiligen Schutz, der sich aber nur auf Entschädigungen von Benutzern der Erfindung bezieht. Erst mit der Patenterteilung entsteht Absicherung in vollem Umfang, d. h. abgesehen von der Drei-Monats-Frist sind nur noch Nichtigkeitsklagen möglich.

Die Stärke eines erteilten Patents ist vor allem dann hoch, wenn Alternativen zu der Erfindung durch Defensivrechte geschützt sind, so dass deren Umgehung schwierig ist. Hier spielen freilich ländertypische Abweichungen in den gesetzlichen Regelungen eine genau so wichtige Rolle wie die Fähigkeit und Bereitschaft eines Patentinhabers, die Rechtsstellung gegen Dritte erfolgreich zu verteidigen.

Auf Basis dieser beiden Dimensionen wird eine Patentportfolio-Matrix aufgebaut.

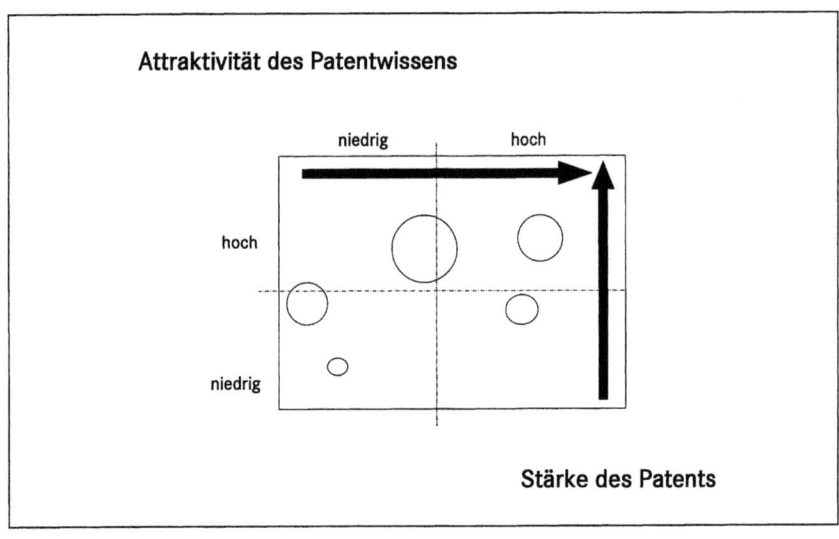

Abbildung 28: Patent-Portfolio-Matrix für Patentfelder[568]

---

568 Sommerlatte 1991, S. 13

Die Kreisdurchmesser sind zur Anzahl der in die Patentfelder einbezogenen Patente proportional. Zudem können unterschiedliche Kreisschattierungen verwendet werden, um ein weiteres Merkmal – wie die Existenz einer Auseinandersetzung in Form eines Einspruchs gegen ein Patent (eines Patentfeldes) – zu veranschaulichen. Die normale Bewegung eines Patents bzw. Patentfeldes folgt im Portfolio einem vom linken oberen Sektor über den rechten oberen Bereich bis zum rechten unteren Feld verlaufenden Pfad. Dieser Weg, der aber auch „gestört" sein kann, wird durch die Pfeile im Schaubild veranschaulicht. Fehleinschätzungen lassen sich freilich nicht ausschließen, da die Attraktivitätsbeurteilungen gerade in frühen Innovationsphasen unsicher sind. Wichtig ist aber, dass dieses Tool auch solche eventuell revidierten Einschätzungen visualisiert und in Beziehung zu anderen Patenten stellt.

Auf diese Weise ist eine Abschätzung darüber möglich, ob die Schutzrechtsaktivitäten eines Unternehmens ausgewogen sind und nicht beispielsweise vornehmlich gering attraktive Patente gehalten werden. Hinzu kommt, dass die Matrix für spezifische Situationen grundlegende Strategieempfehlungen systematisiert.

(3) Ableitung patentstrategischer Handlungsempfehlungen

(a) Erläuterung des Quadranten links oben

Patente im linken oberen Sektor sind schwach, aber hoch attraktiv, d. h. durch eine breite Anmeldung von Sperrpatenten, Gebrauchsmustern u. ä. ist die Stärke der dort befindlichen Patente rasch auszubauen. Gerade bei strategisch wichtigen Feldern sind Verzögerungen bei der Schutzrechtsanmeldung unbedingt zu vermeiden. Insofern ist die frühe Anmeldung von Patenten die bevorzugte Timing-Strategie. Ein Augenmerk sollte auf diejenigen Wettbewerberpatente gerichtet sein, welche die eigenen Aktivitäten beeinträchtigen. Die geringe Stärke der Patente in diesem Quadranten legt den Verzicht auf einen aggressiven Streit nahe.

(b) Erläuterung des Quadranten rechts oben

Die Patentpolitik sucht diese Stärken, die auch noch Basis gegenwärtiger Geschäftserfolge sind, zu erhalten und vor allem bei wichtigen Einzelpatenten durch Sperrpatente u. ä. auszubauen. Gegenüber (a) kann bei Angriffen von außen unbedenklicher eine Konfrontation erfolgen, da nur in begründeten Ausnahmefällen eine Kooperation erforderlich ist.

(c) Erläuterung des Quadranten rechts unten

Die Aktivitäten für Patente in diesem Bereich sind begrenzt, denn trotz ihrer Stärke sind die Patente kaum mehr attraktiv. Insofern haben Maßnahmen zum Positionserhalt (beispielsweise durch Anmeldung weiterer Patente) nur noch geringe Priorität. Die Aufrechterhaltung der erteilten Schutzrechte kann nun einem definierten Ende zugeführt werden, sofern es sich nicht um Kandidaten für Lizenzvergaben oder Verkäufe handelt. Die Abwehr von Angriffen gegen Schutzrechte erfolgt vorwiegend nach Maßgabe einer Anpassung, womöglich ist in einigen Fällen der Versuch einer Kooperation noch lohnenswert. Maßnahmen gegen Konkurrentenpatente werden nicht mehr mit Nachdruck betrieben.

(d) Erläuterung des Quadranten links unten

Abgesehen von den Fällen, in denen ein Anstieg der Patent-Attraktivität erwartet werden kann, handelt es sich hierbei um solche Objekte, deren Elimination oder Verkauf nachdrücklich erwogen werden sollte. Maßnahmen zum Ausbau der Patentpositionen (beispielsweise durch Anmeldung weiterer Patente) lassen sich kaum noch rechtfertigen. Auch die Abwehr von Gegenangriffen ist gering.

Anhand der Portfolio-Übersicht kann man feststellen,

- welche Patente den höchsten und schnellst erreichbaren Wert besitzen,
- mit welchen Patenten man eher via Lizenzverträge Gewinn erwirtschaftet und
- welche Patente aufgegeben werden sollten (beispielsweise Schenkung an Universitäten).

Folgende Auswahl erfolgversprechender Strategien zum aktiven Management von Patentwissen kann die Basis für ein modernes Patentmanagement sein:[569]

- Betrachten Sie Patentwissen nicht nur rein produktorientiert, sondern auch prozessorientiert: Bestimmte Geschäftsmethoden sind heute oft noch mehr wert als die Produkte, die damit gemanagt werden.
- Patente nicht nur als Quelle für Lizenzgebühren betrachten, sondern als Hebel zum Ausbau des eigenen Geschäftes.
- Vor allem jene Produkte weiterentwickeln, denen Patente zu einer marktbeherrschenden Stellung verhelfen können.
- Sicherstellen, dass alles geschützt und als Hebel genutzt wird, was für den größten Mehrwert sorgt und zu den vitalsten Wurzeln eines bereits aufgebau-

---

569 Rivette et al. 2000, S. 32ff.

ten Wettbewerbsvorteils zählt (beispielsweise durch die Bildung von „Patent-Mauern", sog. *„Clustering"*).

- Systematische Patentpolitik erleichtert die Abschätzung von Markt- und Technologieveränderungen.

- Decken Sie Lücken bei der Patentierung erfolgreicher Marktteilnehmer auf; durch das sog. *„Bracketing"* kann auch ein Marktführer zum Stolpern veranlasst werden, wenn man feststellt, dass er wichtige Patentierungslücken aufweist.

- Die Ausschöpfung eines Patentportfolios kann als eigenständiges Geschäft betrieben werden, denn die Schutzfunktion von Patenten ist nur eine Facette im modernen Patentmanagement.

- Auch die Senkung von Patentkosten resultiert aus einer systematischen Analyse des kompletten Patentportfolios.

- Den wirtschaftlichen Wert eines Patentes schätzt man am besten, wenn man sich darum bemüht, jedes Patent einer Geschäftseinheit zuzuteilen.

- Mit der *Arthur D. Little-Tech-Factor-Method* lässt sich der finanzielle Beitrag jedes Patents als Prozentsatz vom Gesamtkapitalwert des Unternehmens beziffern.

- Auch wenn die Lebensdauer eines Produktes kürzer sein kann als die Zeit, die benötigt wird, ein Patent zu bekommen: Welches Unternehmen hat schon die Zeit und das Geld, die eine Patentklage kostet? Und welches Unternehmen kann es sich leisten, zeit- und kostenintensive Entwicklungsleistungen „in den Sand" zu setzen, weil ein Produkt wegen eines Patentproblems nicht eingeführt oder vom Markt genommen werden muss?

Abschließend bleibt festzuhalten, dass Patente nicht nur als Schutzrechte verwaltet werden sollten, sondern vielmehr als werttragende Ressourcen mit maßgeblicher Relevanz für die eigene Wettbewerbsposition gemanagt werden müssen. Patente sind wirkungsvolle finanzielle Aktivposten und zugleich die greifbarste Form geistigen Vermögens. Sie stellen den größten rechtlichen Schutz dar und haben heute (ausgenommen in der Medien- und Unterhaltungsbranche) die größten Auswirkungen auf den geschäftlichen Erfolg. In Kombination mit neuer automatischer *Data-Mining-* und Visualisierungs-Software können diese Datenbanken leistungsstarke Quellen für wettbewerbsorientierte Intelligenz sein. In manchen Fällen können sie sogar die Grundlage für die Schaffung ganz neuer Branchen sein. Spätestens in der e-Ökonomie fallen die Wettbewerbsbarrieren und damit verwischen sich auch die Branchengrenzen.[570] Vermutlich werden Patente einer der wirkungsvollsten Hebel und manchmal sogar das einzige Mittel sein, um einen rechtlich geschützten Marktvorteil zu erlangen und auch zu verteidigen.

Mit diesem kurzen Blick auf das Patentmanagement zeigt sich, dass Wissensmanagement längst den Status eines vor allem theoretisch geprägten Ansatzes verlassen hat und Ansatzpunkte für die strategische und operative Management-Praxis bietet.

---

570 vgl. hierzu nochmals die ausführlichen Untersuchungen zum Phänomen *Business Migration* in Kapitel 2

*Die größten Schwierigkeiten liegen da,
wo wir sie nicht suchen.*

JOHANN WOLFGANG VON GOETHE

7 Siebter Zugang: System

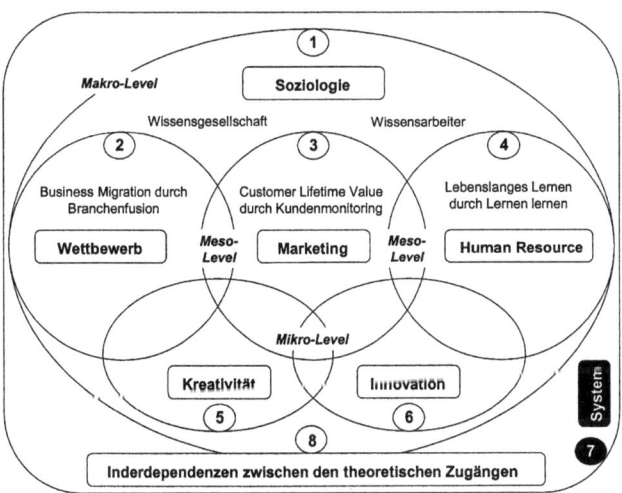

Abbildung 29: Der Zugang über die Systemtheorie

Bereits im vorangegangenen Kapitel ist die Interdependenz zwischen kreativitäts- und innovationstheoretischen Überlegungen deutlich geworden. Bevor nun nachfolgend weitere Interdependenzen zwischen allen bereits vorgestellten theoretischen Zugängen, entlang der in Kapitel 1 unterstellten Kaskade von der Makro-, über die Meso- bis hin zur Mikro-Ebene explizit untersucht werden (Kapitel 8), stehen zunächst systemtheoretische Grundlagen als Ausdruck eines Paradigmenwechsels im Vordergrund. Dabei wird vom Ansatz der naturwissenschaftlichen Modelle ausgegangen (Kapitel 7.1) und dieser anschließend dem jüngeren sozialwissenschaftlichen Ansatz gegenübergestellt. Darauf aufbauend wird insbesondere auf die *neuere Systemtheorie* zur Erklärung der Struktur und des Verhaltens kochkomplexer Systeme näher eingegangen (Kapitel 7.2). In Kapitel 7.3 werden die Auswirkungen auf ein neues Managementverständnis untersucht. Unter Rückgriff auf zentrale Merkmale der neueren Systemtheorie (Kommunikation, Beobachtung, Entscheidung) schließt eine Diskussion der Interdependenzen der Ansätze (Kapitel 8: Interdependenzen) den Band ab.

Der Bezug zum Wissensmanagement wird über ausgewählte Interdependenzen zwischen allen bisher vorgestellten theoretischen Zugängen auf diese Weise vertieft. Nachfolgend werden die Entwicklungen innerhalb der Systemtheorie und ihre Bedeutung für das wissensbasierte Management von Innovationen aufgezeigt.

7.1 Begriff und Bedeutung der Systemtheorie

Die Entwicklung der sehr heterogenen Systemtheorie[571] war bereits in den 80er Jahren neben der immer präziseren theoretischen Ausarbeitung auch durch eine Ausweitung ihrer interdisziplinären Bedeutung geprägt - nicht nur in der Literaturwissenschaft, der Psychotherapie und der Pädagogik, sondern immer stärker auch in den Managementwissenschaften.[572] Die leitende Problemstellung systemtheoretischen Denkens ist das Problem der Bearbeitung organisierter Komplexität[573] und diese tritt bereits seit den 50er Jahren in ganz unterschiedlichen Disziplinen[574] auf.[575]

> Die moderne Systemtheorie hat sich zum expansiven Paradigma in allen Sozialwissenschaften entwickelt, weil in unserer hochorganisierten Umwelt nur solche

---

571 Allein in den Sozialwissenschaften lassen sich beispielsweise folgende systemtheoretischen Positionen ausmachen: Die Bielefelder „Theorie sozialer Systeme" (beispielsweise Luhmann, Willke, Baecker, Fuchs), der St. Gallener Ansatz (beispielsweise Probst, Ulrich, Malik) und die Heidelberger Schule der Familientherapie (beispielsweise Simon, Stierlin). Allein diese Ansätze sind disziplinär unterschiedlich verankert. Der erste, in diesem Rahmen favorisierte Ansatz, ist der Soziologie zuzuordnen, die anderen beiden der Betriebswirtschaftslehre und Psychotherapie.

572 Übersicht bei Willke 1996a, S. 5ff.

573 die Ausführungen zur Bedeutung von *Komplexität* in Kapitel 1

574 beispielsweise Chemie, Biologie, Medizin, Psychologie, Politologie, Soziologie und neuerdings auch in den „*cognitive sciences*" sowie in der Computertheorie.

575 Willke 1996a, S. VI und ders. 1989, S. 10 sowie die Ausführungen zum theoretischen Zugang der Soziologie und der dort nachgewiesenen zunehmenden gegenseitigen Öffnung zwischen Soziologie und Betriebswirtschaftslehre.

analytischen Konzepte erfolgsversprechend sein können, die ihrerseits eine entsprechende Eigenkomplexität besitzen.[576]

Auf das hier von Willke implizit angesprochene „*Law of Requisite Variety*" von Asby[577] wird an späterer Stelle eingegangen. Willke vermutet daher,

> dass der größte Erkenntnisgewinn systemtheoretischen Denkens in der Soziologie bislang genau darin liegt, die Vor- und Parallelarbeiten systemischen Denkens in den unterschiedlichen Disziplinen, vor allem aber in Biologie, Psychologie, *Cognitive Sciences* und Linguistik, für die Frage der Besonderheit und Gemeinsamkeit sozialer Systeme gegenüber anderen Systemen begreifbar gemacht zu haben.[578]

Bevor aber auf die neuere Systemtheorie näher eingegangen wird, sollen zunächst einige systemtheoretische Grundlagen im Zusammenhang mit ihrer Entwicklungsgeschichte und den dadurch identifizierbaren Paradigmenwechsel überblicksartig dargestellt werden.

Die traditionellen Management-Ansätze[579] sind den immer komplexer werdenden Herausforderungen im Unternehmensalltag und erst recht dem effektiven und effizienten Management der bisher unterschätzten, aber immer wichtiger werdenden Ressource „Wissen" kaum mehr gewachsen.[580] Diese Herausforderungen resultieren u. a. aus dem Makrosystembezug[581] und den dort kaskadenartig positionierten und untersuchten theoretischen und empirisch fundierten Entwicklungslinien. Während einerseits eine Vielzahl neuerer Ansätze[582] in der Theorie, in der Beratung und in der Etablierung in Unternehmen[583] auszumachen

---

576 Willke 1996a, S. 11

577 Asby 1957

578 Wlllke 1998b, S. 239

579 Meffert 1998a, S. 713 und Witte 1998, S. 738. Der Hinweis auf die Gefahren, die aus der unübersehbaren Zunahme der Fragmentierung in Teildisziplinen innerhalb der Betriebswirtschaftslehre resultiert, ist nicht neu: Bereits in den 60er Jahren hat Gutenberg darauf hingewiesen, dass die damals schon sichtbare Zunahme von Komplexität und Dynamik der Marktanforderungen durch eine hierarchisch-strukturierte Zerlegung in Teilprobleme nicht lösbar ist und vielmehr einer überwölbenden Theorie bedarf. Laut Meffert ist das neue Paradigma in der Notwendigkeit zu einem integrierten Denken in vernetzten Strukturen zu finden. Auch Witte stellt unter Berufung auf die Schmalenbach-Gesellschaft mit Besorgnis fest, dass es unter allen Umständen vermieden werden sollte, bei zunehmender Ausgliederung von speziellen Betriebswirtschaftslehren schließlich nur noch einen Restbestand an Fachwissen übrig zu haben.

580 Freedman 1993, S. 24

581 Kapitel 1

582 beispielsweise *Management by Leadership, Kanban, Kaizen, Corporate Culture, Lean Management, Change Management, Benchmarking, Total Value Management, Outsourcing, Business Process Reengineering, TQM, KVP.*

583 Vgl. Götz/Schmid 2004; insbesondere *Best Practices.*

sind, geht es in diesem Zusammenhang um einen neuen Ansatz. Es geht um einen Paradigmenwechsel weg „vom ‚Klassifizierungsuniversum' (wie es sich über viele Generationen aufgebaut hat) hin zum ‚Relationsuniversum' ".[584]

Von einem *Paradigma* spricht man, wenn größere Gruppen oder Interessensvertreter sich eine Weltsicht (Denken und Handeln) teilen. Auch wenn heute keine einheitlichen Weltbilder mehr existieren, so haben sich die spezifischen Vorstellungen über das Funktionieren der Welt in der Menschheitsgeschichte mehrmals verändert. Es können entweder kleinere (sog. Kulturwandel) oder gar keine Anpassungen vorgenommen (sog. Fundamentalismus) werden; im Falle eines massiven Meinungsumschwungs handelt es sich aber um einen *Paradigmenwechsel.* Auslöser liegen meist im gesellschaftlichen, wissenschaftlichen und/oder wirtschaftlichen Bereich. Ulrich versteht unter einem Paradigma „ein System von Normen, welche ein bestimmtes Wissenschaftsbild prägen; die Normen beziehen sich sowohl auf die Ziele wie auch auf die Methodik des Vorgehens und die Charakteristik der anzustrebenden Erkenntnisse."[585]

Bereits Kuhn hat die aus unserer Sicht an Schumpeter erinnernde These aufgestellt, dass die wichtigsten wissenschaftlichen Fortschritte nicht durch eine fortlaufende Akkumulation von Wissen[586] zustande kommen, sondern vielmehr durch einen *revolutionären Paradigmenwechsel.* In einer Art Lebenszyklus setzt sich ein neues Paradigma gegen den Widerstand langsam obsolet werdender Prämissen durch, die somit an den Rand der Überzeugungskraft gelangen und schließlich substituiert werden.[587] Abbildung 30 soll die grundsätzliche Andersartigkeit im Denkansatz schematisch veranschaulichen.

---

584 Vester 1997, S. XII

585 Ulrich 1984, S. 155

586 Hier erscheint eine differenzierte Perspektive dringend erforderlich: Während der Wissensmanagement-Ansatz per se tatsächlich völlig neue bzw. andersartige Prämissen festlegt und damit einem Paradigmenwechsel schon sehr nahe kommt, kann die von Kuhn aufgestellte These freilich nicht bezüglich der Art des Managements von Wissen aufrechterhalten werden, da es hier weniger darum geht, revolutionäre Wissensanreicherung anzustreben, sondern vielmehr altes, nicht mehr relevantes und hinderliches Wissen im inter- und intraindividuellen Kontext zu löschen und vor allen Dingen Wissen in die Umsetzung und Anwendung zu überführen. Dies impliziert nicht notwendigerweise eine Revolution von Wissensbeständen (vgl. hierzu auch Kapitel 6 zum Innovationsverständnis).

587 Kuhn 1967, S. 218

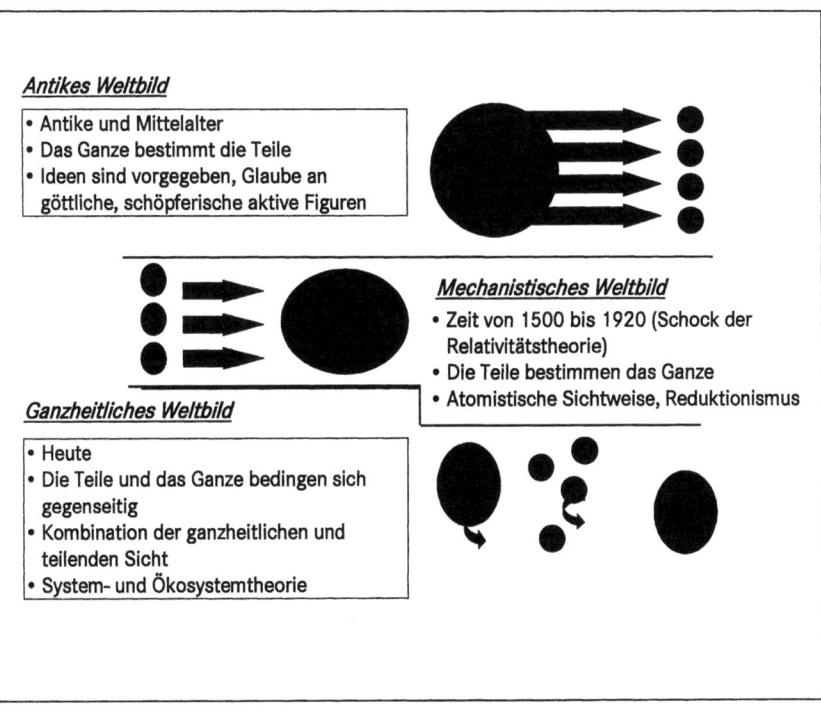

Abbildung 30: Weltbilder der Menschheitsgeschichte[588]

Auf der *34. Tagung der SMG* in Zürich stellte man dazu fest:[589]

WANN LIEGT EIN PARADIGMENWECHSEL VOR?

„Wir sind auf dem Weg von der Arbeitsgesellschaft in die Wissensgesellschaft. Wir befinden uns mitten in einer Transformation, wie sie die Menschheit vielleicht im 13. Jahrhundert erlebt hat oder im 16. oder 18. Wobei die Transformation vermutlich größer ist als alle zuvor, weil wir nämlich heute eine ganz andere Erwartungshaltung haben als die Menschen früher... Ein Stichwort dafür heißt Globalisierung: Wir werden zunehmend mit der Aufforderung konfrontiert, Wertschöpfung im jeweiligen Land zu erbringen, um den Auftrag überhaupt zu be-

---

588 Ninck et al. 1997, S. 22
589 Endress 1998, S. 52-56; außerdem Kapitel 1 zur Wissensgesellschaft und Kapitel 4 zur Dominanz von *Soft Skills*. SMG steht für *Schweizerische Management Gesellschaft*.

kommen. Also müssen lokale Fertigungen errichtet werden, wobei sich die hohen Aufwendungen für die Entwicklung neuer Produkte und Systeme bei kürzeren Innovationszyklen ohnehin nur rechnen, wenn dafür zusätzlich Absatzmärkte erschlossen werden können. Globalisierung sorgt dabei für zunehmenden Wettbewerbsdruck [...]. Transport heißt insbesondere auch das Bewegen von Informationen auf Datenautobahnen. Das löst einen Strukturwandel aus, der alle betrifft. Zum Beispiel die klassischen Ingenieurwissenschaften. Das Konfigurieren, Zusammenführen und Implementieren komplexer Systeme aus Hardware und Software erfordert nicht mehr nur Physik oder Chemie, Elektrotechnik oder Maschinenbau. Sondern es erfordert auch wirtschaftliches Denken und Handeln, ausgeprägte Fähigkeiten zur Kommunikation, zum Zusammenarbeiten im Team, zur Menschenführung."

Weitere Indikatoren kennzeichnen einen Paradigmenwechsel wie folgt:

WAS ZEICHNET EINEN PARADIGMENWECHSEL AUS?

Eine weitere Dimension sind die (immer kürzeren, Anm. d. Verf.) Innovationszyklen. Zu den harten Fakten gesellen sich weiche. Beispielsweise die Integration: Neue innovative Produkte überschreiten zunehmend die Grenzen geschäftsführender Einheiten und klassischer Disziplinen und wachsen zu komplexen, bereichsübergreifenden Systemlösungen zusammen. Da sind kurze Entscheidungswege, flache Hierarchien, dezentrale Kompetenz und Verantwortung gefragt. Das hat direkte Auswirkungen auf Unternehmer oder Manager. Denn mit dieser Entwicklung geht das Zeitalter des uns bekannten Managers zu Ende, der das Unternehmen vom Bock seines Vierspänners „Planen - Entscheiden - Anweisen - Kontrollieren" lenkte. Diese Art des Managements ist nicht länger zeitgemäß.

Brauchen wir deshalb keine Manager mehr? Ganz im Gegenteil, aber ihre Rolle verändert sich dramatisch. Weil es mehr unternehmerisch autonome Teams gibt. Und weil sich die Entscheidungsfunktionen zunehmend zu den Arbeitsplätzen verlagern. Die rein ausführenden Tätigkeiten werden an die Technik delegiert oder in Billiglohnländer exportiert [...]. Die künftige Hauptaufgabe des Managers ist es, dazu beizutragen, dass Menschen wirksam miteinander und mit ihren Hilfsmitteln kooperieren können. Das bedeutet, wir [...] müssen den Menschen zu den Fähigkeiten verhelfen, die jene künftig brauchen. Wir sollten es den Individuen leicht machen, zu lernen, Freude am lebenslangen Lernen zu generieren, sich ihre Meinung zu bilden, mit Informationen umzugehen. Insbesondere aber müssen wir neue Ideen entwickeln. Innovieren. Neue Kombinationen durchsetzen. Darauf kommt es an [...]. Technik ist überall auf der Welt gleichermaßen verfügbar, Kapital ebenfalls. Und auch die fachlichen Qualifikationen nähern sich an. Was die Volkswirtschaft künftig unterscheidet, sind die „weichen" Faktoren: Zusammenarbeit, Einsatzbereitschaft, Kreativität, Angstfreiheit, Verantwortungsbewusstsein, Loyalität ... also nicht mentale, sondern psychosoziale Faktoren.

Während bei der mechanistischen Denkweise die eher rational-logische und weniger emotional-intuitive Seite des Denkens dominiert, gewinnt heute immer mehr die Forderung nach einer ganzheitlichen Sicht der Probleme an Bedeutung. Dieser Paradigmenwechsel manifestiert sich auf der Ebene der Wissenschaft folgendermaßen (vgl. Tabelle 14).

Konstruktivistisch-technomorphes Management	Systemisch-evolutionäres Management:
Management......	Management...
...ist Führung weniger	...ist Führung vieler
...ist direktes Einwirken	...ist indirektes Einwirken
...ist auf Optimierung ausgerichtet	...ist auf Steuerung ausgerichtet
...hat meist ausreichende Informationen	...hat niemals ausreichend Informationen
...hat das Ziel der Gewinnmaximierung	...hat das Ziel der Maximierung der Lebensfähigkeit
..ist Menschenführung (Zentralisierung)	...ist Lenkung ganzer Institutionen (dezentral)
Analyse, Prognosesicherheit und Langfristigkeit	Synthese, Prognoseunsicherheit, Kurzfristigkeit
Unüberbrückbarkeit von Wissenschaft und Praxis	Dialog[590] zwischen Wissenschaft und Praxis
Belohnung für Scheuklappen-Denken in der Abteilung	Belohnung für interdisziplinäres Denken im Projekt
Eindimensionales Ursache-Wirkungs-Denken	Mehrdimensionales Wahrscheinlichkeitsdenken

---

590 vgl. die Ausführungen zur Annäherung beider Welten in Kapitel 4 am Beispiel der *Corporate Universities* und natürlich das Anliegen der Systemtheorie, organisierte Komplexität interdisziplinär zu untersuchen.

Risikodenken unter dem Realisierungsaspekt	Chancendenken unter dem Potenzialaspekt
Eindimensionales Ursache-Wirkungs-Denken	Mehrdimensionales Wahrscheinlichkeitsdenken
Ex-post-Fortschreibungsorientierung	Ex-ante-Antizipationsorientierung
Fremdorganisation	Selbstorganisation
Logik des harten Denkens	Psychologik des weichen Denkens
Objektivität und Kurzfristigkeit	Subjektivität und Langfristigkeit
Druck ausüben	Energien freisetzen
Dominanz des Menschen mit dem Ziel der Gewinnmaximierung	*Dominanz des sozialen Systems mit dem Ziel der Maximierung der Lebensfähigkeit*

Tabelle 14: Konstruktivistisch-technomorphes vs. systemisch-evolutionäres Management[591]

Historisch betrachtet beschäftigt man sich schon seit dem Zweiten Weltkrieg mit der Beschreibung von Struktur und Verhalten komplexer Systeme. In dieser Zeit wurde durch Norbert Wiener[592] das fachübergreifende Wissensgebiet der

---

591 In Erweiterung an Malik 1986, S. 49, Freedman 1993, S. 24-32, Jung 1995, S. 907

592 vgl. Wiener 1948. Norbert Wiener (1894-1964), US-Mathematiker am *MIT*, Begründer der Kybernetik und Mitbegründer der Informationstheorie. Die Kybernetik als Wissenschaft von der Steuerung und Regelung komplexer Systeme hat ihren Ursprung in der Technik (v. a. Luft-/Raumfahrttechnik, später auch Übertragung auf die Natur: Biokybernetik). In kybernetischen Modellen unterscheidet man zwischen einem angestrebten Zustand (Soll-Wert) und einem tatsächlichen Zustand (Ist-Wert). Der Ist-Wert weicht infolge von Störungen vom Soll-Wert ab, die Abweichung wird auf irgendeine Weise gemessen und der anschließende Regelvorgang wirkt der Abweichung entgegen. Die Kybernetik hat sich heute infolge der Fortschritte auf dem Gebiet der Informationstechnologie und -theorie zu einer bedeutenden übergeordneten Wissenschaft entwickelt. So lassen sich beispielsweise Probleme des Umweltschutzes und der Medizin durch Untersuchung der auf komplexe Weise verketteten biologischen Regelkreise sinnvoll lösen. Während das Ganzheitsdenken in der Philosophie eine lange Tradition hat, wurden disziplinübergreifende Systemkonzepte ursprünglich von dem Philosophen und Biologen Ludwig von Bertalanffy (1901-1972) mit seiner viel beachteten *"General System Theory"* (Theorie der Selbstregulierungsfähigkeit offener biologischer Systeme) eingeführt

Kybernetik begründet. Während in den Naturwissenschaften traditionell die mechanistische Sichtweise dominiert, kam es in den Sozialwissenschaften zu einer Erweiterung in Richtung systemischer Sichtweise. Ninck, Bürki, Hungerbühler und Mühlemann konstatieren, dass „sich diesbezüglich (in Richtung systemischer Sichtweise. Anm. d. Verf.) in den Ingenieurdisziplinen wenig getan hat."[593]

Trotzdem muss hier festgehalten werden, dass es zunächst die naturwissenschaftlichen Ansätze waren, die in den 50er und 60er Jahren in der Managementlehre rezipiert und adaptiert wurden.[594] Etwas später, aber mit durchschlagendem Erfolg wurden die sozialwissenschaftlichen Ansätze für die Managementtheorie fruchtbar gemacht.[595]

(1) Naturwissenschaftliche Modelle

Maruyama unterscheidet entwicklungsgeschichtlich zwei Phasen der Kybernetik-Forschung (vgl. hierzu Abbildung 30):[596] Während in der sog. Kybernetik erster Ordnung die mechanistische Sichtweise dominiert, also auf gleichgewichtserhaltende Prozesse[597] als Regelkreisphänomen in Systemen (also Soll-Ist-Vergleiche, Abweichungsanalyse etc.) fokussiert wird,[598] spielen im Gegensatz dazu in der Kybernetik zweiter Ordnung Probleme der Instabilität, Flexibilität, Lernen, Evolution, Wandel und Autonomie sowie Selbstreferenz die Hauptrolle.[599]

Für Malik besteht das Grundproblem von Management in der Beherrschung von Komplexität, also im angemessenen Umgang mit der Vielfalt der Beziehungen zwischen den Elementen eines Systems. Im Gesetz der Varietät von Ashby kommt zum Ausdruck, dass die Varietat des lenkenden Systems dem Ausmaß an potenziellen Störungen, die zu bewältigen sind, angemessen sein muss. Nach Malik und Freedman lässt sich dieses Problem in Abhängigkeit von der

---

(vgl. von Bertalanffy 1979). Der praktische Anwendungsbezug gelingt allerdings erst in Verbindung mit der Kybernetik.

593 Ninck et al. 1997, S. 7
594 Kast/Rosenzweig 1970
595 Thompson 1967
596 Maruyama 1993, S. 164ff.
597 Emery 1969
598 Vertreter von Kybernetik I sind beispielsweise Wiener, Ashby, St. Beer, C. Shannon, H.-J. Flechtner
599 Vertreter von Kybernetik II sind beispielsweise H. Maturana, F. Varela, W. Kirsch und später auch St. Beer. Ähnlich wie St. Beer hat auch H. Ulrich wie die gesamte *St. Galler Gruppe* die Entwicklung von Kybernetik I zu II vollzogen.

jeweiligen Managementtheorie ganz unterschiedlich angehen (vgl. nachfolgendes Schaubild):[600] Freedman formuliert es so:

> Wenn Manager das Systemdenken beherrschen, entsteht im Ergebnis die „lernende Organisation". Und diese hat bemerkenswerte Ähnlichkeiten mit den komplexen, anpassungsfähigen Systemen, die Wissenschaftler in der Natur entdecken.[601]

Dachler vertritt die Auffassung,

> dass eine biokybernetisch ausgerichtete Systemtheorie - als Grundlage der Betriebswirtschaftslehre im allgemeinen und der Managementlehre im besonderen - die von ihr erhofften Erkenntnisse und die besonders von ihr erhofften, anwendungsbezogenen Handlungsanweisungen für Praktiker nur in sehr begrenztem Maße erreichen und nur auf einer Abstraktionsebene konkretisieren kann, die dem Praktiker für die Lösung seiner alltäglichen Probleme schwer zugänglich ist.[602]

Dachler empfiehlt daher eine Anreicherung der oben genannten Ansätze mit sozialwissenschaftlichen Annahmen und Ergebnissen über den Menschen und seine sozialen Beziehungen.

(2) Sozialwissenschaftliche Modelle

Frühe sozialwissenschaftliche Ansätze (beispielsweise Homans) sind noch stark mechanistisch geprägt.[603] Spätere Ansätze, wie der von Parsons[604] gehen in eine andere Richtung. In seinem Verständnis sind Organisationen zweckorientierte Sozialsysteme, deren Struktur aus institutionalisierten Wertmustern besteht. Konformität mit Werten entsteht via Internalisierung durch die Handelnden, wobei kulturelle Wertorientierungen (kulturelle Systeme) die Handlungsprogramme (soziale Systeme) durchdringen und diese wiederum Einfluss auf die individuelle Orientierung (psychologische Systeme) ausüben.

Luhmann knüpft an das bei Parsons im Vordergrund stehende Ordnungsproblem an und untersucht das Problem der Reduktion der Komplexität. Dieses entsteht dadurch, dass angesichts der ausgeprägten Komplexität und Dynamik der Umwelt eine rationale Handlungsweise nur dann möglich ist, wenn eine sinnvol-

---

600 Malik 1996, S. 49
601 Freedman 1993, S. 32
602 Dachler 1984, S. 220
603 vgl. hierzu die Ausführungen im vorangegangen Abschnitt.
604 Talcott Parsons (1992-1979); US-Soziologe; Er schuf von Weber, Durkheim und Pareto ausgehend, analytische Modelle des sozialen Handelns und soziale Systeme als Grundlage einer allgemeinen sozialwissenschaftlichen Theorie des menschlichen Handelns.

le Abgrenzung zwischen sozialem System und Umwelt erfolgt. Im Gegensatz zu biologischen Systemen besteht aber das Problem, dass soziale Systeme keine empirisch erfahrbaren Systemgrenzen haben, d. h. die Grenzziehung muss das System selbst erbringen. Außerdem sei an dieser Stelle an das schon oben genannte *„Law of Requisite Variety"* erinnert, nach dem die komplexe Umwelt eine ebenso komplexe Binnenstruktur des sozialen Systems erfordert. Soziale Systeme, welche die Umwelt unbeantwortet lassen, sind vom Zerfall bedroht (Entropie).[605]

Luhmann schlägt zur Reduktion der Umweltkomplexität auf ein für das soziale System beherrschbares Niveau folgende Systematik vor (sog. Reduzierungsstrategien).[606]

REDUZIERUNGSSTRATEGIEN ZUR UMWELTKOMPLEXITÄT

NACH LUHMANN

1. Objektivierung

- Substitution der objektiven Situation durch eine subjektive,
- Übersetzung von Umweltkomplexität in systemeigene Komplexität.

2. Institutionalisierung

- Reduktion der Vielzahl möglicher Verhaltensweisen auf bestimmte Formen der Erlebnisverarbeitung,
- Generalisierung von Verhaltenserwartungen.

3. Umweltdifferenzierung

- Bildung von Subumwelten als Voraussetzung der Spezialisierung und Stabilisierung des Systems.

4. Innendifferenzierung

- Bildung von Subsystemen zur Spezialisierung sowie zur Steigerung der Lern- und Anpassungsfähigkeit

5. Flexibilisierung der Systemstruktur

- Flexibilisierung der Struktur als Voraussetzung der möglichst starken Absorption von Umweltkomplexität und -veränderlichkeit.

---

605 Luhmann 1968, S. 120 sowie ders. 1972, S. 39ff.
606 Luhmann 1968, S. 125ff.

So überzeugend das Konzept erscheint, so schwierig ist dessen empirische Überprüfung und praktische Umsetzung. Die Grenzziehung ist eben nicht eine Entscheidung zu einem Zeitpunkt, sondern ein permanenter Prozess der Adaption der Organisation an veränderte innere und äußere Situationen, was zu einer laufenden Neudefinition führt.

Bevor nun dieser Ansatz im Rahmen der *Neueren Systemtheorie* weiter vertieft wird, soll nachfolgend ein Überblick über systemtheoretische Ansätze diesen Abschnitt abschließen. Der Überblick erhebt keinerlei Anspruch auf Vollständigkeit - selbst in der Zuordnung und Benennung der verschiedenen Forschungsrichtungen lässt sich in der Literatur keine vollständige und widerspruchs- bzw. überschneidungsfreie Darstellung ausmachen.

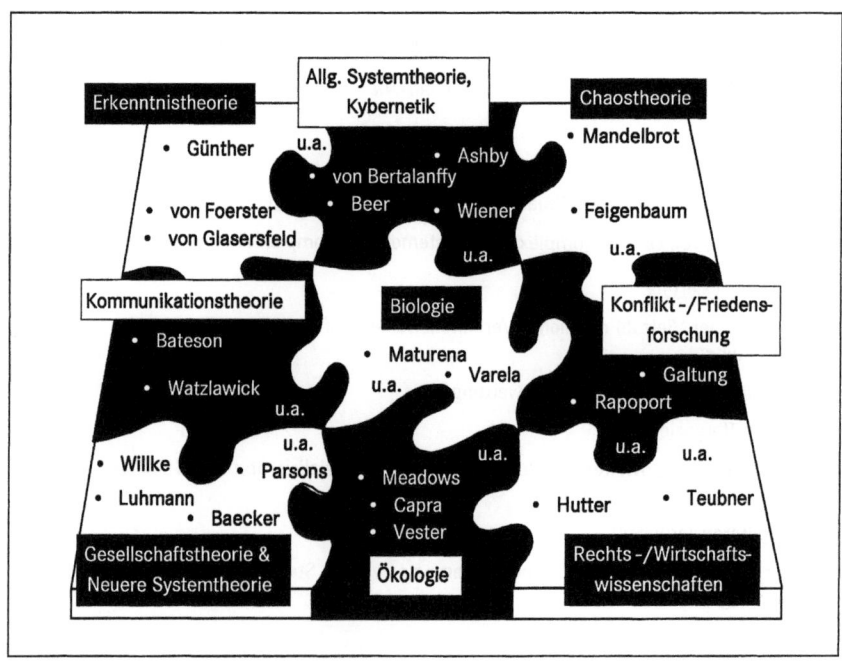

Abbildung 31: Systemtheoretische Ansätze und ihre Vertreter[607]

---

607 Königswieser 1991, S. 182 und Ninck et al. 1997, S. 7

7.2 Begriff und Bedeutung der neueren Systemtheorie

In jüngeren Arbeiten zur Systemtheorie[608] hat die Umwelt nicht mehr den zentralen Stellenwert für die Strukturbildung, obwohl sie als Bestandsvoraussetzung stets mitgedacht wird. Die Selbstreferenz[609] produziert selbst via Kommunikation, Verhalten und Handlung soziale Strukturen (symbolischer Interaktionismus). Damit besteht eine direkte Nähe der Neueren Systemtheorie zu den oben genannten Ansätzen der Kybernetik zweiter Ordnung, insbesondere zur biologischen Autopoiesistheorie (Maturana, Varela).[610] So scheint sich über die Betonung von Ganzheitlichkeit und Konsistenz sozialer Systeme eine theoretisch sehr fruchtbare Verbindung zwischen den soeben dargestellten natur- und sozialwissenschaftlichen Systemansätzen anzubahnen.[611]

Bei der neueren Systemtheorie handelt es sich um einen Ansatz, der über seinen primär gesellschaftstheoretisch orientierten Fokus auch für die immer wichtiger werdende Interaktion zwischen Gesellschaft und Unternehmen wertvolle Erkenntnisse liefert. Bevor nun auf zentrale Gedanken der neueren Systemtheorie eingegangen wird, soll zuvor die Notwendigkeit einer systemtheoretischen Betrachtung am Beispiel der ausgeprägten Komplexität von Konzernen verdeutlicht werden.

Mirow[612] betont, dass die überkommene Idee einer einheitsstiftenden Unternehmenskultur heute nicht mehr gelte, vielmehr sind gerade Großkonzerne in ihrer Interdependenz zur immer weiter globalisierenden Wissensgesellschaft durch Pluralität bzw. Heterogenität von Denk- und Verhaltensweisen gekennzeichnet. Mirow gelingt unter Rückgriff auf Shannon's Informationstheorie[613]

---

608 Luhmann 1984
609 nachfolgende Ausführungen sowie Kapitel 1.
610 Maturana/Varela 1980. Die beiden Kognitionsbiologen haben den Begriff der *Autopoiese* eingeführt, um sich selbst organisierende Systeme zu beschreiben. Ein autopoietisches System kann also sowohl das menschliche Gehirn als auch ein selbstständiger Geschäftsbereich eines Unternehmens sein, denn beide verarbeiten von der Umwelt kommende Einflüsse systemspezifisch, also nach eigenen Regeln des jeweiligen Systems.
611 Die neuere Systemtheorie ist kein dogmatisch zu verstehendes Theoriegebäude. Sie beruht maßgeblich auf konstruktivistischem Gedankengut.
612 Mirow 1999, S. 13ff. Prof. Dr. Mirow ist Leiter der Unternehmensstrategien der *Siemens AG*. Seine hier zum Ausdruck gebrachten Erkenntnisse beruhen auf seiner Antrittsvorlesung als Honorarprofessor an der *Ludwig-Maximilians-Universität München* am 17.12.1997.
613 Shannon 1948, S. 379ff. und 623ff.

zum einen und dem zweiten Hauptsatz der Thermodynamik[614] zum anderen eine Analogie zur Komplexität im Unternehmen. Daraus folgt die Erkenntnis, dass in einem Großunternehmen ein enormer Energieaufwand[615] erforderlich ist, um die Ordnung aufrechtzuerhalten. Dies erscheint plausibel, wenn man an die immer komplexer werdenden Herausforderungen der Umwelt[616] und der weltweiten Kommunikationsnetze und die damit korrespondierenden Datenmengen im Unternehmen denkt.

Außerdem befinden sich *Global Players* zur Handhabung der unternehmensinternen und -externen Komplexität in einem Balanceakt zwischen erforderlichen hierarchischen Organisationen einerseits und einer ebenso erforderlichen Freiheit des Handelns auf allen Stufen der Organisation andererseits.[617] Das bereits oben angesprochene „*Law of Requisite Variety*" fordert bei der Verarbeitung von Umweltkomplexität eine entsprechende Systemkomplexität. Mirow betont, dass es immer ein Komplexitätsgefälle zwischen Umwelt und Unternehmen geben wird: „Die Frage ist nur, welche Unternehmen mit diesem Komplexitätsgefälle besser fertig werden."[618]

Aus der in der Abbildung 32 aufgezeigten Veränderung des Weltbildes bzw. der neuen Managementherausforderungen resultiert eine hochkomplexe, unvorhersehbare Umwelt und dies erfordert die Freiheit, unvorhersehbar zu reagieren. Hinsichtlich des Unterschieds in der Verarbeitung geringer und hoher Umweltkomplexität in der Organisation ergibt sich daher folgendes Bild:

---

614 Der zweite Hauptsatz besagt, dass geschlossene Systeme sich irreversibel von einem höheren auf einen niedrigeren Ordnungszustand bewegen, d. h. die Entropie, also das Maß für Unordnung kann immer nur zu- und - ohne Energiezufuhr - niemals abnehmen.
615 Beispielsweise kann dieser „Energieaufwand" im Unternehmen in Wissensmanagement-Kompetenzen bestehen.
616 vgl. alle bisher dargestellten theoretischen Zugänge.
617 Mirow 1999, S. 15
618 Mirow 1999, S. 17

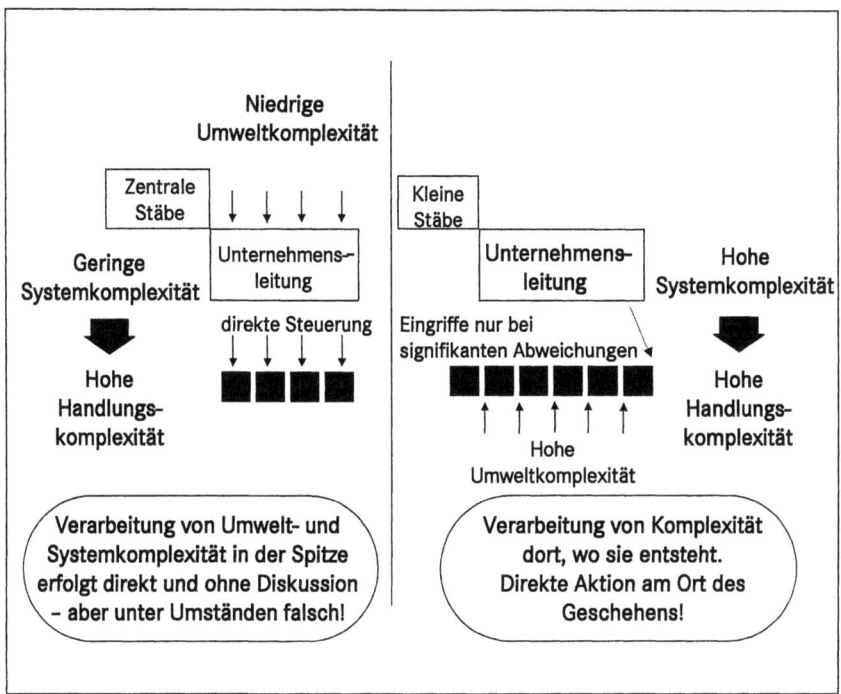

Abbildung 32: *Verarbeitung geringer bzw. hoher Umweltkomplexität*[619]

Im Modell einer zentralisierten Organisation erfolgt die Verarbeitung einer geringen Umwelt- und Systemkomplexität in der Unternehmensspitze. Bei höherer Umweltkomplexität steigt die Gefahr einer falschen Reaktion der dann unter Umständen überforderten Unternehmensspitze[620] und es wird eine dezentrale Organisationsform erforderlich, d. h. die Komplexität wird dort verarbeitet, wo sie entsteht.[621]

In der neueren Systemtheorie werden diese Überlegungen durch eine explizite Bejahung der Interdependenz zwischen Umwelt und Unternehmen bzw. Gesellschaft und sozialem System weiterentwickelt. Danach werden Unternehmen als komplex verschachtelte Systeme von Ereignissen begriffen, wobei letztere

---

619 Mirow 1999, S. 18f.
620 Ashbys Gesetz wird in diesem Fall nicht mehr entsprochen, d. h. das Komplexitätsgefälle wird zu groß und bedroht die Überlebensfähigkeit des Unternehmens.
621 Mirow 1999, S. 17-19

wahrgenommen werden müssen, um dann in Kommunikationsprozessen gewissermaßen „verfestigt" zu werden.

Neuere Forschungsarbeiten[622] zeigen, dass in der herkömmlichen Managementlehre das „relationale" Zusammenwirken zwischen Menschen, unternehmerischen - also sozialen - Prozessen und Kontexten kaum Beachtung findet. Im Unterschied zur älteren Systemtheorie (Kybernetik erster Ordnung) geht es in der neueren Systemtheorie zum einen nicht mehr um die Frage, was eine Unternehmung ist, sondern wie eine Unternehmung beobachtet und wie in einer Unternehmung beobachtet wird, wie Wirklichkeit hervorgebracht und letztendlich wie Wissen erzeugt wird.[623] Zum anderen konstituieren in der neueren Systemtheorie nicht mehr primär Artefakte, Menschen oder andere „Dinge" ein Unternehmen, sondern ein strukturierter Strom von Ereignissen[624] und Kommunikationen übernimmt diese Position.[625] Unternehmungen sind in diesem Sinne als abgrenzbare Ausschnitte aus dem gesellschaftlichen Ereignisstrom zu verstehen oder in der Sprache der Systemtheorie: als Systeme von Kommunikationen und Entscheidungen.[626] Dieser Aspekt wird nachfolgend genauer beleuchtet.

In Anlehnung an die obige Abbildung 32 trifft die Zentrierung auf den Menschen per se nicht den relevanten Kern. Die neuere Systemtheorie berücksichtigt dies insofern, als sie diese Zentrierung zum einen als nicht unproblematisch betrachtet, weil wohl niemals der ganze Mensch mit seinen intrapsychischen Unendlichkeiten Gegenstand betrieblicher Überlegungen sein kann. Zum anderen ist diese Zentrierung aber auch nicht zutreffend, weil zumindest das betriebliche

---

622 beispielsweise Dachler et al. 1995, S. 1-28 und Dachler 1992, S. 169-178 sowie Gergen 1995, S. 29-50

623 von Krogh et al. 1995

624 Dieser *strukturierte Strom von Ereignissen* ist mit anderen *Ereignissystemen* gekoppelt. Letztere erlangen ihre „Geordnetheit" aufgrund der Herausbildung materieller und immaterieller Strukturen - beide bilden gleichermaßen Stützpfeiler und Restriktionen des laufenden Ereignisstroms. Materielle Strukturen sind personenunabhängig und zeitüberdauernd. Immaterielle Strukturen umfassen wechselseitig geteilte Erwartungen, Ideen, Werte und Beziehungen. Die Ereignisse sind selbst irreversibel, sie vergehen schon im Entstehen. Ändern kann sich nur das reversible Muster, das einem Ereignissystem zugrunde liegt.

625 Eccles et al. 1992, S. 48f.; außerdem Bateson 1982, S. 120ff. und ders. 1985, S. 580ff. Die mit dem Strom von Ereignissen korrespondierende radikale Verzeitlichung des Elementenbegriffs ist eine der grundlegenden Leistungen der soziologischen Systemtheorie von Niklas Luhmann. Die Elemente eines als dynamisch begriffenen Systems können keine zeitliche Dauer mehr aufweisen. Sie vergehen bereits im Entstehen und sind demzufolge sozusagen „präsenzlos". Luhmann 1982, S. 369 und 376 und ders. 1984, S. 28.

626 Luhmann 1988 und Willke 1996d, S. 99

Interesse kaum jemals dem Menschen gilt. Es interessiert nicht der Mensch per se, sondern das, was der Mensch tut, d. h., was er an die Organisation abgibt.[627] Dabei handelt es sich nach Luhmann um die wohl folgenreichste theoriearchitektonische Weichenstellung in der soziologischen Systemtheorie: nämlich der Haltung, als Elemente sozialer Systeme nicht Menschen, sondern Kommunikationen zu begreifen.[628]

Während bis in die 50er Jahre die Auffassung von Organisationen als geschlossene Systeme dominierte, verlagert sich später diese Sichtweise in Richtung Öffnung gegenüber der Umwelt. Doch das Hauptproblem scheint dann weniger im Zugestehen einer Öffnung zu liegen, denn vielmehr in der Frage, wie Organisationen ihr Fortbestehen und ihre Abgrenzung von der Umwelt[629] andauernd bewerkstelligen wollen.

Die neuere Systemtheorie vertritt daher die Ansicht, dass nicht mehr Menschen, sondern Kommunikationen und in der Folge Handlungen und Entscheidungen das Kernelement der Betrachtung sein müssen. Daraus folgt letztendlich, dass nicht mehr Menschen, sondern Operationen als die tatsächlichen Elemente sozialer Systeme anzusehen sind. Die operative Logik sozialer Systeme lässt sich erst erfassen, wenn die Menschen in die Umwelt sozialer Systeme gestellt werden.[630] Hinzu kommt, dass das Abgrenzungsproblem eine Sichtweise von Organisationen als geschlossenes System impliziert. Damit liegt der Kern aller Managementbemühungen nicht mehr in der zielgerichteten Beeinflussung, sondern in der Übergabe von Beeinflussungsbemühungen an die Selbstorganisation autopietisch geschlossener sozialer Systeme.[631]

---

627 Diese Sichtweise der neueren Systemtheorie klingt für den Laien hier vielleicht ein Stück weit pessimistisch - trifft aber bei genauerer Betrachtung durchaus zu. Der hier nur scheinbar entstandene Widerspruch zu den Befunden des Human Resource-Ansatzes (Kapitel 4) und des Soziologie-Zugangs in Kapitel 1 mag den aufmerksamen Leser unter Umständen irritieren, weil dort doch der Mensch in den Mittelpunkt rückte. Die weiteren Ausführungen zur neueren Systemtheorie werden aber diesen Widerspruch auflösen, spätestens dann, wenn darauf hingewiesen wird, dass soziale Systeme auf die Existenz von Personen angewiesen sind. An dieser Stelle sei hier zusätzlich auf die Rollentheorie, beispielsweise von Turner verwiesen. Vgl. Turner 1956, S. 316-328.

628 Luhmann 1984, Kapitel 4

629 vgl. auch hier wieder die Ausführungen zu den verschiedenen theoretischen Zugängen, insbesondere die umweltrelevanten Befunde (beispielsweise Wissensgesellschaft, *Hypercompetition, Business Migration*).

630 Willke 1996a, S. 202f.

631 Nach Willke liegt ein soziales System dann vor, wenn Kommunikationen sich in einem geschlossenen Prozess rekursiv aufeinander beziehen, d. h. sich wechselseitig reproduzieren. Vgl. Willke 1996a, S. 67ff.

Willke bringt es auf den Punkt:

> Entgegen naiven Vorstellungen von Kommunikation und Handeln kommt es für die Inhalte der systemischen Interaktion nicht auf die Intentionen oder Interessen der beteiligten Individuen an, sondern auf die Gesetzmäßigkeiten der Operationsweise der betroffenen Sozialsysteme.[632]

Damit ist Kommunikation eine eigenständige autopoietische Operation, die drei verschiedene Selektionen - Information, Mitteilung und Verstehen - zu einer Einheit verknüpft, an die sich dann weitere Kommunikationen anschließen können.[633] Neben dieser Anschlussfähigkeit[634] ist es also sehr wichtig, dass die „drei Selektionen zur Synthese gebracht werden müssen, damit Kommunikation als emergentes[635] Geschehen überhaupt zustande kommt.

Die drei Selektionen sehen folgendermaßen aus: Aus einem Vorrat an Möglichkeiten wird etwas, das mitgeteilt werden soll, ausgewählt (*Information*). Dann muss ein bestimmtes Verhalten gewählt werden, um die Information zu überbringen (*Mitteilung*). Schließlich wird in einer dritten Selektion auf der Basis der Differenz von Information und Mitteilung auf der Seite des Empfängers *Verstehen* produziert, d. h. aus vielen Möglichkeiten des Verstehens eine ausgewählt.[636] Handlungen gelten dann als *Entscheidungen*, wenn sie unter Erwartungsdruck erfolgen. Luhmann stellt hierzu fest: „Von Entscheidung soll immer dann gesprochen werden, wenn und soweit die Sinngebung einer Handlung auf eine an sie selbst gerichtete Erwartung reagiert."[637] In Organisationen sind Handlungen immer Entscheidungen, denn es wird erwartet, dass entschieden wird.

Das bereits oben kurz erklärte Konzept der Autopoiese[638] sieht nun vor, dass soziale Systeme in ihrer Tiefenstruktur in sich geschlossen und damit von der Umwelt unabhängig sind. Die Beeinflussung des sozialen Systems durch die Umwelt gelingt durch die Kommunikation der außerhalb des sozialen Systems

---

632 Willke 1992, S. 30
633 Luhmann 1990a, S. 267
634 Willke 1987a, S. 336
635 Systeme gelten in dem Sinne als *emergente Erscheinungen*, als sie eine selbstreferentielle Erzeugung und Erhaltung von eigenen Elementen über deren Relationierung leisten, statt sich lediglich durch eine Vermehrung von gegebenen Elementen und/oder durch besondere Verknüpfungen zwischen gegebenen Elementen auszuzeichnen.
636 Luhmann 1984, S. 196f.
637 Luhmann 1984, S. 400
638 griech.: *auto* = selbst und *poein* = machen

stehenden Mitarbeiter.[639] Luhmann spricht hier von mitlaufender Selbstreferenz, d. h. der Kombination von Selbst- und Fremdreferenz.[640] Daraus folgt, dass das soziale System nicht auf irgendein Ereignis von außen reagiert, sondern davon abhängt, ob dieses Ereignis durch die Mitarbeiter als Kommunikation in das soziale System gelangt - man spricht auch von der systemspezifischen Umweltverarbeitung, weil dies nach den eigenen Regeln des Systems abläuft.[641]

Abschließend kann hier als wesentlicher Vorteil der neueren Systemtheorie festgehalten werden, dass Handlungen in Sozialsystemen in bisher nicht beachteter Komplexität reflektiert werden, wobei auch Aspekte des Nicht-Handelns, der nonverbalen Kommunikation und Widersprüche einzubeziehen sind. Dieser Theorieansatz bietet damit Chancen, Wirtschaftsabläufe umfassender als bisher zu analysieren.

Im nachfolgenden Kapitel werden nun einige Auswirkungen der systemtheoretischen Befunde auf das Management im Allgemeinen und das Wissensmanagement im Besonderen untersucht. In einem Ausblick werden zentrale Merkmale der neueren Systemtheorie wieder aufgegriffen und mit ausgewählten Wissensmanagement-Instrumenten in Verbindung gebracht.

7.3 Auswirkungen der Befunde auf das Management

Aus der hier grob skizzierten neueren Systemtheorie folgen Auswirkungen auf ein neues Managementverständnis.[642]

Wenn ein System geschlossen ist, greift auch die Vorstellung eines souveränen, außenstehenden Lenkers nicht mehr. Vielmehr sind die Bedingungen für Steuerungen innerhalb des Systems zu suchen. Jede Steuerung geschieht im System und ist notwendigerweise (und nicht aufgrund von Effizienz- oder Humanitätsüberlegungen) Selbststeuerung. Das schließt freilich eine Außensteuerung nicht aus. Im Gegenteil: Das Herbeireden von erwünschter Wirklichkeit ist die zentrale Aufgabe von Managern. Ein zentrales Anliegen der neueren Systemtheorie ist

---

639 Wie bereits oben ausgeführt, bestehen soziale Systeme ex definitione nur aus Kommunikation, nicht aus Menschen. Die Mitarbeiter befinden sich zwar außerhalb des sozialen Systems, sind aber für dessen Existenz selbstverständlich notwendig.
640 Luhmann 1984, S. 604
641 Der oben erwähnte zweite Hauptsatz der Thermodynamik hat auch in der neueren Systemtheorie Gültigkeit.
642 vgl. außerdem Kapitel 8 und die dort dargestellten Interdependenzen zwischen allen in diesem Band aufgezeigten Zugängen.

aber die Erkenntnis, dass das soziale System mittels Selbststeuerung über das Schicksal solcher Steuerungsversuche selbst entscheidet. Für das Management folgt daraus, dass bei genauer Betrachtung nicht mehr Einstellungen, Motive und Verhalten zu managen sind, sondern *die dahinter stehenden Entscheidungen, Strukturen und Kommunikationen*. Die traditionelle Annahme, dass soziale Systeme aus Personen bestehen, bezeichnet Luhmann als Erkenntnisblockierung.[643]

Die Aufgabe des Managements liegt beispielsweise in der *Identifikation von Regeln*, welche die einzelnen Kommunikationen zu Prozessen verketten und die oben beschriebene Selektivität der Kommunikation einschränken.[644] Weil Entscheidungen selbst als Ereignisse keinen Bestand haben, muss sichergestellt werden, dass Entscheidungen neue Entscheidungen produzieren, dass also die Autopoiese des Systems unterstützt wird. Dabei ist es für das Management wichtig, zu erkennen, dass Strukturen zum einen aus veränderungswilligen Kognitionen bestehen (Reversibilität von Strukturen) und aus enttäuschungsresistenten Normen (Irreversibilität von Entscheidungen).[645] Wie oben bereits ausgeführt wurde, macht zum einen die autopoietische Geschlossenheit[646] dem sozialen System den Kontakt zur Umwelt erst möglich und zum anderen kann das System seine innere Ordnung durch seine selbstreferentielle Geschlossenheit aufrechterhalten - letzteres ist für ein Überleben des sozialen Systems unabdingbar.

Abschließend kann zur Rolle des Managements hier festgehalten werden, dass einerseits Systeme bzw. Organisationen „nichts" sind ohne Manager und Mitarbeiter, andererseits aber Manager nichts aus sich heraus in der Organisation verändern können. Veränderungen können „durch" Manager nur soweit entstehen, als die Organisation Veränderungsangebote und -zumutungen, die von den Managern an sie herangetragen werden, aufgreift und zu ihren eigenen macht. Der Steuerungsoptimismus weicht der Vorstellung wechselseitiger Abhängigkeit.

---

643 Luhmann 1997, S. 24

644 vgl. hierzu den nachfolgenden Ausblick und insbesondere die Instrumente der in Götz/Schmid 2004 vorgestellten Unternehmensfallbeispiele.

645 Luhmann 1984, S. 436ff.

646 Bei genauerer Betrachtung handelt es sich um eine Art Zusammenspiel zwischen Geschlossenheit auf der basalen, die Kommunikationen (re-)produzierenden Ebene, und Offenheit gegenüber der Umweltebene, zu der auch die Mitarbeiter und Manager eines Unternehmens gehören, denn das soziale System selbst besteht, wie schon mehrfach erwähnt, nur aus Kommunikationen, nicht aus Personen. Ein System kann ex definitione niemals ganz offen sein, da es nur durch die Abgrenzung zur Umwelt zum System werden kann. So gesehen sind soziale Systeme umweltabhängig in bezug auf Irritationen und Anregungen, aber umweltlos bezüglich ihrer Autopoiese.

Bevor in einem Ausblick über ausgewählte Wissensmanagement-Instrumente auf die hier genannten zentralen Elemente *Beobachten, Entscheiden und Kommunikation* zurückgegriffen wird, soll nun der Bezug, zunächst zum Wissensmanagement und anschließend zur Wissensgesellschaft noch etwas genauer herausgearbeitet werden:

Bei den Einflüssen der Umwelt handelt es sich freilich nicht um reine Informationen, sondern vielmehr um mehr oder weniger „rohe" Daten, die dann von den Systemen im Wege der Kommunikation zu Informationen gemacht werden.[647] Dabei entfaltet das System natürlich ein Stück weit Eigenleben, Eigendynamik oder gar Eigen-Sinn, so dass es auf denselben „Input" zu verschiedenen Zeiten verschieden reagiert, ergo von seinem eigenen Zustand in seiner Interpretationsleistung beeinflusst wird. Erst wenn das „Rauschen" der Umwelt mit Hilfe systeminterner Differenzierungs- bzw. Selektionsschemata wahrgenommen und bearbeitet wird, entsteht für das System eine interpretierbare Umwelt. Damit gelangt Umwelt in den Wissensprozess des Systems, d. h. es wird zum Inhalt von Kommunikationen und Entscheidungen. Somit ist Information folgerichtig keine objektive, systemunabhängige Einheit, die aus der Umwelt in das System eingeführt werden könnte, sondern immer von rein systemimmanenter Qualität.[648]

Im Kontext der Organisationswissenschaft hebt sich der Ansatz von Willke, die Verbundenheit von Gesellschaft und Organisation näher zu bestimmen, als Ausnahme von anderen Ansätzen, beispielsweise von denen von Zucker[649] und Perrow[650] ab.[651] Letztere proklamieren zwar, dass die *„Organisationsgesellschaft"* ihre Berechtigung hat, beschreiben jedoch nur Teile der Gesellschaft, nicht aber die Gesellschaft selbst - sie sind damit von einer Gesellschaftstheorie weit entfernt. Willke hält eine sinnvolle Intervention nur dann für möglich, „wenn dem Eingriff ein zumindest in den *Grundlagen* angemessenes Bild der Realität moderner komplexer Gesellschaften zugrunde liegt (Hervorh. d. Verf.)."[652]

---

647 vgl. hierzu bei Götz/Schmid 2004 die verschiedenen Klassifikationen, beispielsweise die nach Daten, Informationen, Wissen, aber auch die Fallstudien (beispielsweise BMW).
648 Wimmer 1989, S. 26
649 Zucker 1983, S. 1-47
650 Perrow 1991, S. 725-762
651 Wie wichtig das Einbeziehen der Wissensgesellschaft in die Unternehmenspraxis ist, wurde bereits in Kapitel 1 (Soziologie-Zugang) eingehend dargestellt, beispielsweise am entropischen Sektor und an der Interaktionserfordernis zwischen Politik und Wirtschaft; vgl. zu letzterem insbesondere Willke 1997, S. 346ff.
652 Willke 1996d, S. 39

Diese Grundlagen macht Willke an folgenden vier Punkten fest:

Erstens handelt es sich bei der modernen Gesellschaft um ein weitgehend verselbstständigtes System, das aus Kommunikationen besteht und in seiner eigenen Logik nicht ohne weiteres von Individuen geändert werden kann.

Zweitens besteht die Gesellschaft aus einer Reihe spezialisierter und ausdifferenzierter Teilsysteme[653] und damit aus jeweils ebenso spezialisierten fachlichen Kommunikationen. Dadurch entstehen neben einer erhöhten Problemlösefähigkeit auch neue Probleme,[654] beispielsweise „durch die intensiver werdenden Verflechtungen des Wissenschaftssystems mit anderen Funktionssystemen der Gesellschaft."[655]

Drittens spielen Organisationen bei der Bearbeitung gesellschaftlicher Probleme eine wesentliche Rolle.[656] Dabei gilt es zu berücksichtigen, dass deren verschiedene Kontexte auch ganz unterschiedliche Regeln hervorbringen.

Viertens sind Organisationen nicht nur Problemlöser, sondern auch Verursacher von Problemen.[657] Mit diesem Ansatz ist ein wichtiger Schritt in Richtung einer Vermittlung von Organisation und Gesellschaft getan.

Für die Politik beispielsweise folgert Willke:

> Dies soll nicht heißen, dass die Politik auf diesen Feldern (den traditionellen Feldern, aber insbesondere den von ihm genannten „hot spots" der Wissensgesellschaft: beispielsweise F&E-Politik, Anm. d. Verf.) nichts zu suchen hätte; aber sie muss ihre Aufgabe und ihre Leistung umdefinieren, um von den anderen beteiligten Systemen überhaupt noch ernst genommen zu werden. Sie muss begreifen, dass ihre Funktion im Kontext der Wissensgesellschaft nicht mehr Steuerung und Kontrolle ist, sondern Kontextsteuerung durch Supervision und die Moderation differenzierter Prozesse der Selbstorganisation.[658]

Willke kommt bei der Untersuchung der Beziehungen zwischen Gesellschaft und Organisation zu dem Schluss, dass die Gesellschaft von Großorganisationen beherrscht wird.[659]

In den vorangegangenen Ausführungen ist immer wieder das Phänomen der *Steuerung* aufgetaucht. Nach Willke zielt Steuerung darauf, „unwahrschein-

---

653 vgl. hierzu in Kapitel 1 zum Primat der funktionalen Differenzierung.
654 Willke 1996d, S. 46f. und 59
655 Willke 1998b, S. 232. Dieses Problem der Ignoranz wird nachfolgend näher ausgeführt.
656 vgl. auch hierzu Kapitel 1 zum Primat der funktionalen Differenzierung.
657 Willke 1996d, S. 294 sowie die Beispiele des entropischen Sektors in Kapitel 1
658 Willke 1997, S. 318
659 Willke 1996a, S. 189ff.

liche' Selektionen von Optionen zu fördern, um so die Trajektorien der ablaufenden Kommunikationen in eine bestimmte Richtung zu bringen."[660]

Weiterhin unterscheidet Willke zwischen operativer Steuerung, die immer nur das zu steuernde System selbst ausführen kann, da - wie bereits oben mehrfach betont - niemand sonst in seine internen Handlungsabläufe eingreifen kann (Selbstreferenz!) und kontextueller Steuerung. Letzteres meint die Steuerung von außen. Auch hier wurde bereits erwähnt, dass eine Steuerung von außen (beispielsweise durch die Manager eines Unternehmens) nicht in die systeminterne Operationsweise direkt eingreifen kann, sondern lediglich Bedingungen (quasi Anreize) setzt, an denen sich das zu steuernde System in seinen eigenen Selektionen orientieren kann, aber freilich nicht muss.[661] Auch hier stellt Willke fest:

> Es liegt auf der Hand, dass eine solche Einflussnahme umso besser funktioniert, je stärker das zu steuernde System auf den Steuerungsanreiz anspricht; und umgekehrt [...]. Einem Hartmut Esser kann ich Systemtheorie noch so geduldig erklären - er wird immer nur an Fußball denken.[662]

Zur Realisierung von Steuerung unterscheidet Willke folgende drei Größen bzw. Steuerungsmedien: Macht, Geld und Wissen. Bevor nun auf den hier besonders relevanten dritten Typus etwas ausführlicher eingegangen wird, soll an dieser Stelle erwähnt werden, dass das *Steuerungsmedium Macht*[663] in der elaborierten Form des demokratischen Verfassungsstaates[664] gelungen ist. Indikatoren, die für eine Zivilisierung des *Steuerungsmediums Geld*[665] sprechen, sind beispielsweise der Wohlfahrtsstaat, die soziale Marktwirtschaft und die Menschenrechte. Für das dritte *Steuerungsmedium Wissen* hat die Zivilisierung dagegen noch kaum begonnen. Aufgrund dieser Tatsache und der unmittelbaren Bedeutung hinsichtlich des hier im Vordergrund stehenden Verhältnisses von *Wis-*

---

660 Willke 1998b, S. 189
661 Willke 1998, S. 181f.
662 Willke 1998b, S. 182
663 Willke 1998b, S. 142-180. Bezogen auf das Management bedeutet dies, dass in Anbetracht der immer komplexer werdenden Umwelt und Organisation (Ashbys Gesetz) es immer weniger sinnvoll erscheint, auf machtbasierte Kommunikation bzw. Steuerung zu setzen.
664 Am Steuerungsmedium „Macht" kommt besonders deutlich die bereits in Kapitel 1 im Zusammenhang mit der Wissensgesellschaft angesprochene Notwendigkeit der Kooperation zwischen Politik und Wirtschaft und der vielversprechende Ansatz der Supervision von Willke zum Ausdruck. Kollaterale Güter wie Berufsausbildung sind daher nicht im Alleingang, sondern nur in Kooperation zwischen privaten und öffentlichen Akteuren anzubieten. Willke 1998b, S. 172-174 sowie ders. 1998, S. 377f.
665 Willke 1998b, S. 181-230

sensorganisation und *Wissensgesellschaft* soll dies etwas ausführlicher behandelt werden.[666]

Die zunehmende Wissensabhängigkeit moderner Gesellschaften zum einen und moderner Unternehmen zum anderen führt dazu, dass erstere sich um eine wissensbasierte Infrastruktur[667] bemühen muss und letztere ein stets lernfähiges Wissensmanagement aufbauen müssen. Neben Infrastrukturen für den Informationsaustausch spielen aber insbesondere die noch wenig erforschten Suprastrukturen eine Schlüsselrolle für den Erfolg.

Willke versteht darunter Regulierungssysteme und institutionelle Steuerungsregimes, kulturelle Orientierungen sowie kollektive Identitäten sozialer Systeme, die für eine funktionsfähige Wissensgesellschaft bzw. für ein funktionsfähiges Wissensmanagement unabdingbar sind, aber hierzu einer umfassenden Revision bedürfen.[668] Nachfolgende Tabelle veranschaulicht noch einmal im Überblick die Zusammenhänge innerhalb der drei Steuerungsmedien. Dabei wird klar, dass die Ressource „Wissen" dem Risiko der Ignoranz unterliegt.[669]

---

666 Willke 1998b, S. 234
667 Willke differenziert zwischen öffentlichen Infrastrukturen der ersten Generation (beispielsweise Versorgungsleistungen) und wissensbasierten Infrastrukturen der zweiten Generation („intelligente Infrastrukturen"): beispielsweise Internet, Intranet, Extranet. Hierzu Willke 1998, S. 371
668 Willke 1998, S. 19f. und 375-381, außerdem die Ausführungen am Ende des Berichts sowie dort Abbildung 4
669 Willke 1998b, S. 257. Ignoranz ist ein sehr treffender Begriff für ein sehr vielschichtiges Phänomen, das sehr unterschiedliche Ursachen hat.

Problem	Knappes Gut	Infrastruktur	Träger (Beispiele)
Gewalt	Macht	machtbasiert	Polizei, Militär, Gerichte
Armut	Geld	geldbasiert	Finanzämter, Sozialämter, Sozialwohnungen
Ignoranz	Wissen	wissensbasiert	Forschungsinstitute, Expertensysteme, Beratungsinstitutionen

Tabelle 15: Gesellschaftliche Problemlagen, Knappheiten und öffentliche Infrastruktur[670]

Vor diesem Hintergrund diagnostiziert Willke folgenden ernüchternden Status quo zum Wissensmanagement:[671]

STATUS QUO ZUM WISSENSMANAGEMENT

„Selbst Firmen und Einrichtungen, die auf professionelle, wissensbasierte Leistungen ausgerichtet sind, wie etwa Beratungsunternehmen, Zeitungen, Fachzeitschriftenverlage, Fachkliniken, Schulbehörden, Bibliotheken etc., unterscheiden sich in ihrem Wissensmanagement kaum von den Manufakturen des 17. Jahrhunderts. Nahezu alles Wissen steckt in den Köpfen von Menschen; es gibt Listen, Karteikästen und ähnliches; aber das gesamte Arrangement ist eher darauf angelegt, den Zugang und die allgemeine Nutzung des Wissens zu verhindern, als zu fördern. Ältere Kollegen lieben es, die Jungen gegen die Wand laufen zu lassen, im besten Fall, damit sie ‚eigene Erfahrungen' machen. Das mühsam erworbene Wissen wird entsprechend eifersüchtig gehütet und nur in strategisch günstigen Momenten angedeutet. Vor allem gibt es ein Übermaß an ‚Verhinderungswissen', also Wissen darüber, dass (weniger warum) etwas nicht geht, nicht funktionieren kann, keine Chance hat etc., insbesondere, wenn es etwas Neues ist (Hervorh. d. Verf.)."

---

670 Willke 1998, S. 257
671 Willke 1998b, S. 308f. (1. Auflage 1994); vgl. ders. 1998, S. 400f.

Fraglich ist allerdings, ob Beratungsunternehmen tatsächlich hier pauschal als Beispiel für schlechtes Wissensmanagement herangezogen werden können, denn erstens werden diese in Götz/Schmid 2004 mit *Best Practices* in Verbindung gebracht und zweitens führt Willke selbst beispielsweise *McKinsey* und *Arthur D. Little* als Fallstudien für intelligente Organisationen mit besonders interessanten Hinweisen über deren Wissensmanagement-Praxis an.[672]

Aus den hier vorgestellten systemtheoretischen Befunden kristallisieren sich drei besonders zentrale heraus, weil sie allesamt sehr stark mit der Praxis des wissensbasierten Innovationsprozesses verstrickt sind: Wissen, Kommunikation und Entscheidungen. Diese drei spielen freilich im Zusammenhang mit den Wissensmanagement-Instrumenten für den Innovationsprozess eine besondere Rolle.[673]

Die Instrumente fungieren quasi als Ergänzung zu den bereits an früherer Stelle genannten, etwa im Rahmen der *Best Practices* in unserem weiteren Band. Beispielsweise besteht im Innovationsprozess sehr oft ein für das Wissensmanagement durchaus relevantes Problem, hochgradig verteiltes Wissen an dem Ort, an dem die Entscheidung fällt, zusammenzubringen.[674] Doch auch im glücklichen Falle des Zusammenfalls beider Orte hat u. a. die Qualität des Entscheidungsprozesses, die Fähigkeit und Bereitschaft wirksam miteinander zu kommunizieren, nachhaltigen Einfluss auf die Qualität der Umsetzung und damit auf das Ergebnis des Wissensmanagement-Prozesses.[675]

DILEMMA DES WISSENSMANAGEMENTS

„Einerseits steigt der Bedarf an Wissen, Wissensbasierung, intelligenter Information, sowie an Infrastrukturen und Technologien des Transfers von Wissen; andererseits machen es die Merkmale organisierter Komplexität (Differenzierung, Spezialisierung, verteilte Dislozierung, lokale Autonomie) nahezu unmöglich, das vorhandene und erforderliche Wissen so zu aktivieren und zu koordinieren, dass es gemäß der Mission des Gesamtsystems an den Stellen verfügbar wird, wo die jeweils notwendigen Entscheidungen fallen."

---

672 Willke 1998b, S. 312-318, ders. 1995, S. 57-61, *(McKinsey)* und S. 62-66 *(Arthur D. Little)*.
673 Diese werden anhand von drei Phasen des Wissenstransfers und den hierzu empfohlenen Instrumenten für die Praxis in Götz/Schmid 2004 ausführlich untersucht.
674 Wilensky 1967, S. 41
675 vgl. Götz/Schmid 2004

Abschließend soll hinzugefügt werden, dass neben der Problematik des Wissensmanagements durch Dezentralisierung offenbar auch die früher weit verbreitete Zentralisierung nicht die Lösung des Problems darstellt, denn dann dominieren unweigerlich die alten Probleme des Herrschaftswissens entlang von Hierarchien.[676] In allen komplexen Systemen sind Hierarchie, Spezialisierung und Zentralisierung die Hauptgründe für das Ablocken und Deformieren von Wissen.[677]

---

[676] Willke 1998b, S. 288
[677] Wilensky 1967, S. 42

*Wer zur Quelle gehen kann,
gehe nicht zum Wassertopf.*

LEONARDO DA VINCI

8 Interdependenzen zwischen den Zugängen

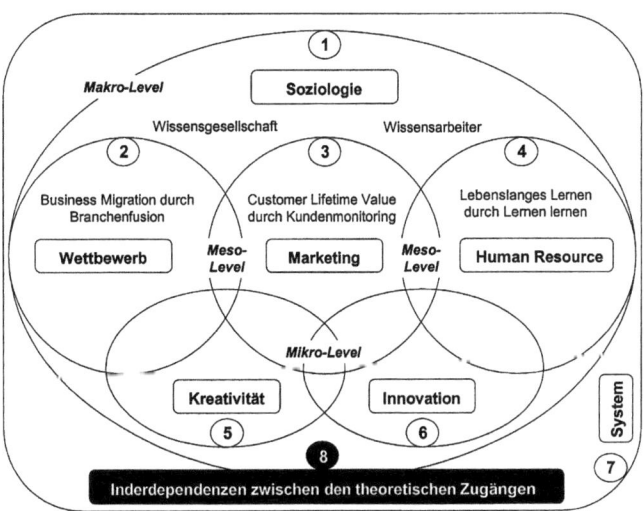

Abbildung 33: Die Interdependenzen zwischen den Theorien

Organisations- und Gesellschaftstheorie widmen sich weitgehend eigenen, speziellen Bereichen und Problemen. Es ist ein zentrales Anliegen der neueren Systemtheorie, die Interdependenzen zwischen Gesellschaft und Unternehmen genauer bzw. systemisch zu untersuchen. Genau dieser Sachverhalt soll im Rahmen der nachfolgend beleuchteten Interdependenzen, dem eingangs zugrundegelegten Makrosystembezug und den Ausführungen entsprechend zu den einzelnen theoretischen Zugängen in den Kapiteln 1 bis 7 weiter analysiert werden. Dabei wird auf das Fundament der einzelnen theoretischen Zugänge aus den vergangenen Ausführungen zurückgegriffen bzw. dieses als Grundlage vorausgesetzt:[678] Ausgehend vom theoretischen Zugang der Soziologie und der dort im Mittelpunkt stehenden Wissensgesellschaft werden von der gesellschaftlichen Makro-Ebene über die gesamtwirtschaftliche Meso-Ebene bis zur einzelwirtschaftlichen Mikro-Ebene des betrieblichen Innovationsmanagements ausgewählte Interdependenzen dargestellt.

8.1 Soziologie und Wettbewerb

Die Idee einer Wissensgesellschaft ist nicht neu. Etzionis Modell der „aktiven Gesellschaft" mit den wichtigen Hinweisen zum Verhältnis Politik und Wissen, aber auch Bells „Postindustrielle Gesellschaft" mit der proklamierten Dominanz wissensbasierter Dienstleistungen haben zwei Jahrzehnte lang ein Schattendasein geführt.[679] Willke schreibt die gegenwärtige Renaissance dem Verdienst des Themas „Managementtheorie" zu und betont, dass von Wissensgesellschaft nur dann gesprochen werden sollte,

> [...] wenn qualitativ neue Formen der Wissensbasierung und Symbolisierung alle wesentlichen Bereiche einer Gesellschaft durchdringen. Solche neuen Formen sind nicht ohne weiteres auszumachen, denn schließlich haben auch frühere Gesellschaftsnormen auf Wissensbasierung und Symbolisierung von Sinnzusammenhängen zurückgegriffen.[680]

Bei der Charakterisierung der Wissensgesellschaft in Abgrenzung zur Industriegesellschaft steht nicht allein die Fokussierung auf die „Ressource Wissen" als Produktionsfaktor im Mittelpunkt der Betrachtung, sondern auch das Tempo der Veränderung der Wissensbasis im Zeitwettbewerb.[681] Die zunehmende Beschleunigung der Entwicklung von Technologien, Produkten, Dienstleistungen, Absatzwegen[682] und Märkten führt dazu, dass das zur Strukturierung von Produktion und Austausch erforderliche Wissen nicht mehr über die traditionellen

---

678 Hinweise dazu wurden bei den jeweiligen Stellen in den vorangegangenen Kapiteln gegeben; vgl. auch Kapitel 1 und 4
679 Etzioni 1971, Kapitel 6-9 und Bell 1976, Kapitel 2 und 3
680 Willke 1998, S. 356
681 Willke 1998b, S. 231ff. und darüber hinaus zum einen die visualisierten Halbwertszeiten des Wissens in Kapitel 6 sowie die Ausführungen zum Hyperwettbewerb in Kapitel 2, in dem der Zeitwettbewerb einen einzelnen, aber keineswegs einzigen Bestandteil darstellt.
682 Götz/Schmid 2004: Beispielsweise die aktuellen Entwicklungen bei der Etablierung eines digitalen Automobilvertriebs.

Institutionen des Bildungswesens vermittelt wird.[683] Auch die Projektion des Wissens auf berechenbare Berufskarrieren von auf Dauer in Organisationen inkludierten Individuen ist heute genauso wenig realistisch wie dessen Anwendung in einem stabilen Kontext von intra- und interorganisationalen Beziehungen und dessen erfolgreiche Verwertung auf Märkten.

Während die Unternehmen der Zukunft sich im Interesse ihrer eigenen Überlebensfähigkeit mehr und mehr zu virtuellen Heterarchien entwickeln, um so den Herausforderungen des Hyperwettbewerbs Paroli bieten zu können, stehen ebenso die modernen Gesellschaften im Wettbewerb zueinander. Das Geheimnis einer wirklich wettbewerbsfähigen Gesellschaft besteht darin, die Binnenwirtschaft, die die Produkte und Dienstleistungen in räumlicher Nähe zum Endverbraucher anbietet, und die globale Wirtschaft, welche durch ein weltweites Management der Wertkette gekennzeichnet ist, in Einklang zu bringen. Dabei steht der Besitz der Wertkette gar nicht mehr so sehr im Vordergrund.

Das Ziel ist vielmehr die Kontrolle und Steuerung der Wertkette. Moderne Gesellschaften werden daher - wie Unternehmen - im Interesse ihrer Wettbewerbsfähigkeit ein effizientes Strukturmanagement betreiben müssen. Gesundheitswesen, Bildung, Forschung sind nur wenige, aber wichtige und entscheidende Bereiche.

Ein Mangel an Wettbewerbsfähigkeit geht nicht allein auf falsche Unternehmenspolitik zurück, sondern hat auch viel mit dem Unvermögen von Regierungen bzw. der mangelnden Kooperation bei den oben erwähnten kollateralen Gütern zu tun.[684]

Garelli entwickelt daher folgende zehn Gebote einer Wettbewerbsgesellschaft (vgl. nachfolgender Textkasten). Die Realisierung einer wettbewerbsfähigen Wissensgesellschaft[685] ist ein fundamentaler Schritt:[686]

---

683 vgl. Ausführungen zum Human Resource-Ansatz in Kapitel 4.
684 Garelli 1998, S. 565, 567 und 569f.
685 Tissen et al. 2000, S. 95-97
686 Garelli 1998, S. 569

DIE ZEHN GEBOTE EINER WETTBEWERBSGESELLSCHAFT

1. Schaffe ein stabiles und zuverlässiges rechtliches Umfeld.

2. Arbeite an einer flexiblen und unverwüstlichen Wirtschaftsstruktur.

3. Investiere in die traditionelle und technologische Infrastruktur.

4. Fördere privates Sparen und öffentliche Investitionen.

5. Entwickle auf internationalen Märkten Aggressivität (Export etc.) und erhöhe die Attraktivität für ausländische Investoren.

6. Setze auf Qualität und Geschwindigkeit mit Unterstützung durch Verwaltung sowie Reformen.

7. Schaffe ein Gleichgewicht zwischen Lohnniveau, Produktivität und Steuerlast.

8. Schütze das soziale Netz durch Verminderung von Vergütungsunterschieden und Stärkung der Mittelschicht.

9. Investiere massiv in Bildung, besonders in die weiterführenden Schulen, und in die lebenslange Weiterbildung und Verbesserung des Arbeitskräftepotenzials.

10. Schaffe ein Gleichgewicht zwischen der globalen und der Binnenwirtschaft, stärke den sozialen Zusammenhalt und schütze das Wertesystem der Bürgerinnen und Bürger.

So wie der Nationalstaat mit seinem Machtregime den gesellschaftlichen Zwängen eines Sozialstaates mit seinem Versicherungsregime weichen musste,

> so sieht sich der Staat der technologischen Gesellschaft noch radikaler entzaubert [...]. Ein Risikoregime stellt die Fähigkeit der Politik und ihres Staates in Frage, kollektiv verbindliche Entscheidungen in rationaler und gerechter Weise und in diesem Sinne am Maßstab des Gemeinwohls orientiert zu treffen.[687]

---

687 Willke 1997, S. 27

Nachfolgende Tabelle 16 veranschaulicht diese Genese.

Historische Epoche	Steuerungsregime	Dominantes Problem
Bildung des Nationalstaates	Machtregime	Souveränität
Bildung des Sozialstaates	Versicherungsregime	Soziale Sicherheit
Bildung der technologischen Gesellschaft	Risikoregime	Technologische Risiken
Bildung der Wissensgesellschaft	Supervisionsregime	Kognitive Dissonanz der Systeme
Drohender Zusammenbruch des Sozialsystems	Eigenverantwortung	Verteilungsproblem

Tabelle 16: Regime und ihre sozietalen Problemlagen[688]

Eine wettbewerbsfähige Wissensgesellschaft,[689] die u. a. die oben beschriebenen zehn Gebote nicht nur via Lippenbekenntnis ernstzunehmen scheint, sondern auch im Wege der Supervision in die Tat umsetzen kann

> wird sich erst etablieren, wenn eine kritische Masse an Wissensbasierung in die „normalen" Operationsformen aller Funktionssysteme eingelassen ist, wenn also die Politik wie das Gesundheitssystem, das Rechts- wie das Erziehungssystem, die Religion wie der Sport, die Kunst wie die Ökonomie nicht nur gelegentlich und in Sonderfällen auf spezialisiertes Wissen zurückgreifen müssen, um sich zu reproduzieren, sondern wenn dies die Regel wird.[690]

Abschließend soll ein jüngeres Beispiel aus der Unternehmensrealität die Bedeutung der hier geschilderten Interdependenz veranschaulichen: Das internationale Kleider-Versandunternehmen *Lands' End* wurde von der „Zentrale zur Bekämpfung unlauteren Wettbewerbs e. V." verklagt, weil Konkurrenten die Wer-

---

688 In Erweiterung/Aktualisierung an Willke 1997, S. 13
689 vgl. Klotz 2002, S. 200ff.
690 Willke 1997, S. 39

bung von *Lands' End* für eine seit Jahren gültige, uneingeschränkte[691] Rückgabegarantie verhindern wollen.[692] Das Beispiel zeigt, dass hier die angestrebte Qualität bzw. die Kundenorientierung eines Anbieters durch öffentliche Instanzen nicht gefördert, sondern eher gehemmt wurde. Volkswirtschaftlich betrachtet schränkte hier ein Gericht die Wohlfahrtssteigerung und die gar nicht hoch genug zu bewertende Konsumentensouveränität radikal ein. Inzwischen hat *Lands' End* aber doch Recht bekommen.

Die hier angesprochene Konsumentensouveränität[693] kann aber auch durch die Unternehmen bewusst beeinträchtigt werden. Galbraith übte bereits in den 60er Jahren Kritik und verbannte die Konsumentensouveränität ins Reich der Utopien:

> Der Verbraucher sei durch eine das Unterbewusstsein ansprechende Werbung so programmiert, dass er nicht die Güter nachfrage, die er an sich zu haben wünscht, sondern jene, von denen die Anbieter wollen, dass er sie konsumiere. Wie dies funktioniert, erläutert der bekannte Systemkritiker an Hand eines konkreten Beispiels aus der Automobilindustrie.[694]
>
> Um die Nachfrage nach neuen Autos zu schaffen, müssen wir Jahr für Jahr höchst verzwickte und zwecklose Änderungen ersinnen und dann den Verbraucher rücksichtslos unter psychologischen Druck setzen, um ihm ihre Wichtigkeit einzureden.[695]

---

691 ‚Uneingeschränkt' ist hier so zu verstehen, dass Kunden Lands' End-Produkte unabhängig vom Kaufdatum zurückgeben können und unabhängig von der Begründung Umtausch oder Kaufpreisrückerstattung erhalten.

692 In der ersten Instanz sprach sich das Landgericht Saarbrücken für *Lands' End* aus, doch die Gegenpartei ging in Berufung. Das Oberlandesgericht Saarbrücken hat anschließend das Urteil der ersten Instanz abgeändert und der Klage der Wettbewerbszentrale stattgegeben. Nun durfte das Unternehmen für seine Garantie nicht mehr werben - das Unternehmen hält aber an der Gewährung seiner Garantie auch weiterhin fest und versucht mit dem Argument, den deutschen Kunden den gleichen Service bieten zu wollen wie den Kunden in allen anderen Ländern auch, Berufung vor dem Bundesgerichtshof einzulegen.
Vgl. Bechwar 1998. Inzwischen hat *Lands' End* Recht bekommen: In den aktuellen Prospekten wirbt *Lands' End* mit der uneingeschränkten Garantie. Näheres unter: www.landsend.de

693 Kroeber-Riel 1996, S. 651f, 659 und 661. Die Konsumentensouveränität verkörpert als ordnungspolitisches Prinzip die Interdependenzen zwischen Gesellschaft und Wettbewerb par excellence. Konsumentensouveränität liegt vor, wenn die Wirtschaft ihre Impulse letztlich von den Verbrauchern erhält, so dass sich die Anbieter bei der Bereitstellung von Gütern und Dienstleistungen zumindest längerfristig nach den Konsumentenwünschen richten müssen.

694 Nieschlag et al. 1997, S. 56

695 Galbraith 1968, zitiert in Nieschlag et al. 1997, S. 56

8.2 Wettbewerb und Marketing

Zweifellos bestehen zwischen Wettbewerb und Marketing besonders auffällige Interdependenzen. Es genügt bereits, die Maxime des Marketings Revue passieren zu lassen, um zu der Feststellung zu gelangen, dass diese zum einen in der Produktpositionierung beim Kunden im Sinne einer möglichst geringen Distanz zum Idealprodukt *(Markendominanz)* und zum anderen in der Produktdifferenzierung gegenüber dem Wettbewerb durch eine möglichst ausgeprägten Unique Selling Proposition[696] *(Markendifferenzierung)* besteht.[697]

Insofern kann hier explizit von einer Konvergenz zwischen der Outside-In-Perspektive *(Market-Based View* bzw. *Market Pull)* und der Inside-Out-Perspektive *(Resource-Based View* bzw. *Technology Push)* im Innovationsprozess gesprochen werden, d. h. die traditionelle Antinomie ist spätestens im Wissenszeitalter nicht nur unzeitgemäß, sondern überwunden.[698] Dabei gilt es zu berücksichtigen, dass einerseits stark kundenorientierte Unternehmen Gefahr laufen, die Bedeutung technologischer Erfolgsfaktoren zu unterschätzen und daher von technologieliebenden Unternehmen im Wettbewerb überholt werden. Andererseits existiert aber auch eine ganze Reihe von Beispielen, die zeigen, dass technologisch führende Unternehmen ihre anfänglich beherrschende Marktposition verloren haben, da sie technisch hochwertige Produkte nicht kundengerecht angeboten hatten.[699]

Hier muss für die Automobilbranche ergänzt werden, dass nicht selten im Wege des *Overengineering*[700] dem Kunden Produktmerkmale angeboten wurden, die u. a. folgende, unattraktiven Optionen umfassten: Im ersten Fall nimmt der Kunde das Merkmal überhaupt nicht wahr (beispielsweise zusätzliche Tempomatfunktionen),[701] im zweiten Fall nimmt er es zwar wahr, honoriert es aber

---

696 vgl. zum *USP* die Ausführungen weiter unten.
697 In Erweiterung an Meffert 1998, S. 788ff.
698 Rühli 1995, S. 51ff. und Buchholz et al. 1995, S. 27
699 Althaus 1995, S. 46
700 *Overengineering* bedeutet, dass ein Anbieter Wissen, Geld, Zeit u. a. bei der Entwicklung von Produkten verschwendet, den Kunden dafür zur Kasse bittet und dem Wettbewerb gegenüber den potenziellen Trumpf zuspielt, seine Ressourcen vernünftiger einsetzen zu können.
701 Selbst durchgeführte Expertenbefragungen im Vertrieb bestätigen, dass fast kein Kunde und auch längst nicht alle *Mercedes*-Verkäufer sämtliche Funktionen des *Mercedes*-Tempomaten kennen. Das Gros nutzt die Basisfunktionen, bezahlt aber für weitere Zusatzfunktionen. Betriebsanleitungen werden in der Regel ungern gelesen und selbst von technisch versierten Personen oft gar nicht oder zumindest missverstanden. Auch hier könnte wirksames Wissensmanagement zu besseren Resultaten führen.

nicht, d. h. auch hier ist Mehrpreisfähigkeit ausgeschlossen (beispielsweise elektrisch verstellbarer Innenspiegel[702] oder das *i-drive-Modul* von BMW und Audi[703]). Auch hier wird wieder deutlich, dass eindimensionales Denken einer systemischen Sichtweise weichen muss. Die Hebelwirkung des Chancen- bzw. Potenzialmanagements verknüpft Wissen über Möglichkeiten draußen im Markt (beispielsweise über latente Kundenvorstellungen[704]) mit Wissen über unternehmensinterne Möglichkeiten.[705] Halek spricht in seinem Potenzialansatz hier von einem „*Matching*"[706] zwischen internem und externem Wissen.[707]

In Anbetracht der Konvergenz von wettbewerbs- und marketingorientierten Bemühungen im Zeitalter des Hypercompetition korrespondiert daher der Aufbau temporärer Wettbewerbsvorteile mit temporären *USP's*.[708]

DER TRADITIONELLE USP UND SEINE RENAISSANCE

Rosser Reeves gilt als der Erfinder des USP (Unique Selling Proposition). Auch wenn dieser gängige Begriff von verschiedenen Autoren sehr weit und unterschiedlich ausgelegt wird, so versteht Reeves Folgendes darunter: Ein den Menschen überzeugendes, einzigartiges Nutzenversprechen beim Kauf eines bestimmten Produktes, wobei das Erfolgspotenzial des USP wesentlich davon abhängt, ob diese Einzigartigkeit vom Kunden überhaupt wahrgenommen (selektive Wahrnehmung) wird, für den Kunden wichtig ist (Gefahr des Overengineering) und von der Konkurrenz schwer kopierbar ist (beispielsweise durch Patentschutz). Der USP entstand bereits in den frühen 40er Jahren, vorerst nur in einem internen Papier von Reeves für seinen Arbeitgeber (die Werbeagentur Bates & Company), seine Kollegen und Kunden. Als sich herausstellte, dass sein Arbeitspapier unter der Hand zu beachtlichen Preisen gehandelt wurde, entschloss er sich 1961 zur hier zitierten Buchveröffentlichung. Zur echten Sensation

---

702 Erhältlich in der Vorgänger *S-Klasse* von *Mercedes-Benz (W 140)*.

703 Auch hier bestätigen Expertenbefragungen im Vertrieb, dass eine Vielzahl von Kunden die Steuerung von Heizung/Lüftung, Radio, TV, Navigation nicht über eine zentrale Bedienungseinheit tätigen wollen. Im gerade vorgestellten *Rolls-Royce Phantom* als neues Produkt und Marke der *BMW Group* hat man bewusst ein weniger überladenes *i-drive-Modul* installiert. Interessanterweise steht in der nicht minder komplexen Computerbranche eine neue Generation von PCs vor der Einführung - diese sollen wesentlich leichter zu bedienen sein und befreit von unnötigen und irritierenden Zusatzfunktionen und zudem wesentlich preisgünstiger offeriert werden. Damit soll u. a. auch älteren Bevölkerungsteilen der Weg ins Internet erleichtert werden (Vorbild USA).

704 vgl. Konzepte zur Externalisierung impliziten Wissens über latente Kundenwünsche.

705 Kreilkamp 1994, S. 96

706 o. V. 2002, S. 55. Engl.: passend. Der Begriff wird immer häufiger im Bereich der Personalvermittlung benutzt, wo es darum geht, Stellenangebote mit Bewerberprofilen über elektronische Datenpools miteinander in Einklang zu bringen, zu „matchen".

707 Halek 1998, S. 84

708 Reeves 1961 als Erfinder des *USP* und Disch 1998a, S. 207, und 210-212

wurde das Buch jedoch erst, als *Mobil Oil* aufgrund dieser Veröffentlichung seinen 12-Millionen-Dollar-Etat der Werbeagentur von Reeves anvertraut hat. Es war das erste Mal in der Geschichte der „Madison Avenue", dass ein Werbeetat auf eine Veröffentlichung hin die Agentur gewechselt hatte.

Wie groß die Interdependenz zwischen Markt und Wettbewerb ist, zeigt die nachfolgende Gegenüberstellung der beiden Konzepte der Marktevolution und der Phasentheorie des Wettbewerbs.

Wichtig für das Management von Wissen ist hier, dass die beiden Ansätze nicht nur dazu geeignet sind, vorhandenes Wissen zu nutzen, sondern auch neues Wissen zu produzieren.[709] Der Hyperwettbewerb verursacht eine nachhaltige Beschleunigung der Marktevolution in einem unbekannten Ausmaß.

Das *Konzept der Marktevolution*[710] bzw. die *Phasentheorie des Wettbewerbs* nach Heuss[711] besagt, dass neue Märkte entstehen, wenn zur Befriedigung eines bisher nicht gedeckten Bedürfnisses ein Produkt geschaffen wird. Genau genommen existiert bereits ein sog. latenter Markt, denn es gibt Personen, die ein solches Bedürfnis bereits in sich tragen, obwohl die Problemlösung noch nicht auf dem Markt ist.[712] Nach dieser Entstehungsphase (Experimentierphase) wird es dann zur Wachstumsphase (Expansionsphase) kommen, wenn sich das neue Produkt gut verkauft und damit neue Anbieter auf den Plan gerufen werden. Mit der Zeit decken die Marktteilnehmer alle größeren Marktsegmente ab und es kommt zur Reifephase (Ausreifungsphase), weil nun die neuen Anbieter immer häufiger in Segmente der Etablierten eintreten. Dadurch werden die Segmente

---

709 Die neuen Pionier-Wettbewerber orientieren sich längst nicht mehr an Branchengrenzen, sondern an der konsequenten Umsetzung von Wissen in für sie bisher fremden oder völlig neu definierten Märkten (*Business Migration),* vgl. auch Kapitel 2 in diesem Band.

710 Kotler 1999, S. 595-600

711 Heuss 1965. Die Bezeichnung der Marktphasen befindet sich vor der Klammer, die der Wettbewerbsphasen in der Klammer.

Auch wenn Helmut Arndt einer der ersten Ökonomen war, die den Wettbewerb in Anlehnung an Schumpeter in Phasen einteilte, so ist doch der Ansatz von Ernst Heuss wesentlich bekannter. Außerdem Arndt 1952.

712 Hier wird unterstellt, dass bisher unbefriedigte Bedürfnisse latent, also unbewusst vorhanden sein können, d. h. Bedürfnisse entstehen streng genommen nicht erst durch entsprechende Angebote, sondern verändern lediglich ihren Bewusstseinsgrad vom latenten zum aktualisierten Stadium bzw. werden zum Leben erweckt, also externalisiert.

immer kleiner und es kommt zu einer ausgeprägten Marktfragmentierung in Verbindung mit einem verlangsamten Marktwachstum.[713]

Die durch Wettbewerb verursachte Marktfragmentierung beendet keineswegs die Evolution des Marktes, denn es folgt durch Auftauchen neuer Produktmerkmale, also durch Innovationsmanagement häufig eine Marktkonsolidierung. Auch wenn dies nicht unbedingt zur Marktausweitung führen muss, vollzieht sich doch eine Verschiebung der Marktanteile zugunsten besonders innovativer und schnell agierender Unternehmen. Reife Märkte (beispielsweise der Automobilmarkt) neigen zu einem Pendeln zwischen Marktfragmentierung und Marktkonsolidierung.[714] In der Rückgangsphase (Stagnations- bzw. Rückbildungsphase) schwächt sich dann aber das Gesamtbedürfnisniveau stark ab oder eine neue Technologie ersetzt die alte und es kommt zur Wiederbelebung der Nachfrage.

Heuss entwickelte in Erweiterung an Schumpeter für die Phasen eine entsprechende Unternehmertypologie, nach der in den ersten beiden Phasen (Experimentier- bzw. Expansionsphase) initiative Pionierunternehmer bzw. spontan imitierende Unternehmer typisch sind, in den beiden letzten Phasen (Ausreifungs- bzw. Stagnations-/Rückbildungsphase) konservativ unter Wettbewerbsdruck reagierende bzw. immobile Unternehmer dominieren.[715] Insbesondere bei Götz/Schmid 2004 wird anhand der Fälle aus den Unternehmen zum Ausdruck kommen, dass der Erfolg im Wissensmanagement die Position im Wettbewerb maßgeblich beeinflusst.

Wer also kein oder nur ein schlecht funktionierendes Wissensmanagement betreibt, wird im ungünstigsten Fall im Marktprozess um zunehmend wissensbasierte Wettbewerbsvorteile nur noch passiv auf Konkurrenten reagieren, anstatt proaktiv einen echten *USP* zu kreieren und zu platzieren. In diesem Zusammenhang hat im Zuge des Fusionsfiebers[716] zum einen und das durch *Hypercompetition* aufoktroyierte Komplettangebot[717] zum anderen eine Markenausdehnung

---

713 Es sprechen viele Anzeichen dafür, dass das Marktsegment der Minivans durch das Vordringen sog. *Cross over*-Modelle auf dem besten Wege dorthin ist.

714 Ein gutes Beispiel für das beschriebene Hin- und Herpendeln ist das einfache Küchenpapiertuch. Es entwickelte sich über das saugfähige, anschließend nassfeste bis zum fusselfreien Papiertuch weiter.

715 Heuss 1965, S. 10

716 Horizontale Markenausdehnung, beispielsweise *Mercedes-Benz, Maybach, Smart, Dodge, Jeep, Chrysler* im Hause *DaimlerChrysler*.

717 Kacher 1999, S. 96 und o. V. 1999, S. 8 ... und vertikale Markenausdehnung. Beispielsweise wollen künftig auch traditionsreiche Anbieter wie *Rover* und *Jaguar* auf das lukrative Segment der Kombifahrer nicht verzichten und bieten neuerdings englische Edel-Laster an. *Jaguar* scheint darüber hinaus flexibel genug zu sein, künftig auch Dieselver-

verursacht, die eine nicht ungefährliche Bedeutung hat, wenn man bedenkt, dass eine Marke ein in der Psyche des Konsumenten verankertes, unverwechselbares Vorstellungsbild von einem Produkt ausmacht. Optimistisch betrachtet ist eben auch hier der Konsument zum lebenslangen Lernen aufgefordert. Meffert weist allerdings in Nicht-Automobilbranchen darauf hin, „dass sich die von den Konsumenten wahrgenommene Austauschbarkeit von Marken in den letzten Jahren deutlich erhöht hat (Hervorhebung von Meffert)."[718] Für den Fall *DaimlerChrysler* konstatiert Wiedmann folgendes:

> Alleine durch die Beibehaltung der unterschiedlichen Markennamen und -zeichen, durch ein divergierendes *Corporate Design* und durch unterschiedliche Vertriebswege wird nach dem öffentlichen Aufsehen, das die Fusion mit sich bringt, die Selbstähnlichkeit der Marken *Mercedes-Benz* und *Chrysler* nicht gesichert werden können.[719]

8.3 Marketing und Human Resource

Der Zusammenhang zwischen den beiden theoretischen Zugängen ist erst auf den zweiten Blick größer, als zunächst angenommen. In den nachfolgenden Ausführungen wird zunächst auf den Zusammenhang zwischen Mitarbeiterzufriedenheit und Kundenzufriedenheit eingegangen.

Arbeits- bzw. Mitarbeiterzufriedenheit resultiert aus dem bewerteten Ergebnis eines Soll Ist-Vergleiches der Mitarbeiter zwischen deren Erwartungen an ihre Arbeitssituation (Soll) und der von ihnen subjektiv wahrgenommenen Arbeitssituation (Ist).[720] Eine große Zahl von Veröffentlichungen (über 6000 Publikationen[721]) steht für ein bis dato anhaltendes theoretisches Interesse innerhalb des Human Resource-Management an diesem Thema. Hinzu kommt aber auch ein

---

sionen im schnell wachsenden Segment zu lancieren. Selbst kleine *Roadster* und *Coupés* derselben Marke haben längst ihren verbindlichen Entwicklungscode erhalten (beispielsweise *X50*). Allesamt auf der von vielen noch immer allzu sehr verpönten, aber sehr erfolgreichen Plattformstrategie à la *Volkswagen*. Bei *Jaguar* dient Konzernmutter *Ford* als Plattformlieferant.

718 Meffert 1998, S. 789 und Wiedmann et al. 1999, S. 21
719 Wiedmann et al. 1999, S. 22
720 vom Holtz 1998, S. 28
721 Beispielsweise Fischer 1989, S. 1 und Locke 1983, S. 1297 sowie Barret 1972, S. 3f.

nicht zu unterschätzendes Verbesserungspotenzial auf praxeologischer Ebene.[722]

Auch Kundenzufriedenheit ist inzwischen in einer fast unübersehbaren Anzahl von Publikationen untersucht worden, so dass auch hier heute von einem etablierten Forschungsgebiet innerhalb der Marketing-Disziplin gesprochen werden kann.[723] Gemeinsam ist beiden Zufriedenheitskonstrukten, dass bisher keine allgemein anerkannte Theorie existiert, weder für die eine noch für die andere und erst recht nicht für die Interdependenz zwischen beiden.[724] Im Gegensatz zur Mitarbeiterzufriedenheit existiert bei der Kundenzufriedenheit bei weitem kein so großer Begriffsdschungel: Kundenzufriedenheit ist

> das Ergebnis eines komplexen Informationsverarbeitungsprozesses [...], in dessen Zentrum im Sinne eines psychischen Soll-/Ist-Vergleichs die Bewertung aktueller Erfahrungen (Ist-Komponente) mit den Leistungen eines Anbieters anhand der Erwartungen bzw. des Anspruchsniveaus (Soll-Komponente) durch den Kunden erfolgt. Zufriedenheit als das Ergebnis des Soll-/Ist-Vergleichs ist die nach Nutzung/Erfahrung wahrgenommene Eignung des Objekts, vorhandene Bedürfnisse zu befriedigen.[725]

Beiden Zufriedenheitsgrößen gemeinsam ist offenbar der bewertete Soll-Ist-Vergleich. Die Zufriedenheitsgenese wird in beiden Fällen von einer Vielzahl rationaler und irrationaler Determinanten beeinflusst - diese lassen sich generell als personen-, beurteilungs- und situationsabhängig bezeichnen. Während in der Literatur zum einen der Zusammenhang zwischen Mitarbeiter- und Kundenzufriedenheit nur am Rande untersucht wurde, ging die Forschung offensichtlich bisher eher von einem einseitigen Einfluss der Mitarbeiterzufriedenheit auf die Kundenzufriedenheit aus. In Wirklichkeit handelt es sich aber um ein wechselseitiges, wesentlich komplexeres Verhältnis mit einer Vielzahl intervenierender und moderierender Variablen.[726] Insbesondere die empirische Forschung zur Arbeitszufriedenheit stellt fest, dass Mitarbeiter nur dann eine persönliche Beziehung und Verantwortung zum bzw. für den eigenen Arbeitsbereich aufbauen können, wenn eine ganzheitliche Übertragung bzw. Delegation von Arbeitsinhalten zum Einsatz kommt.[727]

---

722 Entropischer Sektor im Bereich der relativ stark ausgeprägten Unzufriedenheit von Menschen im Beruf und der dadurch ausgelösten Krankheiten. Außerdem Kapitel 2.

723 Meyer et al. 1996, S. 206

724 Homburg/Stock 2001, S. 380ff. sowie vom Holtz 1998, S. 29 und 33

725 Schütze 1992, S. 129. Von der Makro-Kundenzufriedenheit gegenüber kollektiven Leistungen einer Branche oder eines Wirtschafts- und Gesellschaftssystems soll hier abgesehen werden (vgl. Ausführungen auf der soziologischen Makro-Ebene).

726 vom Holtz 1998, S. 134, 166f. und 257

727 Simon 2000, S. 14

Die *Rolle von Wissensmanagement* ist in diesem Verhältnis eine ganz Besondere, denn sein Anliegen ist letztendlich, beide Zufriedenheitsgrößen zu optimieren: Während beispielsweise die Beteiligung der Mitarbeiter am Unternehmenserfolg ein Schritt in die richtige Richtung ist, so kann doch auch hier festgestellt werden, dass die Direktheit zwischen beiden Zufriedenheitsgrößen noch ausgeprägter sein könnte, denn letztendlich wird immer nur ex post ein Teil des Erfolgs eines Unternehmens pauschal auf die Mitarbeiter verteilt. Wissensmanagement greift hier näher an der Ursache an. Man könnte sich folgenden Kreislauf vorstellen:

Gut informierte Mitarbeiter, die leicht an das zur Aufgabenbewältigung relevante Wissen kommen und die darüber hinaus für die Wissensweitergabe belohnt werden, haben bessere Erfolgsvoraussetzungen, ihre Arbeit gut zu machen. Dieser Vorteil pflanzt sich natürlich von einem Mitarbeiter zum nächsten, von einer Abteilung zur nächsten etc. bis hin zum Kundenkontaktpersonal fort. Letztere kommen bei der Beratung ihrer Kunden leichter an relevantes Wissen heran und werden dafür belohnt, wichtige kundenrelevante Erfahrungswerte in den innerbetrieblichen Wissensprozess einzusteuern. Damit erhält das Unternehmen zwangsläufig ein besseres Feedback über den Markt und kann besser, kostengünstiger und vor allem schneller reagieren bzw. agieren. Das Besondere an diesem Kreislauf ist, dass keiner auf der Verliererseite steht. Es handelt sich folglich um einen *Circulus virtuosus,* der die Zufriedenheit der Mitarbeiter genauso fördert wie die der Kunden. Aktuelle Befunde bestätigen dringenden Nachholbedarf in Sachen Sinnanreicherung, da überholte Strukturen und Vorschriften das eigenständige Denken lähmen.[728]

Wie wichtig einerseits die Internalisierung impliziten Wissens über Kundenanforderungen bzw. -erfahrungen ist, zeigen Studien, die einen relativ geringen Anteil unzufriedener Kunden, die sich auch tatsächlich beschweren, identifizieren.[729] Die allseits vertretene Meinung, dass die geäußerten Beschwerden nur die Spitze des Eisberges unzufriedener Kunden darstellen, wird durch die Typologie von Singh[730] über mögliche Reaktionsweisen bestätigt:

- Bei der Gruppe der „*Passives*" (14 Prozent) handelt es sich um Kunden, die in keiner Weise reagieren.

---

728 Volk 2002, S. V1/2; weitere Infos unter: burow@uni-kassel.de

729 Bunk 1993, S. 65. Bei der Kundenbefragung eines Automobilherstellers kam heraus, dass nur einer von 26 Kunden, die eine Beschwerde haben, diese auch tatsächlich vorträgt. (Quote: ca. 96 Prozent sind *„unvoiced complainers").*

730 Singh 1990, S. 57ff. Dabei handelt es sich um eine branchenübergreifende Studie, die anhand einer Clusteranalyse entwickelt wurde.

- Die „*Irates*" (21 Prozent) verzichten zwar ebenfalls auf Beschwerden, wandern aber ab und betreiben im Freundeskreis negative Mundpropaganda.
- „*Voicers*" (37 Prozent) beschweren sich zwar, verzichten aber auf Mundpropaganda.
- „*Activists*" (28 Prozent) nutzen jegliche Form der Unzufriedenheitsäußerung bis hin zu Verbraucherorganisationen.

Das **Problem der Indifferenz** wird insbesondere auch in der aktuellen Entwicklung von Konstrukten zur besseren Unterscheidung zwischen zufriedenen und indifferenten bzw. indifferenten und unzufriedenen Kunden aufgegriffen.[731] Ganz offenbar besteht bei den Unternehmen Nachholbedarf bezüglich einer feineren Ausdifferenzierung indifferenten Kundenverhaltens.

Es bleibt festzuhalten, dass das Führen einer Beschwerde auch als positives Erlebnis für den Kunden inszeniert werden kann. Dies in großzügiger Weise durchzuführen, können sich aber Anbieter nur leisten, wenn sie bereit und fähig sind, aus Fehlern zu lernen, um so die Wahrscheinlichkeit, den gleichen Fehler wieder zu machen, drastisch zu verkleinern. Dies setzt aber professionelles Wissensmanagement voraus, denn die relevante wissensbasierte Kundenerfahrung muss an die Stelle gelangen, an der der Fehler abgestellt werden kann. Damit steigt freilich die Relevanz von Human-Resource-Management. Vom Holtz kommt daher zur zentralen Abschlussimplikation seiner Untersuchung,

> dass Unternehmen ihren Fokus nicht ausschließlich auf die Kundenzufriedenheit richten sollen, sondern dass sie ihr Zielsystem verstärkt auch auf die Mitarbeiterzufriedenheit des Kundenkontaktpersonals ausrichten sollten. Die stark einseitige Orientierung auf die Zufriedenheit der externen Kunden kann also gerade der Erfüllung dieses Unternehmenszieles zuwiderlaufen und sich unter Umständen sogar kontraproduktiv auswirken. Empfehlenswerter wäre deshalb ein ganzheitliches Zufriedenheitsmanagement,

das auf das professionelle Management von Wissen nicht verzichten kann.

---

[731] Gierl et al. 2002, S. 63

Das *DaimlerChrysler*-Ideenhaus

Abschließend sollen diese Ausführungen am Ende dieses Unterkapitels am Beispiel des *Ideenhauses* im *DaimlerChrysler-Konzern* exemplifiziert werden:

Die Einrichtung des *Ideenhauses*[732] kann als ein Mittel für die Umsetzung des schon immer schlecht greifbaren und ebenso schlecht umsetzbaren Instruments der Unternehmenskultur gesehen werden. Kreative Mitarbeiter werden aufgefordert, zukunftsträchtige Ideen rund um laufende oder künftige Baureihen zu äußern. Je besser ihr Wissen in Form von Ideen in die jeweils zuständigen Abteilungen eingesteuert und verarbeitet wird, desto höher ist die Motivation der Ideenträger,[733] immer neue Ideen zu entwickeln, weil sie merken, dass man ihr Wissen für wichtig hält.

Die Berücksichtigung in den neuen oder modellgepflegten Produkten bestätigt die Ideenträger in ihrer Identifikation mit dem Unternehmen und die dadurch immer besser werdenden Produkte bestätigen die Kunden, sich mit den Produkten immer stärker identifizieren zu können - dadurch kann ein Stück weit der allgemein sinkenden Markenloyalität Einhalt geboten werden.

Die Umsetzung des *Ideenhaus-Ansatzes* kann damit zu einer sich selbst verstärkenden Mitarbeiter- und Kundenzufriedenheit führen und wird so zu einem Paradebeispiel für die Umsetzung von Unternehmenskultur. Für dieses Gelingen ist allerdings ein hochkarätiges Wissensmanagement erforderlich, weil in höchstem Grade gut funktionierende, wissensintensive Prozesse in vertikaler und horizontaler Richtung[734] innerhalb eines riesigen global operierenden Konzerns erforderlich sind.

---

[732] Sehr viel ausführlicher in Götz/Schmid 2004. Ursprünglich Anfang der 90er Jahre im Bereich der PKW-Vorentwicklung, inzwischen im Bereich *Advanced Concepts* dem Design-Bereich im Werk Sindelfingen zugeordnet. Inzwischen umfasst die Datenbank der eingereichten Mitarbeiter-Ideen weit über 10 000 kreative Einfälle zum Automobil von morgen - stets im Dienste der Kundennutzensteigerung.

[733] ... die ja die Produkte des Unternehmens oft am besten kennen, weil sie diese immer dienstlich und/oder oft auch privat nutzen. Es besteht nach wie vor ein riesiges und damit „aussagekräftiges" Firmenangehörigengeschäft mit hochqualitativem Wissensgehalt.

[734] Alle Mitarbeiter, unabhängig von Abteilung und Hierarchie sind aufgerufen und berechtigt, dem Ideenhaus ihre Idee mitzuteilen.

8.4 Human Resource und Kreativität

Dieser vierte von insgesamt sieben ausgewählten Interdependenz-Clustern kann an dieser Stelle nur verkürzt dargestellt werden. Dies liegt nicht etwa daran, dass sich keine wesentlichen Interdependenzen nachweisen ließen bzw. alle nachweisbaren bereits angeführt worden wären.

Bei Götz/Schmid 2004 werden an verschiedenen Stellen[735] wesentliche Interdependenzfaktoren zwischen Human Resource und Kreativität dargestellt. Diese stehen freilich nicht explizit unter der oben genannten Überschrift, lassen sich aber andererseits auch nicht aus dem dort im Vordergrund stehenden Fokus bzw. Zusammenhang problemlos herauslösen. Es erscheint daher sinnvoll, an dieser Stelle lediglich grundlegende Hinweise zu geben.

Delhees beginnt seinen Aufsatz so:[736]

> Die hauptsächliche und entscheidende Wirklichkeit des Menschen besteht darin, sich mit dem auseinanderzusetzen, was noch nicht ist, mit der Zukunft. Jede/-r, ob Vorgesetzte/-r oder Mitarbeiter/-in sollte sich deshalb fragen: Was für eine Haltung habe ich gegenüber der Zukunft? Zukunftsbefähigung? Zukunftsbefähigung ist das Organ des wahrnehmenden, erkennenden, intuitiven und lernbereiten Menschen. Sich seine Zukunftsbefähigung organisieren heißt, überall die Grenzen des eigenen Denkens und Handelns überschreiten. Das Unternehmerische im Menschen gehört zur Zukunftsbefähigung.

Delhees betont, dass neben Intuition, Kompetenzen, Vision, Denk- und Handlungsmustern insbesondere das *Domänenwissen* den Ausgangspunkt und damit den „Nährstoff" bzw. die für das anvisierte Zukunftsvorhaben relevante Information darstellt. Er betont folglich, dass die bloße Antizipation der Zukunft mit relevantem Wissen angereichert werden müsse, weil bloßes Denken weder handlungsveranlassend noch handlungssteuernd sei. Aufgrund der Verantwortung des Human-Resource-Management für die wichtigsten Wissensproduktionsfaktoren Mensch und Organisation[737] erscheint dieser Bereich im Unternehmen für eine gute Ausgangsposition zur Wahrnehmung von Wissensmanagement-

---

735 Insbesondere im Zusammenhang mit den Themen Lernen und Wissen sowie in Fallstudien zu *Corporate Universities*.

736 Delhees 1997, S. 335

737 Hier besteht eine weitverbreitete Oberflächlichkeit bzw. Inkonsequenz in der Argumentation für Wissensmanagement: Es ist keineswegs nur der Mensch per se, sondern insbesondere dessen organisationale Einbindung, die für die Ressource Wissen im Unternehmen relevant sind. Einer von mehreren Vorzügen der neueren Systemtheorie ist daher die Fokussierung auf Kommunikationen statt auf Menschen und die damit stets miteinbezogene Organisation.

Funktionen prädestiniert zu sein.[738] Unter dem Einfluss von Wissensmanagement steht die relativ junge Disziplin Personalwesen bzw. Human-Resource-Management vor weitreichenden Veränderungen, nicht nur bezüglich ihrer Instrumente, sondern auch hinsichtlich ihrer Rolle im Unternehmen schlechthin.[739] In diesem Zusammenhang verwundert es auch nicht, dass ein größeres Unternehmen trotz seines größeren Wissenspools oft zwangsläufig auch über höhere ungenutzte Wissensbestände verfügt.[740]

Während die bisher geltende Dominanz des Materialflusses bzw. der Einzelarbeitsplatz-Effizienz sich zunehmend auf den Informationsfluss bzw. auf die Kommunikation verlagert, also das Prinzip *„Communication follows Material"* durch das Konzept *„Material follows Communication"* verdrängt wird, gewinnen Selbststeuerung und Selbstorganisation rasch an Bedeutung. Dies erfordert selbstverständlich auch mehr Kreativität auf individueller und organisationaler Ebene, denn letztere wurde zu Zeiten des konstruktivistisch-technomorphen Managements explizit unterdrückt (vgl. Tabelle 16 in Kapitel 8.1).[741] Neben dieser Suprastruktur-Komponente bedarf aber auch die Infrastruktur einer nachhaltigen Revision. Wenn Kommunikation nicht nur wesentlich wichtiger wird, sondern auch neue Formen annimmt, dann hat auch die professionelle Gestaltung *kommunikativer Settings* nachhaltigen Einfluss auf die Arbeitsorganisation, in der organisationales Lernen gefördert werden soll.

Freimuth, Schnelle und Winkler unterscheiden dabei verschiedene kommunikative Architekturen in Abhängigkeit von Art und Reifegrad des Wissensprozesses.[742] Zur kreativen Erzeugung neuen Wissens und neuer Erfahrungen sind in sozialen Systemen Grenzgänge und Grenzerfahrungen[743] erforderlich, d. h.

---

738 Neben der in Kapitel 4 vorgenommenen Fokussierung auf den Bereich Personalentwicklung stehen freilich auch andere Bereiche unter dem Einfluss von Wissensmanagement und der dadurch hervorgerufenen Veränderungsnotwendigkeiten. Beispielsweise ist im Zusammenhang mit der Personalauswahl dann auch ein Übergang von der bisherigen Aufgaben- und Stellenorientierung hin zur Kompetenzorientierung sinnvoll. Hierzu Bütler 1996 und zu den immer wichtiger werdenden *„Soft skills"* Dreesmann 1997, S. 237-248

739 Während beispielsweise die Idee der doppelten Buchführung bereits über 500 Jahre alt ist, entstand der erste Lehrstuhl für Personalwirtschaft gerade mal vor ca. 35 Jahren.

740 Hense-Ferch 2000, S. V/1

741 Freimuth et al. 1997, S. 323f.

742 Freimuth et al. 1997, S. 324-333

743 Freimuth 1997, S. 201f. Unter Grenzgängen subsumiert Freimuth Entscheidungssituationen an der organisationalen Peripherie, die auf Fortbestand oder Veränderung von internen Strukturen Einfluss nehmen. Grenzgänge bilden gleichsam die Lern- und Wissensproduktionsgrenze einer Organisation, wobei die durch sie aufgeworfenen Fragen

der Archetypus des Querdenkers, der mit seinen Phantasien und Ideen, seiner Lust und List, in beängstigender Weise der Ordnung ihre Grenze weist. Er provoziert daher ihre identitätsbewahrende Abwehr. Zugleich wäre die Einsicht in die eigene Begrenzung aber ein wichtiger Lernprozess, den sich die Ordnung in ihrer Konzentration auf die Abwehr nicht gestattet.[744]

Gussmann bezieht sich in seinen Ausführungen unter anderem auf eine Untersuchung des *Batelle Instituts*, nach der *Brainworker* als visionäre Multitalente fächerübergreifend und zukunftsorientiert denken, um wichtige Weichenstellungen für langfristige Projekte (beispielsweise in der Forschung) vorzunehmen. Eine zweite Gruppe von Personen mit ausgeprägter Innovationskompetenz, die *Gatekeeper*, zeichnet sich durch ihre ausgeprägten Kontakte bzw. Beziehungen zum organisationalen Umfeld aus. Sie sind gerade im F&E-Prozess besonders ausschlaggebend, da sie die hier eminent wichtigen internen Vernetzungen durch vermittelnde Kommunikationen schaffen und fördern. Unter der dritten Gruppe subsumiert die *Batelle-Untersuchung* den *Intrapreneur*. Er wirkt am deutlichsten gegen die kreativitätsfeindlichen Beschränkungen des organisationalen Umfelds. Sie wirken maßgeblich an der Umsetzung visionärer Ideen mit und verfügen über ein fulminantes Überzeugungs- und Durchsetzungsvermögen gepaart mit Risikobereitschaft und unerschütterlichem Optimismus.[745]

Freimuth plädiert für folgende Zuordnung der drei soeben beschriebenen Typen: Der *Gatekeeper* ist dafür prädestiniert, in der frühen kreativen Phase, der *Brainworker* in der Entscheidungsphase und der *Intrapreneur* in der Phase der Durchsetzung zu handeln. Allen drei gemeinsam ist natürlich die Begeisterung für Neues und die zur Umsetzung erforderliche Risikobereitschaft:[746]

> Sie sitzen wie Spinnen mitten in solchen Wissensnetzwerken und finden immer Partner, 'denen sie ihren Fall darlegen können', etwa um sich Klarheit zu verschaffen. Es existiert in Organisationen ein implizites Wissen darüber, an welche Mitglieder man sich in solchen Fällen wenden kann, wenn in einer Sackgasse der Bedarf nach einem hilfreichen Gesprächspartner entsteht.

Bemerkenswerterweise lässt sich gerade am Beispiel des Zusammenhangs von Kreativität und Innovation nachweisen, dass sich von den Autoren zum Innova-

---

nicht nur auf die Reflexion der organisationalen Wissensbasis, sondern auch auf die Neuverteilung von Ressourcen und Macht zielen. Das Erkennen der eigenen Grenze wird nicht als Schwäche, sondern als Stärke bzw. als Lernnotwendigkeit interpretiert. Daher verfügen Organisationen für solche Entscheidungen immer über Grenzfunktionen, die spezifische Selektionsleistungen vornehmen. Derartige Entscheidungen führen dann zu einer Abgrenzung verschiedener Systeme und zur Entstehung neuer Systeme zur Gestaltung von Dialogen. Luhmann 1988, S. 52f.

744 Freimuth 1997, S. 191
745 vgl. Gussmann 1988, S. 89ff.
746 Freimuth 1997, S. 199

tionsmanagement nur ein Teil[747] dazu bekennt, dem Phänomen Kreativität überhaupt ein oder gar mehrere Kapitel zu widmen.[748]

8.5 Kreativität und Innovation

> Die Verwandlung von Entdeckungen in Erfindungen und von Erfindungen in marktfähige Produkte übersteigt heute meist die Kraft eines Einzelnen, selbst wenn er ein Genie ist. Innovation ist vielmehr ein komplexer sozialer Prozess, in den die Anstrengungen vieler einfließen. Der Staat ist heute ebenso gefordert wie die freie Wirtschaft (Hervorh. d. Verf.)[749]

Mit dieser Ansicht gelingt Ex-DaimlerChrysler-Forschungsvorstand Vöhringer ein nicht zu verachtender impliziter „Rundumschlag" im Bereich Wissensgesellschaft, Innovations- und Wissensmanagement sowie „lernende Organisation". Was das im Einzelnen bedeutet, ist Gegenstand der nachfolgenden Ausführungen.

Während *creare* (=schöpfen) einen Anfang setzt und *innovare* (=kraftvoll erneuern) Bestehendes voraussetzt, ist Kreativität beispielsweise für die Problemerkenntnis und für die Defizitanalyse erforderlich. Innovationskraft setzt dann problemrelevantes Wissen in Können um. Nachfolgende Aufzählung authentischer Beispiele aus der Historie von Erfindungen mögen diese Feststellung veranschaulichen:[750]

Über die Nutzung der Hebelgesetze mittels Brechstange, mittels Pfeil und Bogen, die Nutzung von Flaschenzügen, der Wind- und Wasserkraft, dem Zug- und Lasttier, der Dampfmaschine, der elektrischen Energie bis hin zur Atomenergie hat der Mensch über die Umsetzung von Wissen seine begrenzte Muskelkraft potenziert. Genauso ist es mit der begrenzten Fähigkeit des Menschen zur Mobilität. Auch hier haben Pferde, Kutschen, Schiffe, Fahrräder, Motorräder, Autos, Flugzeuge und Raketen die menschlichen Fähigkeiten zur Mobilität um ein Vielfaches potenziert.

---

747 Wir vertreten die Auffassung, dass Kreativität für den Innovationsprozess erforderlich ist und einen nicht unwesentlichen Bestandteil des Innovationsprozesses ausmacht.
748 Als ein eher abschreckendes Beispiel sei hier das Werk von Bürgel et al. 1996 genannt. Den bereits von Prof. Dr. Gerpott in seiner Rezension über das Bürgel-Werk angemahnten Punkten ist die oben genannte Schwäche hinzuzufügen.
749 Vöhringer 1998
750 Grunwald 1998, S. 4f.

Wieder ähnlich ist es mit der Erfassung der Zeit (Wasser-, Sand-, Sonnen- bis hin zur Funkuhr). Hier brachte es der Erfindergeist sogar fertig, die Zeit zu relativieren (Schrift, Kühlschrank, Fotographie, Tonband, Schallplatte, Diskette, CD, DVD). Ein letztes Beispiel steht dem Wissensmanagement besonders nahe und wird gerade in den nächsten Jahren mit noch eklatanten Fortschritten aufwarten[751]: Die Informations- und Kommunikationstechnologie. Rauchsignalen folgten optische Signale, elektromagnetische Wellen, Radio, TV, Miniaturhörhilfen, Internet etc.

Während am Anfang dieser Entwicklungen immer wieder der Erfindergeist, die Schöpfungskraft und damit die Kreativität stand, gab diese Vision das scheinbar unmögliche Ziel vor und eröffnete erste Wege zur Umsetzung. „Das Können rankte sich dann am Wissen hoch, bot dessen Erweiterung eine neue Plattform, wurde real ..."[752] und veränderte über den oft steinigen Weg zur Innovation das Bestehende. Wie steinig der Weg tatsächlich sein kann und wie lange dadurch Erfindungen in ihrer Umsetzung hinausgezögert werden können, das veranschaulicht eine ganze Reihe bahnbrechender Erfindungen:[753]

Die allererste Dampfmaschine, die *„Aeolipile"* wurde angeblich bereits im ersten Jahrhundert vom griechischen Mathematiker Hero in Alexandria konstruiert, komplett mit mindestens zwei funktionierenden Modellen einschließlich Dampfkessel, Kolben in Zylindern und Klappventilen. Ähnlich ist es mit dem Beton, aus dem bereits das römische Kolosseum gebaut wurde. Erst 1796 erfand der englische Fabrikant James Parker das graue Pulver von neuem. Selbst *Henry Fords* Fließband war zwar 1913 die große Errungenschaft, doch liefen bereits im 15. Jahrhundert die Galeeren der Handelsmacht Venedig vom Band.

Das frühe Multitalent Leonardo da Vinci schrieb in sein Tagebuch, er habe seine Zeit vergeudet, obwohl doch gerade er es war, der mit seinen Zeichnungen von Hängegleitern, Fallschirmen, Schiffsrädern und U-Booten sichtbar gemacht hat, was erst Jahrhunderte später zur Umsetzung gelangte. Das Schicksal seiner Entwürfe hatte Leonardo gelehrt, dass neue Ideen fast nie derjenigen Generation etwas bringen, in der sie entstehen. Daraus folgerte er, dass die Menschheit, gemessen an dem, was sie gekonnt *hätte* unglaublich zurückgeblieben ist. Es sieht selbst heute im Zeitalter der Wissensexplosion und -revolution nicht so aus, als ob sich der *„time lag"* zwischen Wissensentstehung und -anwendung wesentlich verkürzen ließe. Selbst spottbillige Erfindungen wie das *Yale*-Sicherheitsschloss wurde gar nicht 1851 erfunden, sondern wurde bereits 4000

---

751 zur Relativierung von Informationstechnologien und zur Büroinfrastruktur der Zukunft in Götz/Schmid 2004.
752 Grunwald 1998, S. 5
753 Thorgesson 1997, S. 82ff.

Jahre früher prinzipgleich in größerer Form von den Assyrern verwendet. Auch die Sicherheitsnadel geht nicht auf das Jahr 1849 zurück, sondern war bereits 3000 Jahre früher bei den Etruskern im Gebrauch.

Weber[754] greift bei ihrer Erklärung, warum sich Menschen gegen die Umsetzung kreativer Ideen so sträuben, auf die Spaßtheorie zurück: Während Patentämter jährlich Hunderttausende von praktikablen neuen Ideen registrieren, sind es nur diejenigen mit *„Sex-Appeal"*, die sich durchsetzen. Alles was nur nützlich und vorteilhaft ist, kommt beim Menschen noch nicht an. Erforderlich ist vielmehr der verlockende Reiz. Es sieht ganz so aus, als ob sich nicht das praktische, genetisch angelegte Überlebensdenken über die Jahrhunderte verändert hätte, sondern die Träume, auf die ein Zeitalter sich wie durch Gedankenübertragung verständigt und die Vorstellung davon, was aufreizend ist. Letztere gehen von Jahrhundert zu Jahrhundert wild auseinander, aber sie diktieren den technischen Fortschritt. Selbst die langerwartete und vieldiskutierte Brennstoffzelle als umweltfreundlicher Alternativantrieb hat bereits eine über 150-jährige Geschichte.[755]

Es gibt also ein Spannungsfeld zwischen Kreativität und Innovation, das nur über Wissensmanagement aufgelöst werden kann, denn Wissensmanagement beginnt mit der Transparenz und der einfachen Verfügbarkeit von Wissen und die ist gleichermaßen in der kreativen Phase wie in der Umsetzungsphase der Innovation dringend erforderlich. Neben Wissensmanagement spielt aber auch ein vernetzter Blick aufs Ganze eine wesentliche Rolle für kreatives Innovationsmanagement: Kreativität und logisches Denken sowie systematisches Problemlösen gehörten bei Physikern automatisch mit auf den Lehrplan – zunehmend setzt sich hier die Erkenntnis durch, dass dies auch für die Ausbildung im Bereich Betriebswirtschaft und Management immer wichtiger wird.[756]

Abschließend soll in einem Phasenmodell das Miteinander von Kreativität und Innovation verdeutlicht werden:[757] In einer eher unruhigen, unangepassten, phantasievollen und originellen Startphase geht es um die Schaffung, Erhaltung bzw. Verbesserung der Voraussetzungen von Kreativität. Unter dem Aspekt des Wissensmanagements dominieren der Wissensdrang und die hierzu erforderliche Wissenstransparenz, um Freiheit, Risiko, Spiel und Chaos nicht im Weg zu stehen. In einer zweiten bewegenden, partizipativen und unbürokratischen Phase der Infektion geht es um die Verbreitung von Wissen und um erste Überle-

---

754 Kimberley Weber ist Soziologin und leitende Kuratorin für Sozialgeschichte am *Powerhouse-Museum* im australischen Sydney.
755 Thorgesson 1997, S. 82ff.
756 Scheller 2002, S. B1
757 Grunwald 1998, S. 9f.

gungen, das bereits verankerte Wissen umzusetzen. Die dritte unternehmerische und unbequeme Phase der Umsetzung steht ganz im Lichte von Tatendrang, Effizienz- und Effektivitätsüberlegungen. Das Wissen gilt als gesichert. Schumpeter spricht hier von der „Durchsetzung neuer Kombinationen".[758] Die Infektionsphase ist in diesem Modell das Bindeglied zwischen Kreativität und Innovation. Entlang des Prozesses nimmt die Anzahl der einbezogenen Mitarbeiter und damit die Kommunikationen und Interaktionen zu. Dabei ist es sehr wichtig, anfänglich identifiziertes Wissen mehr und mehr abzusichern, wobei „...wir besondere Aufmerksamkeit auf die Produktion von Wissen und Können richten und deren Interaktion."[759]

8.6 Innovation und System

Die nachfolgenden Eigenschaften,[760] die die Innovation als Ergebnis und den damit korrespondierenden und in dieser Arbeit im Vordergrund stehenden Innovationsprozess als Wegbereiter auszeichnen, belegen nicht nur die Interdependenzen zur Systemtheorie, sondern zeigen auch, dass letztere einen angemessenen Ansatz für den Innovationsprozess darstellt.[761]

Eine enge Beziehung besteht freilich zwischen dem *Neuheitsgrad* einer Innovation und der Unsicherheit als weiteres Merkmal von Innovationen, insbesondere im frühen Stadium des Innovationsprozesses. *Unsicherheit* ist eine Situation, in der für den Eintritt der relevanten Ereignisse weder subjektive (aus der Erfahrung heraus) noch objektive (statistisch ermittelbare) Wahrscheinlichkeiten angegeben werden können.[762] Die Unsicherheit bezieht sich dabei auf so zentrale Parameter wie Zeit, Kosten und Qualität bzw. Erfüllung von Kundennutzen und die damit verbundene Mehrpreisfähigkeit zur Abschöpfung der Konsumentenrente. Letztere resultiert aus der positiven Differenz der maximalen Zahlungsbereitschaft des Konsumenten und dem tatsächlichen Marktpreis. Die Konsumentenrente entsteht folglich im Falle fehlender Preisdifferenzierung aus dem für

---

758 Schumpeter 1952
759 Grunwald 1998, S. 11
760 Vom Merkmal der Neuheit wird hier bewusst abgesehen, weil es den Begriff der Innovation selbst konstituiert, außerdem resultieren die anderen hier beschriebenen Merkmale daraus. Bei den hier in Betracht gezogenen Merkmalen handelt es sich um Unsicherheit, Komplexität und Konfliktgehalt.
761 Baumann 2000, S. B1
762 Pietschmann et al. 1997, S. 26f.

alle einheitlichen Marktpreis,[763] obwohl die Konsumenten auch bereit wären, einen höheren Preis zu bezahlen.[764] Für das Innovationsmanagement hat diese theoretische, aus der volkswirtschaftlichen Mikroökonomie stammende Größe aber durchaus Relevanz, wenn man bedenkt, dass eine für den Kunden wertvolle und nachvollziehbare Produktdifferenzierung gegenüber dem Wettbewerb auch höhere Preisbereitschaften auslöst. Die Mutation ehemals langfristiger, strategischer zu temporären Wettbewerbsvorteilen im *Hypercompetition* birgt für das Innovationsmanagement natürlich eine starke und ständige Quelle von Unsicherheiten. Je höher der Neuheitsgrad, desto schwieriger wird es, auf bereits vorhandene Erfahrungswerte zurückzugreifen.[765]

Das zweite Merkmal, die *Komplexität*, beinhaltet zwei Dimensionen: zum einen eine zeitliche Dynamik, die sich aus der Veränderlichkeit relevanter Sachverhalte ergibt (beispielsweise neue Sicherheitsvorschriften). Zum anderen entsteht Kompliziertheit, die aus der Vielzahl und Vielfalt sowie der Vernetzung der relevanten Sachverhalte resultiert (beispielsweise Interdependenzen interdisziplinärer Entscheidungen). Die große Herausforderung bzw. die zentrale Quelle von Komplexität[766] im Innovationsmanagement besteht in seinem ausgeprägten Querschnittscharakter.[767]

Ein weiteres, drittes Merkmal besteht im *Konfliktgehalt*, also dem Vorhandensein verschiedener unvereinbarer Zustände von Objekten bzw. Handlungstendenzen.[768] Dieser Aspekt verdeutlicht besonders stark den psycho-sozialen Aspekt im Innovationsprozess.[769] Von Rosenstiel unterscheidet dabei verschiedene Konfliktkonstellationen:[770] Neben den bekannten intra- bzw. interindividuellen Konflikten gibt es noch weitere Formen.

---

763 o. V. 1999a: Ein Beispiel ist das Ergebnis einer Studie der *Investmentbank Salomon Smith Barney*. Autokäufer sind in Europa einem verzerrten Preisgefüge ausgesetzt. Die europäische Kommission wird den Harmonisierungsdruck durch Offenlegung bestehender Preisunterschiede für identische Autos weiter vorantreiben, um so die Preistransparenz für den EU-Kunden zu erhöhen.

764 Endres et al. 1995, S. 83 und Woll 1996a, S. 209-212

765 Thom 1983, S. 6f.

766 Dabei steht längst nicht mehr „nur" technische, sondern zunehmend auch soziale Komplexität im Vordergrund.

767 Ninck et al. 1997, S. 48-50

768 von Rosenstiel 1992, S. 286

769 Sehr viel ausführlicher in Götz/Schmid 2004 zu den von der Praxis eingesetzten Wissensmanagement-Instrumenten.

770 In Anlehnung an von Rosenstiel 1992. Die Systematisierung ist von Rosenstiel entnommen, die dazu passenden Beispiele wurden nicht übernommen, sondern selbst ge-

Erstere liegen vor, wenn beispielsweise ein Mitarbeiter eine Idee zwar gut findet, aber keine Möglichkeit sieht, finanzielles und zeitliches Budget für deren Umsetzung zu erhalten. Letzteres umfasst die im interdisziplinären Kreis vorprogrammierten verschiedenen Perspektiven zum selben Thema. Die Entwickler schlagen ein innovatives Komfortmerkmal vor, über das der sicherheitsorientierte Vertrieb weder Kundenfeedback noch Wettbewerbsbeispiele kennt und daher ungern Marktprognosen abgibt.

Ein weiterer Konflikt kann zwischen einem innovativen und einem bereits vorhandenen Produkt bestehen. Beispielsweise handelt es sich beim *Hill Holder*[771] von *Subaru* um ein bei den Kunden sehr beliebtes und serienmäßiges Ausstattungsmerkmal für Versionen mit Schaltgetriebe. Hier argumentieren die Ingenieure für den Fortschritt des Schaltgetriebes, aber die Leute von der Produktstrategie legen Veto ein, weil sie die Gefahr eines Bestellrückgangs beim besonders lukrativen Sonderausstattungsmerkmal Automatikgetriebe[772] befürchten.

Ein anderer Konflikt zwischen Innovationsobjekt und Unternehmensphilosophie entsteht beispielsweise dann, wenn ein Komfortmerkmal (wie automatisches Schiebedachöffnen per Einmaltippen oder Verdecköffnung per Fernbedienung oder bei Schritttempo) mit der Sicherheitsphilosophie des Hauses kollidiert: Es könnte ja ein darin sitzendes Kind eingeklemmt werden. Die Automarken beantworten diese Fragen heute sehr unterschiedlich. Ein weiterer Konflikt kann natürlich auch zwischen Innovationsobjekt und öffentlicher Meinung bestehen. Ein bekanntes Beispiel ist die elektronische Tempobegrenzung der meisten PS-starken Automobile auf 250 Stundenkilometer.[773]

---

wählt und basieren größtenteils auf unseren Erfahrungen im Bereich Innovationsmanagement im Hause *DaimlerChrysler*.

771 Der *Hill Holder* verhindert ein automatisches Zurückrollen eines am Hang zum Stillstand abgebremsten Fahrzeugs. Der Fahrer hat dann den Vorteil, dass er weder beim Halten die Bremse drücken (beispielsweise an einer roten Ampel am Berg) noch beim Wiederlosfahren die Bremse lösen muss. Das über Jahrzehnte in solchen Situationen übliche Zurückrollen und Austaxieren von Kupplung, Gas und Bremse entfällt somit bei *Subaru-Autos* mit Schaltgetriebe bereits seit den 80er Jahren, weil ein Sensor erst dann die Bremse frei gibt, wenn der Wagen wieder im Vorwärtsgang beschleunigt wird. Neuerdings folgt auch Mercedes-Benz dem japanischen Vorbild.

772 Auch wenn das Automatikgetriebe per se nicht an Attraktivität verliert, steigt doch auf der anderen Seite die Attraktivität des serienmäßigen und damit preisattraktiveren Schaltgetriebes.

773 Trotzdem zu begrüßen ist die Freiheit des gut betuchten Auto-Enthusiasten, sich für ein nicht elektronisch begrenztes Fahrzeug entscheiden zu können (beispielsweise *Porsche* und einige echte Exoten) oder den Begrenzungschip ausbauen zu lassen. Letzteres ist freilich mit der Gefahr des Verlustes von Versicherungsschutz bei Unfällen verbunden,

Ein letzter wichtiger Konflikt entsteht zwischen dem Innovationsobjekt und der Rechtslage, beispielsweise wenn es um das technisch mögliche, aber gesetzlich (noch) nicht erlaubte Fahren per Joystick geht, denn bis heute muss jedes neue Fahrzeug mit Straßenzulassung über ein Lenkrad verfügen.

Viel wichtiger ist es, nach diesen Konflikttypen auf die keineswegs nur negative Seite von Konflikten hinzuweisen. Auch von Rosenstiel bestätigt, „... dass ein Konflikt oft die Ursache einer Veränderung ist."[774] Veränderung bedeutet natürlich auch Lernen und Lernen ist ein zentrales Element im Wissensmanagement. Staehle geht noch einen Schritt weiter und nennt *positive Folgen von Konflikten:* die Stimulation von Ideen, eine erhöhte Gruppenkohäsion, Abbau von Spannung und die Entwicklung neuer Energien. Staehle urteilt aber keineswegs einseitig und identifiziert deshalb auch negative Aspekte: Stress und Unzufriedenheit, Kommunikationsstörungen und Ressourcenvergeudung.[775] Es besteht sogar die Gefahr, dass es bei Unterdrückung dieser negativen Folgen zum Problemstau kommt, weil sich immer mehr ungelöste Probleme ansammeln.[776] Hauschildt fordert deshalb für die Förderung eines neuen Konfliktbewusstseins, sich permanent ‚etwas Neues' einfallen zu lassen.[777]

Abschließend werden die hier im Vordergrund stehenden Interdependenzen zwischen Innovations- und Systemtheorie am Beispiel der systemischen Zusammenhänge zwischen den oben ausgewählten Merkmalen der Innovation exemplifiziert. Thom stellt fest, dass diese Merkmale nicht von einander unabhängig sind, sondern in mehrstufigen Beziehungen zueinander stehen.[778]

Die beiden oben beschriebenen Eigenschaften Neuheitsgrad und Komplexität korrelieren mit dem Grad der Unsicherheit positiv, weil sich in beiden Fällen keine bewährten Lösungsmuster heranziehen lassen, anderseits erwirbt ein Unternehmen mit jeder neuen besonders komplexen und neuartigen Konfliktschleife neue Lernerfahrungen und damit reichert es sein Problemlösepotenzial für künftige Herausforderungen kontinuierlich an. Die an dieser Stelle von vielen Autoren oft vorgenommene Betonung einer entsprechenden förderlichen, aber in praxi wenig konkretisierbaren und damit verwertbaren Innovationskultur, soll in dieser Untersuchung eine nachhaltige Anreicherung durch den Wissensmanagement-Ansatz erfahren.

---

rettet aber den Anspruch auf „Freie Fahrt für freie Bürger" für die letzten Jahre, in denen es noch kein flächendeckendes Tempolimit auf deutschen Autobahnen gibt.
774 von Rosenstiel 1992, S. 290
775 Staehle 1994, S. 371f.
776 Geiselhart 1995, S. 92f.
777 Hauschildt 1997, S. 120
778 Thom 1980, S. 391f.

8.7 Gesamtsicht

Der zunehmend erforderliche intelligente Umgang mit Komplexität und Autonomie führt mehr und mehr zum wissensbasierten und problemlösungsorientierten virtuellen Netzwerk.

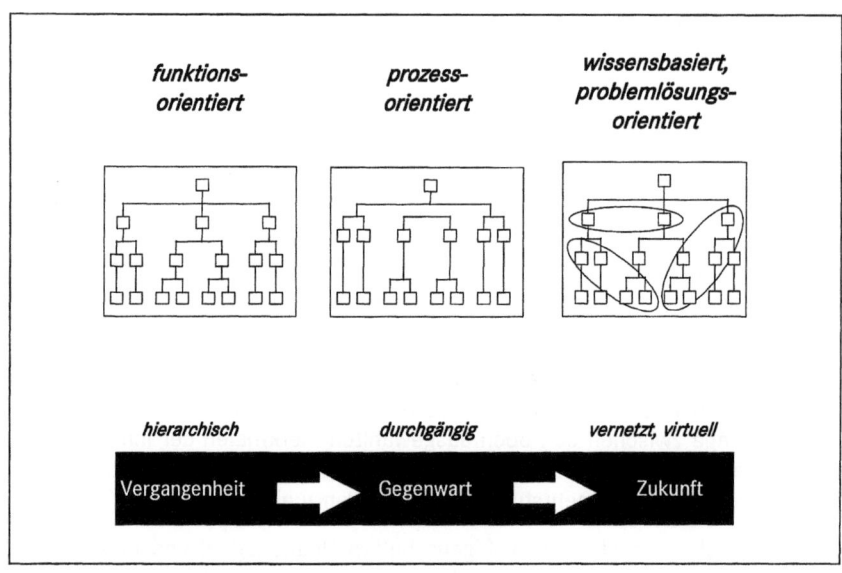

Abbildung 34: Genese zur virtuellen Heterarchie im Wissenszeitalter[779]

Mirow erklärt den weiter oben ausführlicher beschriebenen Paradigmenwechsel mit einer Anleihe aus der Chemie. In Analogie zur Theorie dissipativer Strukturen[780] nach Prigogine ist ein System offen für Energiezufuhr. Mit erheblichem Energieeinsatz kann ein bewusst herbeigeführter instabiler Zustand in eine neue Ordnung auf einem höheren Niveau überführt werden.[781] Instabilität wird damit zum Nährboden für Unternehmer und ist bereits bei der Darstellung temporärer Wettbewerbsvorteile im Zeitalter des *Hypercompetition* in Kapitel 2 zum Ausdruck gekommen.

Die Energiezufuhr bedeutet im organisationalen Kontext die Zufuhr von Ressourcen, beispielsweise Management, Finanzen, Maschinen, Anlagen. Die zu-

---

779 Mirow 1999, S. 23
780 Wiswede 1998, S. 259
781 vgl. Mirow 1999, S. 22

nehmende Ausrichtung auf Marktanforderungen und deren Internalisierung im Unternehmen hatte zunächst zur prozessorientierten Struktur von Organisationen geführt (vgl. Abbildung 34 oben, Mitte). Die dadurch erreichte Schnelligkeit und Effizienz genügt aber dem zielgruppenlosen *Individual Marketing* längst nicht mehr (vgl. Kapitel 3: Marketing), ausreichend Kreativität für neue Problemlösungen für die Produkte von morgen zu generieren (vgl. Kapitel 4 und 5 zum Human Resource- und Kreativitäts-Zugang).

Die Reduzierung von Risiken und Defiziten bzw. das allzu quantitative eindimensionale Denken muss folglich durch ein Aufspüren von Chancenpotenzialen[782] bzw. durch ein vernetztes qualitatives Denken ergänzt werden, um so wissensbasierte und problemlösungsorientierte Innovationserfolge in die Tat umzusetzen (vgl. Kapitel 6: Innovationstheorie).

Halek versteht unter dem Bisherigen, immer noch weit verbreiteten, defizitorientierten Denken eine introvertierte Haltung, die auf Probleme lediglich reagiert, um so die Störungen einer gewollten Ordnung zu beseitigen. Dem stellt er das viel zeitgemäßere, aber noch relativ unpopuläre potenzialorientierte Denken gegenüber. Bei Letzterem handelt es sich um eine extrovertierte Haltung, die proaktiv den Wettbewerb nicht als Kampf um Marktanteile, sondern um Chancenanteile versteht. Dazu ist es erforderlich, den Wissensstand über Chancen zu erweitern, die richtigen Chancen auszuwählen und diese gewinnbringend auszuschöpfen.[783] Im Unternehmen der Zukunft handelt es sich folglich um eine Vielzahl von modular aufgebauten und lose gekoppelten, wissensbasierten Kompetenzpools (vgl. Abbildung 34 oben, rechter Teil).

Die einzelnen Kompetenzen der intellektuellen Wertschöpfungskette (vgl. Kapitel 2: Wettbewerbs-Zugang) werden so zu einer Kundenlösung zusammengeführt, dass der Kunde gar nicht mehr merkt, „dass die einzelnen Komponenten aus den verschiedensten Teilen des Unternehmens stammen. Im Extremfall ist jede Lösung ein Unikat."[784] Aufgrund dieser Entwicklungen kann festgehalten werden, dass mit dem Übergang von hierarchischen zu heterarchischen Strukturen, die sich beispielsweise in Projektteams, temporären Arbeitsgruppen, autonomen Geschäftseinheiten oder lose gekoppelten Netze von Experten im Zeitalter von Telearbeitern und *Freelancern* manifestieren,[785] auch die beiden

---

782 Chancenpotenziale schließen zum einen latente bzw. implizit vorhandene Kundenwünsche ebenso ein wie technologische Potenziale, mit denen kundenorientierte zunehmend wissensbasierte Problemlösungen entwickelt werden können.
783 vgl. Halek 1998, S. 81f.
784 Mirow 1999, S. 24
785 Götz/Schmid 2004, darin u. a. „Büro der Zukunft"

oben genannten Steuerungsmedien *Macht* zum einen, aber auch *Geld* zum anderen an Bedeutung verlieren.

Willke schreibt dazu:

> Selbst das Steuerungsmedium Geld büßt in vielen Problemkonstellationen seine Wirksamkeit ein oder wird gar - ebenso wie Macht - kontraproduktiv, nämlich dort, wo Problemlösungen von neuen Ideen, Konzeptionen und Sichtweisen abhängen und wo der Prozess der Problembearbeitung nur gelingt, wenn dosierte Regelverstöße, Dissens, Heterogenität und Widerspruch im Kontext einer Organisationskultur eine Chance haben, die von Kooperation, Vertrauen und Fehlertoleranz geprägt ist. *Eine solche Organisationskultur lässt sich nicht befehlen und nicht kaufen. Sie wächst aus der Anerkennung der Macht des Wissens und aus der Hochschätzung von Innovationen, gleichgültig, woher die neuen Ideen kommen. Die kostbarste und knappste Ressource des neuen Steuerungsregimes ist Wissen und Expertise." (Hervorh. d. Verf.).*[786]

---

[786] Willke 1998, S. 375f.

Rückblick und Ausblick

Eine direkte Überleitung der gesellschaftstheoretischen Überlegungen zu den systemtheoretischen

> ergibt sich daraus, Gesellschaften nicht als bloße Aggregation (Zusammenwürfelung) von Menschen zu betrachten. Dies klingt harmloser, als es ist. Die Weichenstellung schließt nämlich ein, dass es nicht als möglich erscheint, Gesellschaft aus den Handlungen ihrer Mitglieder zu erklären.[787]

Die forschungsleitende Problemstellung systemtheoretischer Überlegungen lässt sich auf „das Problem der Bearbeitung organisierter Komplexität"[788] reduzieren, wobei das Phänomen der Komplexität ganz bewusst nicht weggezaubert, sondern bejaht wird. Vor diesem Hintergrund kommt Willke zu dem Schluss,

> vielleicht einer der besten Gründe für systemtheoretisch orientiertes Denken [...] darin zu sehen, dass Systemtheorie eine der ganz wenigen „Wachstumsbranchen" gegenwärtiger Theoriebildung ist [...]. Hier lassen sich noch überraschende Einsichten und Aussichten entwickeln, und man ist nicht darauf angewiesen, sich vornehmlich mit der eigenen Geschichte und den eigenen Klassikern zu beschäftigen.[789]

Es wird also hier die Möglichkeit eingeräumt, das enge Schema der „Bindestrichsoziologen"[790] im Interesse einer übergreifenden Darstellung zu überwinden.

Aus diesem Grunde wurde mit der systemtheoretischen Betrachtungsweise in diesem letzten theoretischen Zugang, wie auch in den anderen Zugängen, die Bedeutung von Wissensmanagement in einen spezifischen Kontext gestellt. Dies geschah durch die dazu erforderliche Fokussierung auf die neuere Systemtheorie, in der die Beziehung zwischen Wissensgesellschaft und Wissensorganisation genauer beleuchtet wurde, um dann anschließend die Konsequenzen für das erfolgreiche Management von Wissen analytisch und systemisch zugleich herauszuarbeiten. Unsere dargestellten Ergebnisse haben Eingang in unseren Band „Praxis des Wissensmanagements" gefunden. Dort werden ausgehend von den untersuchten Automobil-Unternehmen DaimlerChrysler, BMW, VW, Toyota

---

787 Willke 1989, S. 21 sowie 11-13

788 ders. 1989, S. 10. Vgl. hierzu insbesondere Willke 1996c

789 ders. 1989, S. 11. Einen interdisziplinären Überblick findet man bei Baecker et al. 1987.

790 Im Nachkriegs-Deutschland formiert sich Soziologie zunächst als empirische Forschung, weitgehend heterogen und in der Etablierung und Ausbau vieler Bindestrich-Soziologien (wie Familien-Soziologie, Betriebs-Soziologie, Gemeinde-Soziologie usw.). Vgl. Wiswede 1998, S. 41

weitere Unternehmen der Elektronik-/IT- und Consultingbranche untersucht: GE, HP, Motorola, Sony, Siemens, Andersen Consulting/Accenture, Arthur D. Little, McKinsey. Als weitere Unternehmen stehen dort im Fokus: Bertelsmann-Fachinformation, Hoffmann-LaRoche, Kodak, 3M und Phonak. Die zweite Hälfte unseres Bandes „Praxis des Wissensmanagements" entwickelt für einen wissensbasierten Innovationsprozess Gestaltungsempfehlungen und Praxis-Tools. Ein Ausblick auf die Büroinfrastruktur und die erfolgreiche Gestaltung von Teamarbeit schließt die Arbeit ab.

Literatur

Aaker, D.A.	1992. Management des Markenwertes.
Albach, H.	1991. Dynamischer Wettbewerb. In: Albach, H.: Unternehmen im Wettbewerb - Investitions-, Wettbewerbs- und Wachstumstheorie als Einheit, S. 209-230.
Albach, H.	1991. Dynamischer Wettbewerb. In: Albach, H.: Unternehmen im Wettbewerb - Investitions-, Wettbewerbs- und Wachstumstheorie als Einheit, S. 209-230.
Albach, H.	1997. Ein Dialog mit der Realität. In: Wirtschaftswoche, Nr. 42 vom 09.10.97, S. 42-54.
Albach, H.	1998. Humankapitaltheorie der Transformation. In: Becker, M., J. Kloock, R. Schmidt, G. Wäscher (Hrsg.): Unternehmen im Wandel und Umbruch, S. 3-24.
Althaus, S.	1995. Kundenorientierung als Integrationsfunktion ganzheitlicher Unternehmungsführung.
Amelingmeyer, J	2000. Wissensmanagement. Analyse und Gestaltung der Wissensbasis von Unternehmen.
Anderson, J.	1980. Cognitive Psychology and its Implications
Angehrn, O.	1974. System des Marketings.
Arnault, B.	2002. Das perfekte Paradox von Star-Marken. In: Harvard Business Manager, Ausgabe 3, S. 20-29.
Arndt, H.	1952. Schöpferischer Wettbewerb und klassenlose Gesellschaft.
Asby, W.R.	1957. An Introduction of Cybernetics. 2. Aufl.
Assmann, W.R.	1997. Ist der öffentliche Dienst noch zu retten? In: Kroker, E. J .M. und B. Dechamps: Krise der Institutionen?
Backhaus, K.	1997. Lob der Langsamkeit. Die Beschleunigungsspirale treibt die Wirtschaft zu immer schnellerem Wechsel - Erfahrung und Orientierung gehen verloren. In: manager magazin, Heft 11/97, S. 246-251.
Bänsch, A.	1996. Käuferverhalten. 7. Auflage.
Barnett, E.M.	1953. Innovation - The Basis of Cultural Change.

Barret, G.V. 1972. Introduction - Symposium: Research Models of the Future for Industrial and Organizational Psychology. In: Personnel Psychology, Vol. 25, 1972, S. 1-17.

Bartling, H. 1980. Leitbilder der Wettbewerbspolitik.

Bateson, G. 1982. Geist und Natur. Eine notwendige Einheit.

Bateson, G. 1985. Ökologie des Geistes.

Baumann, H. 2000. Mit Holistik die Leistung steigern. In: Die Welt, 11.03.00, S. B1.

Beaumol, W.J. 1982. Contestable Markets - An Uprising in the Theory of Industry Structure. In: The American Economic Review, 72. Jg., S. 1-15.

Bechwar, S. 1998. Mitteilungsbrief an die Kunden von *Lands' End*. Sitz der Gesellschaft: In der Langwiese in 66693 Mettlach.

Becker, J. 2000. Der Strategietrend im Marketing.

Bell, D. 1976. The Coming of Post-Industrial Society. A Venture in Social Forecasting.

Belz, O. 2001. Sustainable Marketing - erfolgreich ist, wer nachhaltig wirkt. In: io-Management, Heft 6, S. 24-29.

von Bertalanffy, L. 1979. General System Theory. 6., rev. Aufl.

BMWI 1996. Info 2000. Deutschlands Weg in die Informationsgesellschaft. Bericht der Bundesregierung. Bonn: Bundesministerium für Wirtschaft.

Bode, B.; Welter, P. 1998. „Adam Smith hätte Megafirmen à la Daimler-Chrysler abgelehnt." In: Handelsblatt, Nr.106 vom 5./6. Juni, S. G7.

Boehme, J. 1986. Innovationsförderung.

Böhm, Die Verfassung der Freiheit - Friedrich August von Hayek ist die zentrale Zeitfigur konservativer Ökonomen. Oft wurde er mißverstanden. In: Sommer, T. (Hrsg.): Zeit der Ökonomen - eine kritische Bilanz volkswirtschaftlichen -Denkens, ZEIT Punkte Nr.3/93, S. 45-47

Boutellier, R. 2000. Technisches Wissens aus Patenten. In: Krallmann, H., Gronau, N.: Wettbewerbsvorteile durch Wissensmanagement, S. 349-369.

Braulke, M. 1983. Contestable Markets - Wettbewerbskonzept mit Zukunft? In: Wirtschaft und Wettbewerb, 33. Jg., S. 945-954.

Braun, J.	1996. Dimensionen der Organisationsgestaltung. In: Bullinger, H.-J., H.-J. Warnecke: Neue Organisationsformen im Unternehmen, S. 65-86.
Brockhaus	1992. Enzyklopädie in 24 Bänden.
Bruhn, M.	1997. Hyperwettbewerb - Merkmale, treibende Kräfte und Management einer neuen Wettbewerbsdimension. Überarbeite Fassung des Einführungsvortrages anlässlich der Herbsttagung der Schweizerischen Gesellschaft für Betriebswirtschaft zum Thema 'Hyperwettbewerb' am 30.10.97. In: Die Unternehmung, Heft 5/97, S. 339-357.
Bruhn, M.	1997a. Kommunikationspolitik. Bedeutung-Strategien-Instrumente.
Bruhn, M.	1997b. Multimedia-Kommunikation. Systematische Planung und Umsetzung eines interaktiven Marketing-Instruments.
Buchholz, W.	1996. Time-to-Market-Management. Zeitorientierte Gestaltung von Produktinnovationsprozessen.
Buchholz, W.; Olemotz, T.	1995. Markt- vs. Ressourcenbasierter Ansatz - Konkurrierende oder komplementäre Konzepte Strategischen Managements? Arbeitspapier der Justus-Liebig-Universität Gießen, Fachbereich Wirtschaftswissenschaften.
Buchner, R.	1991. Immaterielle Vermögensgegenstände. In: Busse von Colbe, W. (Hrsg.): Lexikon des Rechnungswesens, 2.Aufl., S. 267-270.
Bürgel, H.-D.; Haller, C.; Binder, M.	1996. F&E-Management.
Bütler, H.	1996. Skill Management - Kennen und nutzen Sie die Fähigkeiten ihrer Mitarbeiter? Vortrag auf der Tagung des SVD, Zürich, 18.04.96.
Bullinger, H.-J.	1994. Einführung in das Technologie-Management.
Bullinger, H.-J.	1996. Erfolgsfaktor Mitarbeiter: Motivation - Kreativität - Innovation.
Bullinger, H.-J.; Hermann, S.; Ganz, W.	1997. Veränderungen im Management - Kreativität als Leitbild für Unternehmen der Zukunft. In: Office Management, Heft 10/97, S. 12-16.
Bullinger, H.-J.; Hermann, S.; Ganz, W.	1997a. Kreativität als Leitbild für Unternehmen der Zukunft. In: Office Management, Nr.10/97, S.12-16. Der Artikel basiert auf dem Vorhaben 'Wettbewerbsfaktor Kreativität' der BMBF-Initiative Dienstleistungen für das 21. Jahrhundert.

Bunk, B.	1993. Das Geschäft mit dem Ärger. In: absatzwirtschaft, Heft 9/93, S. 65-69.
Buzzel, R.D.	1998. Changing Requirements for Effective Marketing. In: Bruhn, M. und H. Steffenhagen (Hrsg.): Markorientierte Unternehmensführung: Reflexionen - Denkanstöße - Perspektiven. Festschrift für Heribert Meffert zum 60. Geburtstag, 2., aktualisierte Auflage, S. 497-511.
Cezanne, W.; Franke, J.	1987. Volkswirtschaftslehre: Eine Einführung. 3., völlig überarb. und erweiterte Auflage.
Clark, K.B.; Fujimoto, F.	1992. Automobilentwicklung mit System. Strategie, Organisation und Management in Europa, USA und Japan.
Cooper, R.K.	1997. Emotionale Intelligenz.
Corsten, H.	1989. Überlegungen zu einem Innovationsmanagement - Organisationale und personale Aspekte. In: Corsten H. (Hrsg.): Die Gestaltung von Innovationsprozessen, S. 1-56.
Craig, T.	1996. The Japanese Beer Wars: Initiating and Responding to Hypercompetition in New Product Development. In: Organization Science, Vol. 7, No. 3, S. 302-321.
Csikszentmihalyi, M.	1996. Creativity - Flow and the Psychology of Discovery and Invention.
Dachler, H.-P.	1992. Management and Leadership as Relational Phenomena. In: v. Cranach, M., W. Doise, G. Mugny (Eds): Social Representations and the Social Basis of Knowledge, S. 169-178.
Dachler, H.-P.; Hosking, D.	1995. The Primacy of Relations in Socially Construction Organizational Realities. In: Hosking et.al. (Eds.): Management and Organization: Relational Alternatives to Individualism, S. 1-28.
Daecke, N.	1998. Wachsen in fremden Märkten. Ein Strategie-Portfolio für Hyperwettbewerber. In: absatzwirtschaft, Sondernummer Oktober 1998, S. 62-70.
d'Aveni, R.A.	1995. Hyperwettbewerb: Strategien für die neue Dynamik der Märkte.
Davis, S.	1994. The Monster under the Bed.
Day, G.S.; Reibstein, D.J.	1998. Wharton zur dynamischen Wettbewerbsstrategie.

Deiser, R.	1998. Corporate Universities - Modeerscheinung oder Strategischer Erfolgsfaktor? In: Organisationsentwicklung, Heft 1/98, S. 36-49.
Delhees, K.H.	1997. Zukunftsbefähigung - Zukunftskompetenzen. In: Siegwart, H. (Hrsg.): Meilensteine im Management: Bd. 6 Human Resource Management, S. 333-347.
Delhees, K.H.	1998. Was uns kreativ macht. In: Braczyk, H.J., C. Kerst und R. Seltz (Hrsg.): Kreativität als Chance für den Standort Deutschland, S. 17-28.
Dengler, F.	2001. Online-Branding - Chancen und Risiken der Marken im Internet. In: Schönberger, A.; Stilcken, R. (Hg.): Faszination Marke - Neue Herausforderungen an Markengestaltung und Pflege im digitalen Zeitalter, S. 167-174.
Dichtl, E.	1992. Grundidee, Varianten und Funktionen der Markierung von Waren und Dienstleistungen. In: Dichtl, E.: und E. Eggers: Marken und Markenartikel als Instrumente des Wettbewerbs. S. 1-24.
Dichtl, E.; Issing, O.	1993. Vahlens großes Wirtschaftslexikon.
Disch, W.K.A.	1982. Neue Chancen im quintären Zeitalter. In: Marketing Journal, Heft 2, S. 111.
Disch, W.K.A.	1997. Menschen suchen Marken. Marken brauchen Medien. Auch Medien sind Marken. In: Marketing Journal, Heft 5, S. 304-311.
Disch, W.K.A.	1998. Die Marke - der sechste ‚Produktionsfaktor'. In: Marketing Journal, Heft 1, S. 3.
Disch, W.K.A.	1998a. Was meinen Sie mit 'U.S.P.'? In: Marketing Journal, Heft 4, S. 207, 210, 212.
Domizlaff, H.	1939. Die Gewinnung öffentlichen Vertrauens: Ein Lehrbuch der Markentechnik.
Dreesmann, H.	1997. Innovationskompetenz - konzeptioneller Rahmen und praktische Erfahrungen. In: Freimuth, J., Haritz, B.-U. Kiefer: Auf dem Wege zum Wissensmanagement: Personalentwicklung in lernenden Organisationen, S. 235-250.
Drucker, P.	1998. Wissen - die Trumpfkarte der entwickelten Länder. In: Harvard Business Manager Nr 4/98, S. 9-11.
Drucker, P.	2002. "Manager tun mir Leid." In: Manager Magazin Nr.4/02, S. 108-117.

Duden	1989. Etymologie - Herkunftswörterbuch der deutschen Sprache, Band 7, 2. Auflage.
Duden	1990. Duden Fremdwörterbuch, 5., neu bearbeitete und erweiterte Auflage.
Dunkel, M.	1998. Gates das Geld gönnen - Auf der Suche nach dem technischen Fortschritt - Schumpeters Erklärung des Wachstums findet zunehmend Anhänger. In: Wirtschaftswoche, Nr. 25, 11.06.98, S. 29f.
Eccles, R.; Nohira, N.	1992. Beyond the Hype: Rediscovering the Essence of Management.
Edvinson, L.	1997. Intellectual Capital: Realizing Your Company's true Value by Finding its hidden Roots.
Eggert, U.	1997. Der Handel im 21. Jahrhundert.
Emery, F.E.	1969. Systems Thinking.
Endres, A.; Staiger, B.	1995. Umweltökonomie. In: Berthold, N. (Hrsg.): Allgemeine Wirtschaftstheorie: Neuere Entwicklungen, S. 75-88.
Endress, G.H.	1998. 'Weiche' Faktoren bestimmen die Zukunft - anlässlich der der 34. Tagung der Schweizerischen Management Gesellschaft. In: io-management, Nr.1/2 1998, S. 52-56.
Engelhardt, W.	1997. Marketing - der permanente Versuch, Denken zu verändern. In: Absatzwirtschaft, Heft 04/97, S. 76-82.
Enriquez, J., Goldberg, R.A.	2000. Transformation Life, Transformation Business: The Life Sciences Revolution. In: Harvard Business Review, March-April, S. 95-104.
Etzioni, A.	1971. The Active Society. Erstausgabe 1968.
Eucken, W.	1992. Grundsätze der Wirtschaftspolitik.
Europäische Kommission	1997. Europa verwirklichen durch die allgemeine und berufliche Bildung. Bericht der Studiengruppe Allgemeine und berufliche Bildung. Italien: Europäische Gemeinschaften.
Faix, A.	2000. Patentmanagement mit der Patentportfolio-Analyse. In: io-management, Nr.5, S. 44-47
Fengler, J.	2000. Strategisches Wissensmanagement. Die Kernkompetenzen des Unternehmens entdecken.

Fischer, L.	1989. Strukturen der Arbeitszufriedenheit: Zur Analyse individueller Bezugssysteme.
Foster, R.N.	1982. „A Call for Vision in Managing Technology", McKinsey Quarterley, Summer, S. 26-36.
Franke, J.	1986. Grundzüge der Mikroökonomik. 3., überarb. und erw. Auflage.
Freedman, D.H.	1993. Was kommt nach dem Taylorismus? In: Harvard Business Manager, Nr.2, S. 24-32.
Frei, M.	2002. Wissensmanagement für den Unternehmenserfolg, Ankündigung der Fachtagung am 26. und 27.12.02 in Düsseldorf. In: VDI (Verband deutscher Ingenieure) vom 09.08.02.
Freimuth, J.	1997. Querdenker und Querschnittsqualifikationen: „Ich denke, also spinn' ich!" In: Freimuth, J, J. Haritz, B.-U. Kiefer: Auf dem Wege zum Wissensmanagement: Personalentwicklung in lernenden Organisationen, S. 191-204.
Freimuth, J.; Schnelle, E.; Winkler, A.	1997. Kommunikative Architektur, Wissensdiffusion und Selbststeuerungskompetenz. In: Freimuth, J, J. Haritz, B.-U. Kiefer: Auf dem Wege zum Wissensmanagement: Personalentwicklung in lernenden Organisationen, S. 323-333.
Friedman, J.W.	1989. Game Theory with Applications to Economics, 2nd. Edition.
Frühwald, W.	1996. Die Informatisierung des Wissens.
Fuchs, J.	1998. Die neue Art Karriere im schlanken Unternehmen. In: Harvard Business Manager, Heft 4/98, S. 83-91.
Gabler, T.	1997. Gablers Wirtschaftslexikon. 14. Auflage.
Galbraith, J.K.	1968. Die moderne Industriegesellschaft.
Garelli, S.	1998. Die Geschichte von den zwei Wirtschaften. In: IMD International Lausanne, London Business School und The Wharton School (Hrsg.): Das MBA-Buch Mastering Management: Die Studieninhalte führender Business Schools, S. 565-570.
Gassmann, O.	1997. Kreativer Freiraum für Entwickler. In: io-management, Nr.7/8, S. 26-33.
Gaugler, E.	1974. Betriebliche Personalplanung.
Gehle, M.; Mülder, W.	2001. Wissensmanagement in der Praxis.

Geiger, T.	1959. Gesellschaft. In: Vierkandt, A. (Hrsg.): Handwörterbuch der Soziologie. S. 201-211.
Geiselhart, H.	1995. Wie Unternehmen sich selbst erneuern.
Gensch, I.	1997. Service-Center Personalwesen. In: Personalführung, Heft 7/97, S. 599.
George, H.	1982. Immaterielle Wirtschaftsgüter in Handels- und Steuerbilanz, 8. Auflage.
Gergen, K.	1995. Relational Theory and the Discourses of Power. In: Hosking, D. et.al.: Management and Organization: Relational Alternatives to Individualism.
Gerken, G.	1990. Abschied vom Marketing - Interfusion statt Marketing.
Gibson, M.; Limoges, C.; Nowotny, H.; Schwartzman, H.; Scott, S.; Trow, M.	1994. The new Production of Knowledge. The Dynamics of Science and Research in Contemporary Societies.
Gierl, H.; Bartikowski, B.	2002. Eine Skala zur Identifikation zufriedener, indifferenter und unzufriedener Kunden. In: Marketing ZFP, Ausgabe 1, S. 49-65.
Gimeno, J.; Woo, C.Y.	1996. Hypercompetition in a Multiproduct Environment: The Role of Strategic and Multimarket Contact in Competitive Deescalation. In: Organization Science, Vol. 7, No. 3, S. 322-341.
Götz, K.; Schmid, M.	2004. Praxis des Wissensmanagements. München: Vahlen.
Grabrucker, M.	2001. Neues Markengesetz - neue Markenformen - neues Markendesign. In: Schönberger, A.; Stilcken, R. (Hg.): Faszination Marke - Neue Herausforderungen an Markengestaltung und Pflege im digitalen Zeitalter S. 185-191.
Grant, R.	1991. Contemporary Strategy analysis. Concepts, Techniques, Applications.
Greis, J.	1999. Fortschritt kann auch Rückschritt bedeuten. In: Handelsblatt, Nr. 105, S. K3.
Grönroos, C.	1994. Quo vadis, Marketing? Toward a Relationship Marketing Paradigm. In: Journal of Marketing Management, Vol. 10, S. 347-360.
Gross, H.	1973. Das quartäre Zeitalter.

Güldenberg, S.	1999. Wissensmanagement. In: von Eckardstein, D., H. Kasper und W. Mayrhofer (Hrsg.): Management: Theorien - Führung - Veränderung, S. 521-547.
Gümbel, R.	1980. Neue Produkte als unternehmerische Chance. In: Zeitschrift für betriebswirtschaftliche Forschung, Sonderheft 11, S. 48-69
Grunwald, R.	1998. Kreativität und Innovation: Gegensätze? In: Braczyk, H.-J., R. Seltz: Kreativität als Chance für den Standort Deutschland, S. 3-12.
Gussmann, B.	1988. Innovationsfördernde Unternehmenskultur.
Halek, P.H.	1998. Wettlauf um die Potentiale von morgen. In: absatzwirtschaft, Sondernummer Oktober 1998, S. 80-88.
Haller, C.	1997. Wie Ideen gedeihen. In: io-management, Nr. 5, S. 20-26.
Hamel, G; Prahalad, C.K.	1995. Wettlauf um die Zukunft.
Hängi, G.	1997. SGO-Bericht: Die Macht der Information im 21. Jahrhundert. In: Zeitschrift für Organisation (zfo), Nr.5, S.309.
Häusel, H.-G.	2000. Das Reptilienhirn lenkt unser Handeln. In: Harvard Business Manager, Nr. 2, S. 9-18.
Hauschildt, J.	1997. Innovationsmanagement. 2. Aufl.
Hayek, F. von	1969. Der Wettbewerb als Entdeckungsverfahren. In: Hayek, F.A.v.: Freiburger Studien.
Hayek, F. von	1983. Die Verfassung der Freiheit.
Hense-Ferch, S.	2000. Fährtensuche in der Informationsflut. Das Trainingsprogramm 'Knowledge Master' soll helfen, das Wissen im eigenen Unternehmen leichter zugänglich zu machen. In: Süddeutsche Zeitung, 19./20. Februar, S. V1/1.
von Hentig, H.	1998. Kreativität - Hohe Erwartungen an einen schwachen Begriff.
Heuss, E.	1965. Allgemeine Markttheorie.
Herrmann, N.	1997. Das Ganzhirn-Konzept für Führungskräfte: Welcher Quadrant dominiert Sie und Ihre Organisation?
Hillebrand, W.	2002. Das Debakel. In: Capital, Nr. 8, S. 40-51.

Hilse, H. 2001. 'Ein Himmelszelt in der Online-Welt': Der Beitrag von Corporate Universities zum unternehmensweiten Wissensmanagement. In: Die Unternehmung, Heft 3, S.169-185.

Hinterhuber, H.H. 1975. Innovationsdynamik und Unternehmensführung.

Hinterhuber, H.H.; Friedrich, S.A., Rodens, B. 1995. Supply Chain Management: Partnerschaft für den Konsumenten. In: Gablers Magazin, Nr. 11-12/95, S. 58-63.

Hoffritz, J. 1996. Arme Schlucker. In: Wirtschaftswoche, Nr.18 vom 25.04.96, S. 128-131.

Homburg, C.; Stock, R. 2001. Der Zusammenhang zwischen Mitarbeiter- und Kundenzufriedenheit. In: Die Unternehmung, Heft 6, S. 377-401.

Hörschgen, H. 1993. Grundbegriffe der Betriebswirtschaftslehre.

Hollender, H. 1997. Ein neues Etikett für professionelle Personalarbeit. In: Personalführung, Heft 7/97, S. 620-625.

vom Holtz, R. 1998. Der Zusammenhang zwischen Mitarbeiter- und Kundenzufriedenheit.

Horrowitz, J. 1998. Nah an den Kunden heran. In: IMD International Lausanne, London Business School und The Wharton School: Das MBA-Buch Mastering Management: Die Studieninhalte führender Business Schools, S. 238-245.

Horstmann, R. 1998. Führt Kundenzufriedenheit zur Kundenbindung? In: Absatzwirtschaft, Heft 09/98, S. 90-94.

Hünerberg, R.; Heise, G. 1995. Multimedia und Marketing: Grundlagen und Anwendungen.

Jendrowiak, H.-W. 2002. Bildung als Human-Kapital. In: Götz, K.: Bildungsarbeit der Zukunft. S. 209-223.

Jenner, T. 1999. Überlegungen zum strategischen Wandel in der Markenführung. In: Marketing ZFP, Nr.2, S. 149-160.

Joas, H. 1996. Die Kreativität des Handelns.

Jonash, R.S.; Sommerlatte, T. 2000. Innovation: Der Weg der Sieger – Wie erfolgreiche Unternehmen Werte schaffen.

Jordan, B.; Lenz, A. 1995. Die 100 Unternehmer und Ökonomen des Jahrhunderts.

Jung, H. 1995. Personalwirtschaft.

Kaas, K.-P.	1990. Marketing als Bewältigung von Informations- und Unsicherheitsproblemen im Markt. In: Die Betriebswirtschaft, 50 Jg., S. 539-548.
Kaas, K.-P.;	1996. Inspektions-, Erfahrungs- und Vertrauenseigenschaften von Produkten - Theoretische Konzeption und empirische Validierung. In: Marketing Zeitschrift für Forschung und Praxis, 18. Jg., Heft 4, S. 243-252.
Kacher, G.	1999. Katze auf dem Sprung. In: AutoZeitung, Heft 4/99, S. 96.
Kacher, G.	2002. Volkswagen spielt Daimler. In: Capital, Nr.9, S. 94-97.
Kantzenbach, E.	1966. Die Funktionsfähigkeit des Wettbewerbs.
Kapferer, J.-N.	1992. Die Marke - Kapital des Unternehmens.
Karmasin, H.	1998. Produkte als Botschaften. 2., aktualisierte Auflage.
Kashani, K.	1998. Warum Marketing immer noch zählt. In: IMD International Lausanne, London Business School und The Wharton School (Hrsg.): Das MBA-Buch Mastering Management: Die Studieninhalte führender Business Schools, S. 200-206.
Kaske, K.	1991. Die Vision von der Dienstleistungsgesellschaft - ein gefährlicher Irrtum. In: Siemens-Zeitschrift, Nr. 1, S. 4-6.
Kast, F.E.; Rosenzweig, J.E.	1970. Organization and Management: A Systems Approach.
Katzenbach, R.J.; Smith, K.D.	1993. Teams. Der Schlüssel zur Hochleistungsorganisation.
Kaufer, E.	1980. Industrieökonomik - Eine Einführung in die Wettbewerbstheorie.
Kelly,	1997. Schwierige neue Welt. In: Manager Magazin, Nr. 11, S. 237-243.
Kern, E.	1990. Der Interaktionsansatz im Investitionsgütermarketing.
Klotz, U.	2002. In der e-Society wird Arbeit neu definiert. In: Eberspächer, J.; Hertz, U.: Leben in der e-Society, S. 199-210.
Knight, K.E.	1967. A Describtive Model of the Intra-firm Innovation Process. In: Journal of Business, Heft 4, S. 478-496.
Köbler, J.	1999. Bibel-Kunde. In: Mot, Nr. 9, S. 66-68.

Königswieser, R.	1991. Grundlegende Gedanken zum systemischen Management. In: Kratky (Hrsg.): Systemische Perspektiven - Interdisziplinäre Beiträge zu Theorie und Praxis, S. 181-187.
Kolb, K.; Miltner, F.	1996. Gedächtnistraining.
Kolb, K.; Miltner, F.	1998. Kreativität.
Kopp, O.	2001. Konzeption eines Wissensmanagement-Modells am Beispiel der Neukundenakquisition im Firmenkundengeschäft. In: Heimer, T., Management der Ressource Wissen in Banken, S. 71-88.
Kotler, P.	1967. Marketing-Management, 1. Auflage.
Kotler, P.	1998. The Role of the Marketing Department in the Organization of the Future. In: Bruhn, M. und H. Steffenhagen (Hrsg.): Markorientierte Unternehmensführung: Reflexionen - Denkanstöße - Perspektiven. Festschrift für Heribert Meffert zum 60. Geburtstag S. 489-496.
Kotler, P.; Bliemel, F.	1999. Marketing-Management: Analyse, Planung, Umsetzung und Steuerung. 9., überarbeitete und aktualisierte Aufl.
Kraemer, W.	2000. Corporate Universities - Ein Lösungsansatz für die Unterstützung des organisatorischen und individuellen Lernens. In: ZfB-Ergänzungsheft Nr. 3, S. 107-129.
Kreilkamp, E.	1994. Kundenorientierung und aktive Positionierung. In: Tomczak, T., C. Belz (Hrsg.): Kundennähe realisieren: Ideen - Konzepte - Methoden - Erfahrungen, S. 1-99.
Kroeber-Riel, W.	1996. Konsumentenverhalten. 6., völlig überarb. Auflage.
Kröher, M.O.R., Müller, H.	2002. Die ziellose Republik. In: Manager Magazin, Nr. 4/02, S. 192-206.
Krogh, G.v., Roos, J.	1995. Organizational Epistemology.
Krogh, G.v., Cusumano, M.A.	2001. Das Unternehmen soll wachsen - aber nach welchem Plan?
Kuhn, T.S.	1967. Die Struktur wissenschaftlicher Revolutionen.
Kuhnle, H.; Schmid, M.; Sonnabend, M.	2004. Value Reporting (vorauss. Herbst 2004)
Latusseck, R.H.	2002. Baby-Sprache fördert Gedächtnis. In: Welt am Sonntag, Nr. 22, S. 14.

Leder, M.	1989. Innovationsmanagement - Ein Überblick. In: Zeitschrift für Betriebswirtschaft, Ergänzungsheft 1, S. 1-54.
Lentz, B.	1999. Meinungswechsel – Marketing im rasanten Wandel. In: Capital, Heft 10, S. 30.
Leonard, D.; Strauss, S.	1998. Im Widerstreit der Ideen zur Innovation. In: Harvard Business Manager, Heft 2/98, S. 27-37.
Levitt, T.	1960. Marketing-Myopia. In: Harvard Business Review, No. July/August, S. 45-56.
Levitt, T.	1983. The Globalization of Markets. In: Harvard Business Review, Nr. 3, S. 92-102.
Lindemann, P.; Özgenc, K.	1998. Bildung - Die neuen Privat-Unis. In: Focus, Heft 50/98, S. 64-74.
Link, J.; Hildebrand, V.	1994. Verbreitung und Einsatz des Database-Marketing und Computer Aided Selling (CAS): Kundenorientierte Informationssysteme in deutschen Unternehmen.
Locke, E.A.	1983. The Nature and Causes of Job Satisfaction. In: Dunnette, M.D. (Hrsg.): Handbook of Industrial and Organizational Psychology, 2. Aufl., S. 1297-1349.
Luhmann, N.	1968. Zweckbegriff und Systemrationalität.
Luhmann, N.	1972. Soziologische Aufklärung, Bd.1, 3. Auflage.
Luhmann, N.	1982. Autopoiesis, Hanldung und kommunikative Verständigung. In: Zeitschrift für Soziologie (ZfS), 11. Jg., Nr. 4, Oktober, S. 366-379.
Luhmann, N.	1984 und 1988. Soziale Systeme - Grundriss einer allgemeinen Theorie.
Luhmann, N.	1984a. Soziologie als Theorie sozialer Systeme. In: Ders.: Soziologische Aufklärung 1. Aufsätze zur Theorie sozialer Systeme. S. 113-136
Luhmann, N.	1990. Die Wissenschaft der Gesellschaft.
Luhmann, N.	1990a. Ökologische Kommunikation. 3. Aufl.
Luhmann, N.	1991. Über die Funktion der Negation in sinnkonstituierenden Systemen. In: Ders.: Soziologische Aufklärung 3. Soziales System, Gesellschaft, Organisation. S. 35-49.
Luhmann, N.	1997. Die Gesellschaft der Gesellschaft. 2 Bände.

Macharzina, K.	1995. Unternehmensführung: das internationale Managementwissen. Konzepte - Methoden - Praxis. 2., aktual. und erw. Aufl.
Mainzer, K.	2002. Vom Komplexitäts- zum Kreativitätsmanagement - Auf Talentsuche in der Wissensgesellschaft. In: Götz, K. (Hg.): Personalarbeit der Zukunft, S. 13-26.
Mahler, G.	1997. Anleger können auf der 'Gesundheits-Welle' mitschwimmen. In: Welt am Sonntag, Nr. 13 vom 30.03.97, S. 57f.
Malik, F.	1986. Strategie des Managements komplexer Systeme. 2. Auflage.
Malik, F.	1996. Das Management des Kopfarbeiters - die neuen Probleme der Führungskraft in der Wissensgesellschaft. In: Gablers Magazin, Heft März 1996, St. Galler Management Letter, S. 1-4.
Mandl, H.; Reinmann- Rothmeier, G.	2000. Die Rolle des Wissensmanagements für die Zukunft: Von der Informations- zur Wissensgesellschaft. In: Mandl, H.; Reinmann-Rothmeier, G.: Wissensmanagement: Informationszuwachs - Wissensschwund, S. 1-18
Mantzavinos, C.	1994. Wettbewerbstheorie.
Maruyama, M.	1963. The Second Cybernetics: Deviation Amplifying Mutural Causal Processes. In: American Scientist, Nr. 51, and S. 164-179.
Mallow, A.	1986. Psychologie des Seins.
Maturana, H.; Varela, F.	1980. Autopsies and Cognition. The Realization of the Living.
Matussek, P.	1974. Kreativität als Chance. Der schöpferische Mensch in psychodynamischer Sicht.
Mayer, K.U.; Baltes, P.B.	1996. Die Berliner Altersstudie.
McCarthy	1960. Basic Marketing: A Managerial Approach.
McKenna, R.	1991. Marketing is Everything. In: Harvard Business Review, Vol. 69, No.1 (1991), S. 65-79.
McKenna, R.	1991a. Relationship Marketing. Successful Strategies for the Age of the Customer.
Meffert, H.	1994. Marketing-Management, Analyse, Strategie, Implementierung.
Meffert, H.	1998. Marketing: Grundlagen marktorientierter Unternehmensführung: Konzepte - Instrumente - Praxisbeispiele; Mit neuer Fallstudie

VW Golf. 8., vollst. neubearb. und erw. Auflage.

Meffert, H. 1998a. Herausforderungen an die Betriebswirtschaft. Die Perspektive der Wissenschaft. In: Die Betriebswirtschaft (DBW), Nr. 6, S. 709-730.

Meffert, H.; Giloth, M. 2002. Aktuelle markt- und unternehmensbezogene Herausforderungen an die Markenführung. In: Meffert, H.; Burmann, C.; Koers M. (Hg.): Markenmanagement, S. 99-130.

Meffert, H.; Burmann, C. 2002. Wandel in der Markenführung – vom instrumentellen zum identitätsorientierten Markenverständnis. In: Meffert, H.; Burmann, C.; Koers M. (Hg.): Markenmanagement, S. 18-30.

Mehlhorn, J. 1998. Zwölf Thesen wider das Schattendasein der Kreativität. In: Renker, C.: Produktive Kreativität und Innovation, S. 39-51.

Mellerowicz, K. 1963. Markenartikel – Die ökonomischen Gesetze ihrer Preisbildung und Preisbindung, 2. Auflage.

Meyer, A.; Ertl, R. 1996. Nationale Barometer zur Messung der Kundenzufriedenheit: Ein Vergleich ausgewählter grundlegender Aspekte des 'Deutschen Kundenbarometers - Qualität und Zufriedenheit' und des 'American Customer Satisfaction Index (ACSI)'. In: Meyer, A. (Hrsg.): Grundsatzfragen und Herausforderungen des Dienstleistungsmarketing, S. 201-231.

Meyer, H. 1998. Vom Verwalter zum Gestalter – Das klassische Personalwesen im Wandel. In: Organisationsentwicklung, Heft 1/98, S. 14-33.

Michel, C; Novak, F. 1975. Kleines psychologisches Wörterbuch.

Mintzberg, H. 1988. Generic Strategies: Toward a comprehensive Framework. In: Advances in Strategic Management, Vol. 5.

Mintzberg, H. 1991. The Effective Organization: Forces and Forms. In: Sloan Management Review, Winter-Ausgabe, S. 54-67.

Mirow, M. 1999. Von der Kybernetik zur Autopoiese. Systemtheoretisch abgeleitete Thesen zur Konzernentwicklung. In: Zeitschrift für Betriebswirtschaft (ZfB), 69. Jg., Heft 1, S. 13-27.

Munkelt, I.; Stippel, P. 1998. 26. Deutscher Marketing Tag - Hyperwettbewerb: Ungeahnte Dimensionen. In: absatzwirtschaft, Heft 11/98, S. 16-22.

Nefiodow, L.A. 1991. Der fünfte Kondratjew. Strategien zum Strukturwandel in Wirtschaft und Gesellschaft.

Nefiodow, L.A. 1996. Der sechste Kondratieff: Wege zur Produktivität und Vollbeschäftigung im Zeitalter der Information.

Nefiodow, L.A. 2002. Heilsamer Boom: Gesundheit ist gut und ein guter Markt – Aussichten vom Konjunkturforscher Leo A. Nefiodow. In: Brand Eins, Ausgabe 5, S. 62-67.

Neuberger, 1999. „Am besten trennen." Führungsexperte Neuberger über die alltägliche Wut auf Vorgesetzte...In: Reischauer, C.: Haß auf den Chef. Wirtschaftswoche, Nr. 2 vom 7.1.99, S. 67.

Neuloh, O. 1980. Soziologie für Wirtschaftswissenschaftler. Homo sociooeconomicus: Kurzlehrbuch für Studium und Praxis der Volkswirte und Betriebswirte.

Neumann, P. 1998. Mid-Ager: Die vergessene Zielgruppe. In: impulse, Nr. 9, S. 70f.

Neumann, R. 1999. Corporate Universities – Buzz Word oder sinnvolles Konzept? In: Neumann, R.; Vollath, J. (Hg.): Corporate Universities – Strategische Unternehmensentwicklung durch maßgeschneidertes Lernen, S. 15-32.

Nieschlag, R.; Dichtl, E.; Hörschgen, H. 2002 (1985, 1997). Marketing.

Ninck, A.; Bürki, L.; Hungbühler, R.; Mühlemann, H. 1997. Systemik: Integrales Denken, Konzipieren und Realisieren.

Noelle-Neumann, E.; Schneller, J. 1998. Energische + Zaghafte, YUPPIES, DINKS + TAPs. In: Marketing Journal, Nr. 4, S. 236-238.

Nonaka, I. 1991. In: Harvard Business Review, Heft 6, S. 96-104.

Nonaka, I.; Takeuchi, H. 1995. The Knowledge Creating Company. How Japanese Companies create the Dynamics of Innovation.

North, K.; Pöschl, A. 2002. Intelligente Organisationen. Wie ein Unternehmen seinen IQ berechnen kann. In: New Management (früher io-management), Nr. 4, S. 55-59.

Ogger, G. 1993. Nieten in Nadelstreifen. Deutschlands Manager im Zwielicht.

Ohlhausen, P.; Rüger, M.; Schoen, T.; Korell, M. 2002. Bessere Produkte durch wissensbasiertes Innovationsmanagement. In: Wissensmanagement, Heft 4, S. 36-39.

Olesch, G. 1997. Kundenorientierte Personalarbeit. In: Personal-Zeitschrift für Human Resource Management, Heft 2/97, S. 85-89.

o. V.	1996. 50. Betriebswirtschafter-Tag: Information als Wettbewerbsfaktor. In: Handelsblatt Nr.184 vom 23.09.96, S. 20.
o. V.	1997a. Wachstumsmarkt Internet. In: Handelszeitung, Nr. 24, S. 1
o. V.	1997b. Managen in der Zeit des Cyberspace. In: Managermagazin, Nr. 3, S. 118-135.
o. V.	1997c. ‚Markentechnik'. In: Marketing Journal, Nr. 5, S. 300-302.
o. V.	1998a. Erfolgsfaktor Marke. In: Stuttgarter Zeitung vom 26.09.98.
o. V.	1998b. Wissensmanagement: Nachholbedarf in deutschen Unternehmen. In: absatzwirtschaft, Nr. 9, S. 29.
o. V.	1999a. Deutsche Autopreise sollen 1999 fallen. In: Handelsblatt vom 17.02.99.
o. V.	1999b. Englische Edel-Laster. In: AutoZeitung, Heft 3/99, S. 8.
o. V.	2001. Kreative Potenziale messen. In: ManagerSeminare, Heft 50, S. 10.
o. V.	2002a. Langeweile im Job kann das Leben verkürzen. In: Welt am Sonntag, Nr. 22, S. 14.
o. V.	2002b. Zahlen zur betrieblichen Weiterbildung. In: Personalführung, Heft 4, S.14f.
o. V.	2002c. Frust in der Firma verleitet Mitarbeiter zum Diebstahl. In: Welt am Sonntag, Nr. 36, S.30.
o. V.	2002d. Konservativ in Sachen Weiterbildung. In: ManagerSeminare, Heft 55, S. 14
o. V.	2002e. Vom Schattendasein der Personalentwicklung. In: ManagerSeminare, Heft 55, S. 12.
o. V.	2002f. Langeweile im Job kann das Leben verkürzen. In: Welt am Sonntag, Nr.36, S. 22, S. 14.
o. V.	2002g. Europäische Manager wollen lebenslang lernen. In: ManagerSeminare, Heft 54, S. 14.
o. V.	2002h. Betriebe setzen auf Bildungscontrolling. In: wirtschaft & weiterbildung, Ausgabe April, S. 8.
o. V.	2002i. Stiftung Bildungstest gegründet. In: wirtschaft & weiterbildung Ausgabe März, S. 28.

o. V.	2002k. Verbände lehnen Bildungstests ab. In: wirtschaft & weiterbildung Ausgabe März, S. 28.
o. V.	2002l. Was ist das eigentlich...Matching. In: Stuttgarter Zeitung, 13.04.02, S. 55.
o. V.	2003. Deutschland investiert wenig in Weiterbildung. In: Süddeutsche Zeitung, Nr. 44, S. V1/13.
Pastowsky, M.; Grandke, S.	1997. Die Rolle des Personalwesens bei der Gestaltung von Geschäftsprozessen. In: Personalführung, Heft 7/97, S. 634-639.
Perrow, C.	1991. A Society of Organizations: In: Theory and Society, 20, S. 725-762.
Peters, R.H.	1997. Bissiges Raubtier - Vernetzung erzeugt neue ökonomische Regeln. Wer sie nicht beachtet, geht unter. In: Wirtschaftswoche, Heft 29, S. 54-57.
Picot, A., Reichwald, R.; Wigand, R.T.	2001. Die grenzenlose Unternehmung. Information, Organisation und Management.
Pietschmann, B.; Vahs, D.	1997. Einführung in die Betriebswirtschaftslehre.
Pine, J.B.	1994. Maßgeschneiderte Massenfertigung: Neue Dimensionen im Wettbewerb.
Polanyi, M.	1951. The Logic of Liberty.
Polanyi, M.	1966. The Tacit Dimension.
Porter, M.E.	1980. Competitive Strategy: Techniques for Analyzing Industries and Competitors.
Porter, M.E.	1985. Competitive Advantage: Creating and Sustaining Superior Performance.
Postman, N.	1996. Informationssüchtig - ohne Plan und Ziel. In: Welt am Sonntag, Nr. 14.
Probst, G.; Knaese, H.	1998. Führen Sie Ihre 'Knowbodies' richtig? Die steigende Bedeutung von Wissens-Mitarbeitern im Betrieb ruft nach neuer Führungsqualität. In: io-management, Heft 4/1998, S. 38-41.
Quinn, J.B.; Andersen, P.; Finkelstein, S.	1996. Das Potential in den Köpfen gewinnbringend nutzen. In: Harvard Manager, Nr. 3/96, S. 95-104.
Reeves, R.	1961. Reality in Advertising.

Rehäuser; Krcmar, H.	1996. Wissensmanagement im Unternehmen. In: Schreyögg, G.; Conrad; P.: Managementforschung 6: Wissensmanagement, S. 1-40.
Reinhardt, R.	2002. Wissen als Ressource. Theoretische Grundlagen, Methoden und Instrumente der Erfassung von Wissen.
Reinmann- Rothmeier, G.; Mandl, H.	1997. Wissensmanagement: eine Antwort auf Informationsflut und Wissensexplosion. In: Höfling, S. und Mandl, H (Hrsg.): Lernen für die Zukunft - Lernen in der Zukunft. Wissensmanagement in der Bildung. Akademie für Politik und Zeitgeschehen, Hanns-Seidel-Stiftung. S. 12-23.
Reinmann- Rothmeier, G.; Mandl, H.	1997a. Kompetenzen für das Leben in der Wissensgesellschaft. In: Höfling, S. und Mandl, H (Hrsg.): Lernen für die Zukunft - Lernen in der Zukunft. Wissensmanagement in der Bildung. Akademie für Politik und Zeitgeschehen, Hanns-Seidel-Stiftung. S. 97-107.
Reinmann- Rothmeier, G.; Mandl, H.	2002. Den Umgang mit Wissen lernen. In: ManagerSeminare, Nr. 54, S. 18-24.
Reischauer, C.	1999. Haß auf den Chef. Wirtschaftswoche, Nr. 2 vom 7.1.99, S. 60-66.
Risch, S.	1999. Eine feine Gesellschaft. In: manager magazin, Ausgabe April, S. 255-273.
Rivette, K.G., Kline, D.	2000. Wie sich aus Patenten mehr herausholen lässt. In: Harvard Business Manager, Nr. 4, S. 28-40.
Rogers, E.M.	1983. Diffusion of Innovations. 3. Aufl.
Romhardt, K.	1998. Die Organisation aus der Wissensperspektive. Möglichkeiten und Grenzen der Intervention.
Ross, I.	1998. Adam Smith - Leben und Werk.
Rosenstiel, L.v.	1992. Grundlagen der Organisationspsychologie. 3. Auflage.
Rühli, E.	1994. Resource-Based View of Strategy. In: Gomez, P, G. Müller-Stewens, R. Wunderer (Hrsg.): Unternehmerische Wandel. Konzepte zur organisatorischen Erneuerung, S. 31-58.
Scheller, Y.	2002. Unternehmen schätzen die Logik der Physiker. In: Welt am Sonntag, 20.01.02, S. B1.
Schewe, G.	1993. Kein Schutz vor Imitation - eine empirische Untersuchung des Markteintrittsbarrieren-Konzepts unter besonderer Beachtung des Patentschutzes. In: Zeitschrift für betriebswirtschaftliche For-

schung, S. 344-360.

Schmid, M.   2004. Zukunft der Weiterbildung (vorauss. Sommer 2004)

Schmid, M.   1999. Wissensmanagement im Innovationsprozess (Dissertation im Hause DaimlerChrysler, Universitäten Bielefeld und Stuttgart-Hohenheim).

Schmid, M.   1994. Integriert-kohärentes Produktentwicklungsmanagement japanischer Automobilanbieter (Diplomarbeit an der Universität Stuttgart-Hohenheim).

Schmidt, R.   1991. Umweltgerechte Innovationen in der chemischen Industrie.

Schmidt, P.; Schumacher, M.   1998. Das Bellheim-Modell. Die Wiederentdeckung der Erfahrung.

Schmitt, B.H.; Simonson, A.   1998. Marketing-Ästhetik - Strategisches Management von Marken, Identity und Image.

Schmittlein, D.   1998. Der Kunde als strategisches Plus. In: IMD International Lausanne, London Business School und The Wharton School (Hrsg.): Das MBA-Buch Mastering Management: Die Studieninhalte führender Business Schools, S. 221-231.

Schneider, D.   1983. Marketing als Wirtschaftswissenschaft oder Geburt einer Marketingwissenschaft aus dem Geiste des Unternehmensversagens? In: Zeitschrift für betriebswirtschaftliche Forschung, 35. Jg., Nr. 3, S. 197-222.

Schneider, D.   1996. Management in der wissensbasierten Unternehmung. In: Schneider, U. (Hrsg.): Wissensmanagement: die Aktivierung des intellektuellen Kapitals, S. 13-48.

Schobert, F.   1997. Positionen zur Markenführung. Philosophie - Top Down, Verantwortung - Bottom Up. In Absatzwirtschaft, Sondernummer Oktober 1997, S. 14-21.

Schütze, R.   1992. Kundenzufriedenheit: After-Sales-Marketing auf industriellen Märkten.

Schulz von Thun, F.   1981. Miteinander reden: Störungen und Klärungen. Psychologie der zwischenmenschlichen Kommunikation.

Schulze, H.   1997. Nation und Nationalstaat im Wandel. In: Kroker, E. J.M. und B. Dechamps: Krise der Institutionen?

Schumpeter, J.A.   1950. Kapitalismus, Sozialismus und Demokratie. 2. Auflage.

Schumpeter, J.A.	1987. Theorie der wirtschaftlichen Entwicklung. 7. Auflage.
Schwer, D.	1985. Zum Innovationsmanagement - Betriebsgrößenbezogene Innovationsstrategien.
Schwertfeger, B.	2002. Aufstieg in die Topliga. In: Welt am Sonntag, 04.08.02, S. 49.
Senge, P.M.	1990. The Leader's New Work: Building Learning Organizations. In: Sloan Management Review, Vol. 32, No. 1.
Servatius, H.G.	1998. Intellektuelle Wertschöpfung in der Wissensgesellschaft. In: Technologie & Management, 47. Jg., Heft 1/98, S. 8-10.
Servatius, H.G.	1998a. Intellektuelle Wertschöpfung in Wissensunternehmen. In: Personal, Heft 3, S. 100-108.
Shannon, C.	1948. The Mathematical Theory of Communication. In: Bell System Technical Journal, 27, S.379ff und 623ff.
Shing, J.,	1990. A Typology of Consumer Dissatisfaction Response Style. In: Journal of Retailing, Vol. 66, Heft 1, S. 57-99.
Simon, H.	1993. Wettbewerbsstrategien. In: Wittmann, W. et.al. (Hrsg.): Handwörterbuch der Betriebswirtschaft, 5. Auflage, Sp. 4387-4404.
Simon, W.	2000. Mehr Verantwortung motiviert Mitarbeiter. In: Die Welt, 20. März, S. 14.
Sommerlatte, T.	1991. Warum Hochleistungsorganisation und wie weit sind wir davon entfernt? In: Little, A.D.: Management der Hochleistungsorganisation, 2. Auflage, S. 1-22.
Specht, G.	1992. Technologiemanagement - Grundgedanken zum Gegenstand und zugleich Sammelrezession. In: Die Betriebswirtschaft, Heft 4, S. 547-566.
Specht, G.; Beckmann, C.; Amelingmeyer, J.	2002. F&E-Management. Kompetenz im Innovationsmanagement, 2. Auflage.
Staat, J.	1999. Der Baby-SLK. In: AutoBild, Nr. 3/99, S. 8-13.
Staehle, W.H.	1994. Management. Eine verhaltenswissenschaftliche Perspektive. 7. Aufl.
Staudt, E.	1985. Innovation. In: Die Betriebswirtschaft (DBW), S. 486f.

Staudt, E.; Mühlemeyer, P.; Kriegesmann, B.	1991. Daten sind häufig nicht vorhanden, verschleiert oder kaum zugänglich. In: Handelsblatt, o. J., Nr. 35 vom 19.02.91, S. 17.
Stewart, T.A.	1994. Intellectual Capital: Your Company's most valuable Asset. In: Fortune vom 03.10.94, S. 28-33.
Stopp, U.	1975. Betriebliche Personalwirtschaft.
Strehl, F.; Reber, G.	1980. Projektmanagement: Innovation und Organisation. In: Thema, Heft 1, 1980, S. 24-31.
Stüdemann, K.	1985. Grundlagen zur Unterscheidung von materiellen und immateriellen Gütern und zu ihrer Aktivierung in der Bilanz. In: Der Betrieb, 38 Jg., Heft 7, 15. Februar 1985, S. 345-352.
Student, D.; Werres, T.	2002. Mit beschränkter Wirkung. In: Managermagazin, Heft 6, S. 112-121.
Sulanke, H.-E.	1997. Change Process - Von der Rationalisierung zum Kulturwandel. In: Personalführung, Heft 3/97, S. 200-204.
Tenner,	1997. Die Tücken der Technik. Wenn Fortschritt sich rächt.
Thom, N.	1980. Grundlagen des betrieblichen Innovationsmanagement. 2. Aufl.
Thomas, H.	1989. Die Finanzierung von Innovationen und die Bedeutung von Beteiligungsgesellschaften. In: Corsten, H. (Hrsg.): Die Gestaltung von Innovationsprozessen, S. 82-102.
Thompson, J.P.	1967. Organizations in Action.
Thorgesson, H.F.	1997. Wir hätten schon viel früher zum Mond fliegen können! In: PM-Heft 7/97, S. 82-87.
Tissen, R.; Andriessen, D.; Deprez, F.L.	2000. Die Wissensdividende. Unternehmenserfolg durch wertorientiertes Wissensmanagement.
Toyne, B.; Walters, P.G.P.	1989. Global Marketing Management: A Strategic Perspective.
Traub, J.	1997. Drive-Thru U. Higher Education for People Who Mean Business. In: The New Yorker, Oct. 20/27, S. 114-123.
Tuchtfeldt, E.	1975. Wettbewerbspolitik. In: Ehrlicher, W., Esenwein-Rothe, I.; Jürgensen, H.; Rose, K. (Hrsg.): Kompendium der Volkswirtschaftslehre, Bd. 2.

Turner, R.	1956. Role Taking Role Standpoint, and Reference-Group Behavior. In: American Journal of Sociology, Vol. 61, S. 316-328.
Ulrich, D.	1998. A new Mandate for Human Resources. In: Harvard Business Review, January/February 1998, S. 124-134.
Ulrich, H.	1984. Management - Gesammelte Beiträge.
Vahs, D.; Burmester, R.	1999. Innovationsmanagement. Von der Produktidee zur erfolgreichen Vermarktung.
Vester, F.	1997. Vorwort. In: Ninck, A. u. a.: Systemik: Integrales Denken, Konzipieren und Realisieren.
Vöhringer, K.-D.	1998. Die Suche nach den drei Prinzen von Serendip - Die glücklichsten Einfälle haben oft Mitarbeiter, die für das Erfinden gar nicht zuständig sind. In: Süddeutsche Zeitung vom 08.12.98.
Volk, H.	2002. Gesucht: Freundliche Querulanten. In: Süddeutsche Zeitung, 5./6. Januar, S. V1/2.
Volkmann, H.	1997. Auf dem Weg zur Wissensstadt. In: absatzwirtschaft, Heft 6/97, S. 40-43.
Volkmann, H.	1997a. Die Stadt des Wissens als Stätte der Begegnung: die Inszenierung von Wissen und Auswirkungen auf die moderne Organisation. In: Freimuth, J., Haritz, J.; Kiefer, B.-U.: Auf dem Wege zum Wissensmanagement. Personalentwicklung in lernenden Organisationen. S. 275-294.
Vowinkel, H.	2003. Kriminell zum Doktorhut. In: Welt am Sonntag, Nr. 8, S. 13.
Weingart, P.	1998. The Bielefeld Prize of Internationalization of Sociology. Sponsored by the Gesellschaft für Internationale Soziologie (GIS), Bielefeld, in Cooperation with the Zeitschrift für Soziologie (ZfS). In: ZfS, Heft 1, Februar 1998, S. 67.
Weinhold-Stünzi, H.	1978. Unternehmung und Markt. Systemtheoretische und prognostische Betrachtung zu Marketing und Distribution.
Wiedmann, K.-P.; Schmidt, H.; Merkel, F.	1999. Viele Marken leiden im Übernahmefieber. In: Automobil Industrie, Heft 1-2/99, S. 21-23.
Wiener, N.	1948. Cybernetics: Communication and Control in the Animal and the Machine.

Wiesenbauer, L.	2001. Erfolgsfaktor Wissen. Das Know-how der Mitarbeiter wirksam nutzen.
Wilbs, D.	1997. Rolle im Wandel. Personalmanagement im 21. Jahrhundert. In: Personalführung, Heft 1/97, S. 48-52.
Wilensky, H.	1967. Organizational Intelligence. Knowledge and Policy in Government and Industry.
Willke, H.	1983. Entzauberung des Staates. Überlegungen zu einer sozietalen Steuerungstheorie.
Willke, H.	1987. Systemtheorie. 2. erw. Auflage.
Willke, H.	1987a. Strategien der Intervention in autonome Systeme. In: Baecker, D., J. Markowitz, R. Stichweh, H. Willke (Hrsg.): Theorie als Passion, S. 333-361.
Willke, H.	1989. Systemtheorie entwickelter Gesellschaften. Dynamik und Riskanz moderner gesellschaftlicher Selbstorganisation.
Willke, H.	1989a. Die 'normale' Engstirnigkeit der Teilsysteme. In: gdi-impuls, Heft 3/89. Eine Publikation des Gottlieb Duttweiler Instituts für Entscheidungsträger in Wirtschaft und Gesellschaft.
Willke, H.	1992. Beobachtung, Beratung und Steuerung von Organisationen in systemtheoretischer Sicht. In: Wimmer, R. (Hrsg.): Organisationsberatung. Neue Wege und Konzepte. S. 17-42.
Willke, H.	1995. Das intelligente Unternehmen - Wissensmanagement der Organisation. In: Beratergruppe Neuwaldegg (Hrsg.): Intelligente Unternehmen - Herausforderung Wissensmanagement, S. 13-45.
Willke, H.	1996. Ironie des Staates. Grundlinien einer Staatstheorie polyzentrischer Gesellschaft.
Willke, H.	1996a. Systemtheorie I. Grundlagen - Eine Einführung in die Grundprobleme der Theorie sozialer Systeme. 5., überarb. Auflage.
Willke, H.	1996b. Die Entwicklung im Multimedia-Bereich als Herausforderung regionalpolitischer Steuerung. Herausgegeben von der Akademie für Technikfolgenabschätzung in Baden-Württemberg. Arbeitsbericht. Nr. 68, Dezember 1996.
Willke, H.	1996c. Wissensbasierung und Wissensmanagement als Elemente reflektierter Modernität sozialer Systeme. In: Clausen, L.: Gesellschaften im Umbruch, S. 191-209.

Willke, H.	1996d. Systemtheorie II: Interventionstheorie: Grundzüge einer Theorie der Intervention in komplexe Systeme. 2., bearb. Aufl.
Willke, H.	1997. Supervision des Staates.
Willke, H.	1998. Systemisches Wissensmanagement. Mit Fallstudien von D.Gnewekow, T. Hermsen, J. Köhler, C. Krück, S. Mingers, K. Piel, T. Strulik und O. Vogel.
Willke, H.	1998a. Zusammenfassung des Gutachtens. In: Götz, K, unter Mitarbeit von H. Willke: Kunden- und unternehmensorientierte Führung und Führungskräfteförderung in der Mercedes-Benz AG. 2. durchgesehene Auflage. S. 107-126.
Willke, H.	1998b. Systemtheorie III: Steuerungstheorie. 2. Auflage.
Willke, H.	1998c. Organisierte Wissensarbeit. In: Zeitschrift für Soziologie, 27. Jg., Heft 3 vom 3. Juni 1998, S. 161-177.
Willke, H.	2002. Nagelprobe des Wissensmanagements: Zum Zusammenspiel von personalem und organisationalem Wissen. In: Götz, K.: Wissensmanagement: Zwischen Wissen und Nicht-Wissen, S. 15-32.
Wimmer, R.	1989. Ist Führen erlernbar? In: Gruppendynamik, 20. Jg., S. 13-41.
Wind, J.	1998. Große Fragen für das nächste Jahrhundert. In: IMD International Lausanne, London Business School und The Wharton School (Hrsg.): Das MBA-Buch Mastering Management: Die Studieninhalte führender Business Schools, S. 251-254.
Wistinghausen, J.	1975. Personalwesen als wissenschaftliche Disziplin. In: Handwörterbuch Personal, Sp. 1720-1732.
Wiswede, G.	1998. Soziologie. Grundlagen und Perspektiven für den wirtschafts- und sozialwissenschaftlichen Bereich. 3., neubearbeitete Auflage.
Witte, E.	1998. Entwicklungslinien der Betriebswirtschaftslehre: Was hat Bestand? In: Die Betriebswirtschaft (DBW), Nr. 6, S. 731-746.
Woll, A.	1996. Wirtschaftslexikon. 8., überarb. Auflage.
Woll, A.	1996a. Allgemeine Volkswirtschaftslehre. 12., überarb. und erg. Aufl.
Zänker, A.	1998. Die Bienenfabel oder Elend ehrlich gewordener Schurken. In: Welt am Sonntag, Nr. 45 vom 09.11.98, S. 60.
Zahn, E.	1986. Innovations- und Technologiemanagement. In: Zahn, E. (Hrsg.): Technologie- und Innovationsmanagement, S. 9-48.

Zentes, J.	1997. Liberalisierung - Deregulierung. Antriebskräfte der wirtschaftlichen Entwicklung. Tendenz zur globalen Marktwirtschaft. In: Zentes, Joachim (Hrsg.): Marketing- und Managementtransfer.
Zetsche, D.	1996. Innovation Leadership. In: io-management, Heft 1/2, S. 32-35.
Zetsche, D.	1999. Unser Ziel heißt Wachstum. In: Headline – Newsletter im DaimlerChrysler-Konzern, Nr. 6, S. 2-4.
Zohar, A; Morgan, G.	1996. Refining Our Understanding of Hypercompetition and Hyperturbulence. In: Organization Science, Vol. 4, S. 460-464.
Zucker, B.	1983. Organizations as Institutions. In: Bacharack, S.B. (Hrsg.): Research in the Sociology in Organizations. S. 1-47.

Andrea Fried

Wissensmanagement aus konstruktivistischer Perspektive

Die Doppelte Dualität von Wissen in Organisationen

Frankfurt am Main, Berlin, Bern, Bruxelles, New York, Oxford, Wien, 2003.
236 S., 15 Tab., 13 Graf.
Europäische Hochschulschriften: Reihe 5, Volks- und Betriebswirtschaft.
Bd. 2975
ISBN 3-631-50871-9 · br. € 42.50*

Blickt man auf die vergangenen Jahre der Auseinandersetzung mit dem Thema Wissensmanagement zurück, so fällt auf, dass in der Phase des ersten Experimentierens vor allem die „sozialen Momente" von den IT-Architekten in der Praxis weitgehend außer acht gelassen wurden. Die Probleme des Wissensmanagements sind Gegenstand dieses Buches, das das zugrundeliegende Wissens- und Generierungsverständnis kritisch theoretisch ausleuchtet und ein sozialkonstruktivistisches Modell des Wissens und der Wissensgenerierung in Organisationen begründet. Die „Doppelte Dualität von Wissen" macht es möglich, Wissen gleichermaßen als ein kognitiv-individuelles wie organisationales Phänomen zu begreifen. Darauf aufbauend wird herausgearbeitet und begründet, welche Bedeutung das Modell für eine prozessuale Beschreibung der Generierung strategischer Wettbewerbsvorteile im Rahmen der Resource-based view of the firm besitzt.

Aus dem Inhalt: Praxis des Wissensmanagements in der Experimentierphase · Kritische, sozialkonstruktivistische Reflexion zur Wissensgenerierung in Organisationen · Modell der Doppelten Dualität von Wissen in Organisationen · Strategische Implikationen für die Resource-based view of the firm · Wissen als kognitives wie organisationales Phänomen

Frankfurt am Main · Berlin · Bern · Bruxelles · New York · Oxford · Wien
Auslieferung: Verlag Peter Lang AG
Moosstr. 1, CH-2542 Pieterlen
Telefax 00 41 (0) 32 / 376 17 27

*inklusive der in Deutschland gültigen Mehrwertsteuer
Preisänderungen vorbehalten
Homepage http://www.peterlang.de